中小河流生态保护
——滩地演化机理

夏继红 等 著

科学出版社

北京

内 容 简 介

本书围绕中小河流生态保护的重要需求，以滩地为研究对象，全面系统分析中小河流滩地的类型、分布格局和组分变化，提出滩地类型定量划分方法，揭示滩地形态、基质组成、植被分布等演化的水动力学驱动机理，构建中小河流滩地生态修复的思路和技术体系。本书从滩地的基本特征到演化机理，再到生态修复，系统地建立中小河流滩地演化的基础理论和生态修复技术体系，为中小河流保护提供理论与实践参考。

本书可供从事河湖生态治理、设计、建设、管理的人员参考，也可供水利工程、农业工程等专业领域的研究人员、高校教师和研究生参考。

图书在版编目（CIP）数据

中小河流生态保护：滩地演化机理 / 夏继红等著. -- 北京：科学出版社，2025. 4. -- ISBN 978-7-03-080464-8

Ⅰ. TV853

中国国家版本馆 CIP 数据核字第 2024WH8158 号

责任编辑：石　珺　赵晶雪 / 责任校对：郝甜甜
责任印制：徐晓晨 / 封面设计：无极书装

科学出版社 出版
北京东黄城根北街 16 号
邮政编码：100717
http://www.sciencep.com
北京建宏印刷有限公司印刷
科学出版社发行　　各地新华书店经销
*
2025 年 4 月第 一 版　　开本：787×1092 1/16
2025 年 4 月第一次印刷　　印张：16 1/4
字数：363 000
定价：208.00 元
（如有印装质量问题，我社负责调换）

《中小河流生态保护—— 滩地演化机理》
主要撰写人员名单

夏继红　河海大学

汪颖俊　龙游县林业水利局

蔡旺炜　河海大学

胡　玲　浙江省钱塘江流域中心

伊紫函　吉林水投水业发展有限公司

余根听　浙江省水利河口研究院

张　琦　珠江水利委员会

朱星学　江苏叁拾叁信息技术有限公司

王金平　九江市建设工程质量检测中心

尤爱菊　浙江省水利河口研究院

詹红丽　中国电建集团北京勘测设计研究院有限公司

林国富　莆田市河务管理中心

前　　言

党的二十大提出了推动绿色发展，促进人与自然和谐共生的战略要求。尊重自然、顺应自然、保护自然是全面建设社会主义现代化国家的内在要求，必须牢固树立和践行绿水青山就是金山银山的理念，站在人与自然和谐共生的高度谋划发展。我国中小河流数量多、分布广，防洪任务重、洪涝灾害频繁，一直是江河防洪的薄弱环节之一。相对于大江大河，中小河流沿线分布着众多的中小城镇、居民点、农田和重要基础设施，串联的城市、乡村、产业和人口众多，人民群众对其依存度更高，对保障国家粮食安全、保证人民群众生活品质、维护社会和谐稳定具有重要的支撑作用。2009年以来，我国持续开展了中小河流治理规划，实施大规模治理，截至2021年底，全国中小河流治理累计完成治理河长超过10万km，重点中小河流重要河段防洪减灾能力明显提升，综合保障了江河安澜，为全面建成小康社会奠定了坚实的基础。进入新时期，中小河流治理面临着一系列新形势、新使命，维护中小河流生态健康已成为贯彻新时期治水思路和生态文明建设的重要阵地，也是贯彻"两山"理念、建设美丽中国，促进高质量发展的重要途径，更是满足人民日益增长的美好生活需要的重要载体。

作为中小河流重要组成部分的滩地，由于裁切、放牧、采砂、农业开垦和旅游过度开发等不合理地治理、开发与利用，造成中小河流滩地面积大幅减少，结构遭到破坏，功能退化严重，旱涝灾害发生频率增加，水资源污染加重，严重影响了河流生态系统健康。因此，深入探究滩地空间格局的演化过程，研究滩地退化的机理和建立滩地生态修复技术体系，已成为当前中小河流建设和管理中迫切需要解决的难题。

2014年以来，作者团队针对这一现实需求，依托国家重点研发计划、国家科技基础资源调查专项以及浙江省水利科技重点项目，以浙江省龙游县中小河流滩地为对象，持续开展了近10年的研究。通过持续10年的监测与试验研究，分析了中小河流滩地的结构功能、现状特征，建立了基于形态指数的滩地类型定量划分方法，系统阐述了滩地分布格局变化规律及其演化机理。通过模型试验和数值模拟，揭示了滩地基质组成、植被组成及其演化的水动力学驱动机理，进一步提出了中小河流滩地生态修复的总体思路和技术措施。本书从中小河流滩地的基本特征到演化机理，再到生态修复，系统地建立了中小河流滩地演化的基础理论和生态修复技术体系，为中小河流滩地生态保护、生态修复提供了科学依据，对区域可持续发展具有重要的理论意义和应用价值。

全书共9章，第1章由夏继红、汪颖俊、胡玲、尤爱菊、詹红丽、林国富撰写；第2章、第5章由夏继红、伊紫函、王金平撰写；第3章、第6章由夏继红、张琦撰写；第4章、第7章由夏继红、余根听、朱星学撰写；第8章、第9章由夏继红、汪颖俊、蔡旺炜撰写。全书由夏继红统稿。蔡旺炜、伊紫函、林立怀、曹伟杰、余根听、张琦、王金平、彭苏丽、周子晔、窦传彬、周之悦、叶继兵、刘瀚、曾灼、朱星学、杨萌卓、李朝达、杨陆波、刘秀君、秦如照、黎景江、祖加翼、刘则雯、尹镜雲、张树立、王奇花、程静、王玥、许珂君、季书一、鲁元硕、任一菲、黄雅婷、李梦石等博士、硕士研究生协同完成了书中的野外监测、模型试验、样品化验、数据分析、照片处理、图片绘制等工作。

本书得到国家科技基础资源调查专项"鱼类栖息地特征调查及功能作用分析"（2022FY100404）、国家重点研发计划"蓝色粮仓科技创新"重点专项"生态灾害对渔业生境和生物多样性的影响及其预测评估"（2018YFD0900805）、浙江省水利科技项目"龙游县中小河流滩地格局演化机理及生态修复技术研究"（RC1527）、浙江省水利科技计划项目"美丽河湖建设中堰坝群的布局优化及生态改造技术研究"（RB1915）、福建省水利科技项目"基于系统论的幸福木兰溪系统治理的适配模式及关键技术研究"（MSK202403）、福建省水利科技项目"木兰溪'变害为利 造福人民'的实现程度计算与评价方法研究"（MSK202404）的资助，在此表示衷心感谢！

书中的野外监测试验得到了浙江省龙游县林业水利局程越洲、龙游县双江水利开发有限公司张帆航、邱群华的大力支持和帮助。书中的模型试验在河海大学工程水力学实验室完成，试验期间得到了傅宗甫研究员、杨校礼副研究员、吕加才老师、刘明明老师的指导和帮助。本书研究中还得到中国水利博物馆陈永明馆长、浙江省水利厅韩玉玲教授级高级工程师、王安明教授级高级工程师的指导和帮助。科学出版社编辑为本书的出版付出了大量辛劳。沈雁女士在资料整理、文字修改中给予了大量帮助，在此表示衷心的感谢！

中小河流滩地的专门性研究仍处于起步阶段，本书成果仅为初步探索，疏漏与不足之处在所难免，敬请读者批评指正！

夏继红

2025 年 1 月于南京

目　　录

前言

第1章　绪论 ·· 1

　1.1　背景与意义 ··· 1

　1.2　国内外研究进展 ·· 2

　　1.2.1　中小河流治理与保护的历史沿革 ························· 2

　　1.2.2　滩地类型与形成发育机制研究 ···························· 5

　　1.2.3　滩槽关系与水动力学机理研究 ···························· 7

　　1.2.4　滩地治理措施与管理方法研究 ························· 10

　　1.2.5　主要研究方法与手段 ······································ 12

　1.3　主要研究内容 ·· 13

　1.4　研究方法与技术路线 ·· 13

第2章　滩地类型划分与形态格局演化 ······························· 16

　2.1　中小河流的特征与现状 ··· 16

　　2.1.1　中小河流的含义 ··· 16

　　2.1.2　中小河流的特征 ··· 16

　　2.1.3　中小河流的功能区 ·· 18

　　2.1.4　中小河流的现状 ··· 19

　2.2　中小河流滩地的结构与功能 ·· 20

　　2.2.1　中小河流与滩地的耦合机制 ······························ 20

　　2.2.2　滩地的结构特点 ··· 22

　　2.2.3　滩地的功能特点 ··· 23

　2.3　滩地类型及形态格局 ··· 26

　　2.3.1　研究区概况 ··· 26

　　2.3.2　滩地类型的定性划分 ·· 28

　　2.3.3　滩地形态指数的计算方法 ·································· 32

　　2.3.4　滩地类型的定量划分 ·· 37

　2.4　滩地形态格局的时空演化特征 ······································· 39

　　2.4.1　年际演化特征 ·· 39

　　2.4.2　空间演化特征 ·· 43

　2.5　滩地演化的影响因子分析 ··· 45

　　2.5.1　滩地扰动变化分析 ··· 45

2.5.2 影响因子分析 45

2.5.3 堰坝分布对滩地演化的影响 48

2.6 本章小结 51

第3章 滩地基质组成与空间变化 52

3.1 监测取样与数据处理方法 52

3.1.1 取样点布置与取样方法 52

3.1.2 土壤样品处理与指标测定 53

3.1.3 砾石图像处理方法 54

3.1.4 数据处理方法 54

3.2 滩地基质组成特征 56

3.2.1 基质组成的总体特征 56

3.2.2 土壤组成特征 57

3.2.3 卵砾石组成特征 59

3.3 基质组成的空间分布特征 60

3.3.1 土壤的空间分布特征 60

3.3.2 卵砾石的空间分布特征 68

3.3.3 基质组成的空间变异性特征 73

3.4 本章小结 75

第4章 滩地植被分布与数量波动 77

4.1 调查与分析方法 77

4.1.1 调查点布置 77

4.1.2 植被调查方法 77

4.1.3 环境因子调查方法 79

4.1.4 植被生物量测定与计算 79

4.1.5 数据处理方法 80

4.2 滩地植被物种组成与群落类型 82

4.2.1 植被物种组成 82

4.2.2 植被群落类型 84

4.2.3 滩地植被分布特征 84

4.3 滩地植被多样性与数量波动 85

4.3.1 滩地植被多样性变化 85

4.3.2 植被种群数量波动特征 87

4.3.3 植被群落数量波动特征 88

4.4 植被空间分布与数量波动变化的环境解释 90

4.4.1 关键环境因子识别 90

4.4.2 滩地高差对植被分布的影响 91

4.4.3 滩地形态指数对植被分布的影响 94

4.4.4　水文特性对植被分布的影响 ··96

4.4.5　滩地基质组成对植被分布的影响 ···97

4.4.6　植被数量波动的环境解释 ··97

4.5　本章小结 ··98

第5章　滩地形态演变的水动力机理 ···99

5.1　研究方法与数据处理 ···99

5.1.1　模型试验方法 ···99

5.1.2　数值模拟方法 ···103

5.2　滩地分布位置的水动力特性 ··109

5.2.1　顺直河岸边滩的水动力特性 ···109

5.2.2　凹岸边滩的水动力特性 ···111

5.2.3　凸岸边滩的水动力特性 ···113

5.3　滩地分布方式的水动力特性 ··115

5.3.1　顺直河岸边滩分布的水动力特性 ···115

5.3.2　蜿蜒河岸边滩分布的水动力特性 ···121

5.4　形态规则型滩地演变的水动力驱动机制 ··132

5.4.1　短宽规则型滩地演变的水动力驱动机制 ···132

5.4.2　窄长规则型滩地演变的水动力驱动机制 ···137

5.5　形态不规则型滩地演变的水动力驱动机制 ···142

5.5.1　窄长不规则型滩地演变的水动力驱动机制 ··142

5.5.2　短宽不规则型滩地演变的水动力驱动机制 ··147

5.6　本章小结 ··152

第6章　滩地基质演变的水动力机理 ···154

6.1　数值模拟方法 ···154

6.1.1　控制方程与数值解法 ···154

6.1.2　计算区域与网格模型 ···155

6.1.3　模型的验证与率定 ··157

6.2　关键影响因子识别 ···158

6.2.1　主要影响因素及其影响方式 ···158

6.2.2　影响土壤空间分布的关键因子识别 ··167

6.2.3　影响砾石空间分布的关键因子识别 ··169

6.2.4　影响淤积物空间分布的关键因子识别 ···171

6.3　土壤空间分布演变的水动力驱动机理 ···174

6.3.1　五年一遇洪水条件下土壤分布的响应变化 ··174

6.3.2　十年一遇洪水条件下土壤分布的响应变化 ··176

6.4　砾石空间分布演变的水动力驱动机理 ···177

6.4.1　五年一遇洪水条件下砾石分布的响应变化 ··177

6.4.2 十年一遇洪水条件下砾石分布的响应变化 179
6.5 淤积物空间分布演变的水动力驱动机理 180
6.5.1 五年一遇洪水条件下淤积物分布的响应变化 180
6.5.2 十年一遇洪水条件下淤积物分布的响应变化 182
6.6 本章小结 183

第7章 滩地植被分布的水动力机制及优化 184
7.1 模型试验方法 184
7.1.1 试验装置设计 184
7.1.2 试验材料 185
7.1.3 试验工况与测点布设 186
7.1.4 测量指标与测量方法 187
7.2 滩地植被分布的水流基本特性 188
7.2.1 水流基本特点 188
7.2.2 植被类型对水深与流速的影响 190
7.2.3 植被布置密度对水深与流速的影响 194
7.2.4 植被排列方式对水深与流速的影响 196
7.3 滩地植被分布的水流紊动特性 198
7.3.1 水流紊流特性的描述变量 198
7.3.2 植被类型对水流紊流特性的影响 199
7.3.3 植被密度对水流紊流特性的影响 200
7.3.4 植被排列方式对水流紊流特性的影响 200
7.4 本章小结 201

第8章 滩地生态修复 203
8.1 滩地生态修复思路与技术体系 203
8.1.1 总体要求 203
8.1.2 生态修复思路框架 203
8.1.3 生态修复技术体系 204
8.2 滩地健康评价 205
8.2.1 滩地健康的含义与特征 205
8.2.2 滩地健康的评价指标 206
8.2.3 滩地健康的评价方法 207
8.3 滩地生态修复技术措施 212
8.3.1 安全防护措施 212
8.3.2 破碎化处理与水系连通措施 214
8.3.3 基质修复措施 218
8.3.4 植被修复措施 219
8.3.5 亲水与景观营造措施 224

8.4 典型滩地生态修复 225

8.4.1 形态不规则滩地的生态修复 225

8.4.2 形态规则型滩地的生态修复 228

8.5 本章小结 234

第9章 结论与展望 236

9.1 主要结论 236

9.2 展望 238

参考文献 239

第1章 绪 论

1.1 背景与意义

我国幅员辽阔，水系复杂，河流众多，流域面积超过 1000km² 的河流有 1500 多条，流域面积 100 km² 及以上的河流有 22909 条，总长度为 111.46 万 km，流域面积 50 km² 及以上的河流有 45203 条，总长度为 150.85 万 km（中华人民共和国水利部和中华人民共和国国家统计局，2013）。相较于干流，我国流域面积 200~3000 km² 的中小河流数量多、分布广，总长度更长，串联的城市、乡村、产业和人口更多，人民群众对其的依赖程度也更高（张向等，2022）。作为区域水环境的重要载体和区域河流水系的主要构成部分，这些中小河流对流域及区域具有十分重要的作用。例如，对于山区中小河流，人们通常利用其河道坡降较大的特性，在沿岸区域建设水电站以开发其水电能源；丘陵和平原地区中小河流流域通过蓄泄兼筹的方式在一定程度上减少了其流入江河干流及其支流的水量，能够使洪水水位有效下降，对江河干流的防洪防涝起到了极大的积极作用。除此之外，中小河流对周围的生态环境保护、水土保持等方面也发挥了重要作用（周健，2012；陆孝平等，2005；杨丽，2017；夏继红，2022）。但与大江大河相比，中小河流防洪任务重，洪涝灾害频繁，水资源短缺、水环境污染、水土流失、生态退化等问题日益突出（张晓兰，2005）。党中央高度重视中小河流的治理工作。2009 年，水利部、财政部印发了《全国重点地区中小河流近期治理建设规划》，由此揭开了我国系统性大规模的中小河流治理序幕。2009 年以来，我国持续开展中小河流治理规划，实施大规模治理，取得了显著成效，重点河段防洪减灾能力明显提升，综合保障了江河安澜，为全面建成小康社会奠定了坚实的基础（汪贵成和黄伟，2022；张宜清等，2023）。截至 2021 年底，全国中小河流治理河长累计超过 10 万 km，重点中小河流重要河段的防洪能力得到了明显提升，中小河流治理取得了阶段性成果。进入新时期，推动新阶段水利高质量发展对中小河流治理提出了新要求，需要继续坚持底线思维，以流域为单元，有力有序有效地推进中小河流系统治理，不断提高国家水安全保障能力。中小河流治理正面临着一系列新形势、新使命，中小河流已成为贯彻新时期治水思路和生态文明建设思想的重要阵地，也是贯彻"两山"理念、建设美丽中国、促进高质量发展的重要途径，更是满足人民日益增长的美好生活需要的重要水利载体。

党的二十大提出了推动绿色发展，促进人与自然和谐共生的战略要求。尊重自然、顺应自然、保护自然，是全面建设社会主义现代化国家的内在要求，必须牢固树立和践行绿水青山就是金山银山的理念，站在人与自然和谐共生的高度谋划发展。维护中小河流生态健康已成为社会广为关注的焦点和河流建设的重点任务。作为河道重要组成部分的滩地，受长期以来治河理念和不合理利用方式的影响，生态环境出现了不同程度的退化。由于裁切、放牧、采砂、农业开垦和旅游过度开发等不合理的治理、开发与利用，尤其是无序采砂，造成中小河流滩地面积大幅度减少，结构遭到破坏，功能严重退化、旱涝灾害发生频率增加、水资源污染加重等问题，严重影响了河流生态系统健康，使河流生态系统功能严重退化（伊紫函等，2016；张琦，2019）。因此，有效恢复滩地成为当前中小河流建设和管理的重点和难点。

为了有效保护中小河流的水资源和生态环境，保障防洪安全、供水安全和堤防安全，全面分析中小河流滩地的安全、生态、环境现状，深入探究滩地的基本特征、功能、空间格局的演化过程，研究滩地健康退化的原因、控制指标及生态修复技术已成为当前中小河流建设和管理中迫切需要解决的难题。本书将围绕这一需求，以浙江省龙游县中小河流滩地为研究对象，全面系统地调查全县中小河流滩地的现状、分布特征，定性了解滩地的主要功能，根据滩地水动力、生态、环境机制，提出滩地健康的要求和特征，深入探究滩地的主要扰动因子、扰动机制和退化机理，进一步提出滩地生态修复技术，为中小河流滩地保护治理、河流生态修复提供科学依据，有效保证中小河流防洪安全、生态安全和社会安全，对于区域可持续发展具有重要的理论意义和应用价值。

1.2　国内外研究进展

1.2.1　中小河流治理与保护的历史沿革

我国水利发展相继经历了工程水利、环境水利、资源水利、生态水利、智慧水利等认识与发展阶段（左其亭，2015b；邓铭江等，2020）。每一发展阶段都是在原有基础上的提高，是水利工作理念、管理体制、技术手段等方面的不断提升和完善，是与该阶段社会经济发展水平和观念模式相适应的产物（汪贵成和黄伟，2022）。

相对于大江大河，中小河流沿线分布着众多的中小城镇、居民点、农田和重要基础设施，对于保障国家粮食安全、保证人民群众生活品质、维护社会和谐稳定具有重要支撑作用。据统计，我国中小河流数量占流域面积 50 km² 以上河流的 1/4。其中，兼具防洪任务的河流有 7000 多条，约 2/3 的县城、2/5 的人口、1/4 的耕地分布在中小河流两岸（张宜清等，2023）。我国中小河流治理理念也与我国的水利发展相适应，融入了生态水工学和生态水利的理论，其目的是运用科学化、合理化和生态学的治理技术及措施，营造出一个健全、稳定、协调的河流生态系统，实现河流生物的多样性、水质的优良性、水体与河岸的连续性、河岸带功能的延伸性、河流生态系统的完整性，让河流更好地为人类发展服务。

2010 年，国务院印发了《关于切实加强中小河流治理和山洪地质灾害防治的若干意见》，对中小河流治理提出了"要尊重自然规律，在保障防洪安全的前提下，兼顾水资源综合利用和生态需要，尽量保持河道自然形态，促进人水和谐"的总体要求。2011年、2013 年，水利部先后印发了《中小河流治理工程初步设计指导意见》《关于进一步提高中小河流治理勘察设计工作质量的意见》，明确了中小河流治理的要求，即将近自然河流治理理念融入中小河流治理规划和实施中，以有效促进我国中小河流生态治理模式的建立和技术的发展。据此,多个省份积极探索中小河流多目标综合治理方式,在保障防洪安全的同时,开展了生态环境修复,打造出美丽河湖、幸福河湖。例如,浙江省先后开展万里清水河道建设、"五水共治"、美丽河湖建设、幸福河湖建设;广东省以万里碧道建设开辟流域生态治理新路径;福建省开展万里安全生态水系建设,将中小河流防洪安全、生态健康和环境宜居等目标有机统一(张民强等,2021;张宜清等,2023)。

纵观我国河道治理的发展历程,大致分为以下几个阶段(夏继红等,2024;左其亭等,2020;左其亭,2015b):第一阶段,被动防御阶段。在新中国成立之前,我国河道治理基本上是随着自然的变化而被动采取治理措施。我国古代就存在使用柳枝、竹子、块石等措施来稳固河岸和渠道的例子。明朝的刘天和总结了历代植柳固堤的经验,开创了包括"卧柳""低柳""编柳""深柳""漫柳""高柳"的"植柳六法",成为生物抗洪、水土保持、改善生态环境、营造优美景观的有效措施。第二阶段,资源利用治理阶段。新中国成立以来,我国河湖治理取得了举世瞩目的成就。20 世纪 50~70 年代,由于生产发展模式与实际需求的共同作用,我国虽然在河道建设上已经取得了一定的成绩,但往往是通过"人多力量大"的方式建设完成的,缺乏科学的规划。而且为了尽可能地增加粮食产量,采取了填湖填河造地方式,造成众多河道整体上的流通不畅。第三阶段,生态可持续发展阶段。在中小河流生态治理工作中,面对资源约束趋紧、生态系统退化、环境污染严重的局面,越来越多的河道治理工程采取防洪、生态相结合的综合治理模式。20 世纪 90 年代以后,随着经济的持续发展,很多地区在生活经济方面得到满足的同时,越来越注重生活品质的提升。河湖治理开始从传统的片面发展观念转向综合生态的方向,在满足河湖基本功能需求的基础上,融入更多的社会功能与生态功能。1999 年以来,我国在借鉴国外经验和技术的基础上,开展了一系列河道生态治理方面的研究与探索。1999 年,杨芸研究了自然型河流治理法对河流生态环境的影响,并结合成都府南河多自然型护岸工程,整理和分析了多自然型河流治理的常用方法。2003 年,董哲仁分析了河流形态多样性与生物群落多样性的关系,结合生态学原理,提出了"生态水工学"的概念,指出水利工程在满足人类社会需求的同时,需兼顾水域生态系统的健康性需求。2003年,夏继红和严忠民综合分析了传统河岸带建设的负面影响,提出了生态护岸的概念和设计原则。2004 年,杨海军等开展了城市受损河岸近自然修复过程的自组织机理研究。2004 年,王超和王沛芳研究了城市水生态系统建设中的生态河床和生态护岸构建技术,提出了适应不同河道断面形式的生态河床构建、修复的手段以及新型生态材料。2006 年,张纵等结合南京市滨水绿地建设,提出了城市河流景观建设应视情况的不同实施生态工法。2009 年,韩玉玲等研究了河道生态建设中的植物措施技术,提出了多种配置模式,并在浙江省多条河道推广应用,取得了较好的生态效益。近年来,随着治河理念的不断发展,河流生态治理、美丽河湖建设等实践探索在全国各地取得了瞩目成效,获得了全社会广泛好评,在很大程度上增加了人民群众的幸福感,河流正朝着幸福河湖迈进。在河流保护与管理的进程中,人们对河流的治理目标经历了重水量—重水质—重生态到关注人民福祉、人水和谐共生的发展阶段。2016 年,王武研究提出了河流的 ARSH 集成分类系统,以及中小河流的治理模式,包括不同区域河流生态治理恢复保护模式、不同河段河流生态治理恢复保护模式、不同规模河流生态治理恢复保护模式以及不同健康状况河流生态治理恢复保护模式。2019年，陈子龙和杨钧月针对城市河流提出了中小河流治理修复应该以水质提升为基础，保障生态过程的完整性，融合城市特色、生态景观及城市功能，提升城市品质和活力，并提出了四项修复策略，分别为外源管控与内源治理提升水质、分类分级差异化修复河岸、串联河岸周边开敞空间及河岸复合功能融合。

总体上，中小河流生态治理依据中小河流分区分类的方法，在提升防洪减灾能力的基础上，从河流水系自身的自然规律出发，重点突出了生态治河理念，更多地关注恢复和维持河流及河岸生态系统。目前，我国中小河流生态修复技术措施主要包括生态护岸技术、河流生境修复技术以及生物修复技术。工程布局结合河流自然形态，宜宽则宽、宜弯则弯。断面设计中采用多元化结构形式，重点突出恢复河流生态多样性（董琳等，2018；汪贵成和黄伟，2022）。保持河流的纵向、横向和垂向三维连通性，保护和恢复河流形态的多样性与生境的异质性，改善和维持水质、水生生物的群落结构及物种多样性。近自然河流治理相比传统模式更加适应当前人们对河流的生态、景观、文化等多元化需求（王兰兰，2017）。目前我国中小河流综合治理长度超过10万km，治理的主要任务是解决防洪等薄弱环节的问题，优先治理沿河有城市（镇）、农村居民点、集中连片基本农田以及其他重要基础设施的重点河流河段。已治理河段的防洪能力提升较为明显，治理前防洪标准不足10年一遇或处于未设防状态的河长占3/4，治理后防洪标准10年一遇至30年一遇河长的占比近90%（张宜清等，2023）。中小河流还承担着农村区域行洪排涝、灌溉供水等重要任务，实施治理可以有效避免因受淹造成的粮食减产、绝产和水土流失，促进了脱贫攻坚同乡村振兴的有效衔接。中小河流治理取得了显著的防灾减灾、经济社会和生态环境效益，为全国粮食的连年丰收、打赢脱贫攻坚战贡献了重要力量（陈宇婷等，2019；张宜清等，2023）。

中小河流治理是全面提升防洪安全保障能力、守护江河安澜的重要手段，是推动新阶段水利高质量发展、支撑国家水网建设的重要举措，也是乡村振兴战略实施、美丽中国建设的重要支撑。历经10余年大规模治理后，中小河流治理取得了阶段性的进展，但治理总体滞后，且中小河流的治理模式单一，与河流生态要求不协调等问题依然存在（彭苏丽等，2019；秦夫锋等，2021）。同时，气候变化、经济社会发展也对中小河流治理提出了新挑战。为了进一步推进以流域为单元的中小河流系统治理，规范建设管理，提高中小河流治理成效，增强中小河流应对洪涝灾害和防控风险的能力，充分发挥工程效益，2022年水利部办公厅、财政部办公厅联合印发了《关于开展全国中小河流治理总体方案编制工作的通知》，全面启动了中小河流治理总体方案的编制工作。2023年，水利部出台了《中小河流治理技术指南（试行）》和《中小河流治理建设管理办法》，规定了中小河流治理工程初步设计的具体技术要求，明确提出："统筹发展和安全，把保护人民生命财产安全放在系统治理的首要位置""以流域为单元，统筹上下游、左右岸、干支流，与流域综合规划、防洪规划和区域规划相协调""逐流域、逐河流、逐项目建档立卡，实现中小河流治理全过程信息化管理，提升治理管理数字化、网络化、智能化水平"。在新时期，保护河流生态健康、推动社会经济发展、传承弘扬江河文化是实现人民对美好生活向往的重要环节，建设幸福河湖成为新时期生态文明建设和区域协调发展的新目标（夏继红等，2021，2024）。

1.2.2 滩地类型与形成发育机制研究

1. 滩地类型

自 1908 年法国学者法格以加龙河（Garonne River）为典型开展弯曲型河流研究之后，国内外学者将河流滩地类型划分与河流类型划分、河型成因以及河流演化等紧密结合开展了系列研究（Quraishy，1943；Werner，1951；Orth，1996；Parker，1976；Petrovszki et al.，2014）。在河流类型划分中，Leopold 和 Wolman（1957）将河流类型分为顺直、弯曲和辫状三种类型，目前西方学者普遍接受 Leopold 分类方法；Chitale（1973）则在 Leopold 提出的分类方法的基础上增加了过渡、分汊两种河型。我国很多学者借鉴了国外研究成果，研究了我国河流类型的划分方法。例如，林承坤（1963）采用了罗辛斯基等分类方法，依据地质地貌对河流类型进行划分，将河流类型归为三个大类（顺直微弯、蜿蜒弯曲、分汊）和四个亚类（稳定河曲、摆动河曲、稳定分汊、摆动分汊）；方宗岱（1964）按照河道中水文泥沙条件的不同和河道的稳定性，结合河道平面外形，将河流分为具有江心洲河段的稳定河道、弯曲性河道的次稳定河道、摆动性河段不稳定河道和河道中上游建有大型水库的宽浅河道；钱宁（1985）根据河流的平面形态或运动形式，将河流的平面形态划分为顺直型、蜿蜒型、弯曲型和分汊型四种河型，将其按照河流的运动形式分为边滩平移型、交替消长型、散乱型和游荡型四种河型。目前我国通常采用钱宁的划分方法。

根据滩地在河道中的位置及其组合方式的不同，国外学者提出了心滩、凹岸边滩、凸岸边滩、下游延伸型滩地、上游延伸型滩地、不规则式滩地、交错式滩地以及网状分布式滩地等滩地类型（Mollard，1973；Stacke et al.，2014）。Knighton（1999）按成因将江心洲分为心滩落淤型、边滩切割型和淤积体裁切型三种类型；Kasvi 等（2013）通过研究曲流点坝形态与水流流量大小时发现，低流量很容易造成滩头淤积，环流的运动使点坝边缘形态改变；Lotsari 等（2014）认为点坝与河岸的地貌形态间存在很大的差异，点坝的淹没时间是影响点坝形态的一个十分重要的因素；Kiss 和 Balogh（2015）发现大坝的建设可以使河道变得弯曲，导致了河岸的侵蚀和边滩的形成。

对于滩地类型划分的研究，国内虽然开始得比较晚，但也有许多有价值的成果（孙广友，2000；李玉凤和刘红玉，2014）。高曾伟（1998）研究认为，由于长江下游在历史上多次发生南北摆动，加上来自上中游泥沙的沉积和海潮的顶托，长江中发育了八卦洲、世业洲、和畅洲、太平洲、双山沙、长青沙等江心洲，两岸发育了大面积的边滩。其中，大部分已被开发利用，成为人口稠密、经济发达的城镇和工农业生产基地。长江滩地根据其高程可以分为三类：第一类是高于平均高潮水位的高位滩地，基本不受江潮的影响，多已围垦利用，成为经济较发达的老滩区。第二类是在平均潮水位和平均高潮水位之间的中位滩地，大部分为近二三十年来围垦的新滩区，以农业为主，多中低产田，农业产值不高，堤外的中位滩地生长着茂密的芦苇等植被。第三类是低于平均潮水位，只有在枯水期才出露的低位滩地，又称为白水滩，是无植被覆盖的淤泥质滩地，目前不能开发利用。上官铁梁等（2005）在黄河中游湿地资源及可持续利用研究中，将滩地分为老滩、二滩和嫩滩。老滩地势较高，生境稳定；二滩在洪泛期和高水位条件下即过水，生境稳定性较差；嫩滩位于二滩与主河道之间，在中常水位时即过水，生境稳定性极差。李志威等（2012）对国内外七条大型河流（长江、汉江、西江、湘江、黑龙江、密西西比河及额尔齐斯河）的600多个滩地进行分析，提出滩地按照形态可划分为三种类型：镰刀形、竹叶形和椭圆形。同时，发现椭圆形滩地所占比例最高，镰刀形滩地所占比例最小，且滩地面积与河道宽度间呈现出幂函数关系。孙昭华等（2013）利用天兴洲河段的水沙输移、河床变形等观测资料，分析了顺直型河道和分汊型河道交界位置的沙洲与浅滩动态特征。分析结果表明，上游顺直型河道内低矮淤积体具有周期性缓慢下移和突然上升的特性，滩头的冲刷和淤积强度与年际来流条件间具备较好的相关性。

2. 滩地形成发育机制

国内外很多学者研究了河流滩地的形成及演变过程，尤其是近几十年来，国内外针对泥沙条件对滩地的影响展开了广泛、系统的研究。研究认为泥沙在水流和滩地演变中起到纽带作用，因其颗粒粒径组成的不同，其能量来源、运动规律和对滩地的作用均不相同。Crosato 和 Mosselman（2009）基于河流形态二阶线性物理模型，以河道中滩地发育的数量，来预测蜿蜒型河道和网状型河道之间的相互转换。Schuurman 和 Kleinhans（2010）基于大型河流的最初河床坡度、河床基质粒径、上下游流量及河宽等数据建立准三维形态模型 Delft3D，模拟河道形态的发展，为滩地的形成及演变过程提供理论支撑。Stacke 等（2014）基于 Bečva 河流滩地沉积物的沉积过程分析，模拟了该河流滩地的发育过程及其形态演化。河道泥沙与滩地在长时间的相互作用、影响下达到了平衡状态，但来水来沙条件一旦发生变化，这种平衡状态就会被打破，迫使河道发生变化，滩地随之重新调整。滩地的纵横形态发展取决于不同的来水来沙情况。水流条件，如来水流量大小、变化以及历时等是促使河道滩地变形的驱动因素，而泥沙输移量、颗粒级配组成、运动方式等则是影响滩地变形的基本因素（Phillips，2003）。Willis 和 Tang（2010）研究发现，最粗、最大的颗粒通常淤积在河道弯曲顶点附近，而细颗粒则在河道的下游淤积较多。此外，不同粒径的泥沙颗粒因其黏结方式、黏结力大小的不同，在滩地上淤积的时间、位置也不同，而输沙量的不同也会促使滩地在垂向上加高或是产生凹陷，但更主要的是滩地会在横向做出相应的调整，如侧侵、弯曲、加高、摆动等。总之，滩地的演变与河道水动力学条件和水沙条件息息相关。河道边界条件、河流流态、不同的河床和水沙条件共同作用，促使滩地进行不同程度的演变。

我国对滩地形成发育的研究主要开始于滩地对河流形态演化影响的定性分析（钱宁，1985）。此后，针对河流滩地的形成发育开展了一系列的定量研究，取得了很多有价值的成果。许炯心和师长兴（1993）研究了滩地生态系统影响下的河型转化，认为滩地生态系统的状态与河型特征有着密切的关系，滩地生态系统的变化也可能会造成河型的转化。当影响河道的外界条件（如来水来沙）发生变化后，通过两者之间的物质交换，滩地生态系统的特征也会发生变化，这种变化作为河床边界条件而反馈于河床挟沙水流，从而导致河型特征改变。李志威等（2013）通过遥感影像与野外调查等方法，结合沙洲边缘的水动力学特性，将冲积型河流滩地的发育类型分为两类：一种是冲积河道滩地滩头淤积逆水流向上的发育方式，另一种是河口区滩地滩尾淤积顺水流向下的发育模式。乔辉等（2015）通过观测河流滩地卫星影像，考虑河流类型、河流弯曲度及边滩面积等对边滩的发育模式进行细分，可以分为单一河道低弯曲度小边滩发育型、简单河道高弯曲度小边滩发育型和分汊河道高弯曲度大边滩发育型等发育模式。王梅力等（2015）通过卫星图和实测河道地形图，利用 ArcGIS 和 AutoCAD，定量研究了长江上游宜宾至重庆主城区河段中典型弯道凸岸边滩和弯道过渡段边滩的平面形态特征与河道之间的关系，研究发现边滩面积与周长、边滩面积与最大长度之间都呈现出良好的正比例关系，边滩面积与最大宽度之间也基本呈现正比例关系。

1.2.3　滩槽关系与水动力学机理研究

国外最早研究滩地水流特性的是苏联的热列兹拿柯夫，20 世纪 50 年代，他发现洪水漫滩后滩地的过水能力会增强（热列兹拿柯夫，1956）。1978 年，Myers 针对河道与滩地的边界切应力展开研究，发现随着动量交换，河道边界切应力减弱，滩地边界切应力增加。此后，国内外很多学者开展了一系列滩地水动力学的机理研究，重点研究了滩地与主槽间的水动力学作用机理、滩地植被的水动力学特性、滩地的水沙输移研究和滩地对河道过流能力的影响等。

1. 滩地与主槽间的水动力学作用机理

Tominaga 和 Nezu（1991）基于河槽模型试验研究了不同弯道断面形状河槽中的二次流沿程分布特征。Sugiyama 等（1997）以雷诺应力模型对不同水深漫滩条件下的复式河道水流紊动过程进行数值模型，较好地预测了二次流、流向速度和雷诺应力分布的变化。Peltier 等（2013）通过水槽试验研究了非对称复式河槽中湍流问题，分析了在漫滩水流条件下滩槽之间的水流相互作用。谢汉祥（1982）在考虑漫滩水流剪应力沿横向的分布特征的基础上，根据动量传递理论，从理论上推算了滩槽垂线平均流速沿横向分布的计算公式，进一步完善了漫滩水流特性的理论。赖锡军等（2005）考虑滩地与主槽具有不同的阻力特征，建立了漫滩河道洪水演算的一维水动力学模型，模拟计算了 3 种不同水位情况的漫滩水流特性，将模型所得计算结果与二维 RBFVM-2D 模型的计算结果进行比较。姬昌辉等（2011）分析了不同断面形态对断面过流能力的影响，运用数学模型探究了增加滩地宽度和改变主槽位置对河道滩地与主槽流量的配比、水位高程、水力坡降的影响。结果表明，当滩地过水面积与主槽过水面积的占比小于 6 时，增加滩地的宽度可以降低河道的水位高程。张防修等（2014）基于河道一维、二维水动力学模型，建立了侧向耦合洪水的演进模型，并结合黄河下游"96·8"大洪水实测资料，验证了花园口至夹河滩河段洪水演进过程，结果表明，该方法的模拟精度较高，能够利用该模型模拟复式河道大漫滩洪水过程。

2. 滩地植被的水动力学特性

河道边滩植物的阻水特性是影响河道行洪能力的重要因素。河道滩地通常长有如草本、灌木等植物，或出于某些考虑，也经常在河槽漫滩上实施一些人工植被工程。因此，对滩地水力学特性进行研究时，考虑植被的影响是十分必要的。根据植物在水体中相对水深的不同位置，可以将植物分为挺水植物和沉水植物。挺水植物是根系生长在水底中，枝叶伸展在水面上的植物，如菰、菖蒲、芦苇等；沉水植物是整株都淹没在水中的植物，如菹草、金鱼藻等。

不同的植物类型对水流特性的影响不同。Fathi-Maghadam 和 Kouwen（1997）通过无量纲化，将所有与水流阻力有关的参数叠加，研究发现，当水流为缓流时，阻力与植被株数、水流特性关系密切，但它们之间的具体关系仍有待探索。Wilson 等（2003）应用沿水深积分的紊流形式的 N-S 方程，对滩地植被化的复式断面顺直河道进行数值模拟，模拟结果表明，模型可对水深平均流速、边壁切应力、横向切应力的分布以及水位－流量关系提供精确的预报。Crosato 和 Saleh（2011）考虑植被对河流的水流、河床切应力和泥沙输送的影响，建立了复式河道滩地植被二维水动力学模型。Benjankar 等（2011）以美国库特内河为研究对象，应用规则的动态漫滩植被模型"CASiMiR-vegetation"，模拟植被覆盖条件下，不同河流形态和水文条件对河道水力特性的影响。结果表明，河流形态与水文变化（包括洪水历时、流场变化等）对滩地植被有很大的影响。该模型还进一步解释了滩地植被的演替过程，并为以后的河流滩地生态评估与河道生态修复奠定了坚实基础。Li 和 Millar（2011）应用数值模拟的方法，探讨了滩地植被对滩地水流阻力、剪切应力分区及推移质运输的影响，并建立模型说明植被的存在极大地影响了滩地的形成与发育。Folkard（2011）、Li 等（2014）通过水槽试验对淹没状态下柔性植被间的水流特性进行了研究。

滩地植物不同的分布方式（如植物类型、排列方式、布置密度等）对水流特性具有一定的影响。植物不同的分布方式对水流特性的影响研究主要有两个方面（吴一红等，2015）：①研究植物对水流阻水特性的影响；②研究植物影响下的流场结构，如时均流场和紊流结构。研究方法主要包括现场调查、水槽试验、原位试验和数值模拟等。

由于滩地地形等因素的差异，植物会出现不同的分布格局，即出现不同的排列方式。吴福生（2007）将漫滩中淹没植被的水流作为充分发展的紊流，使用特殊材料进行模拟，通过水槽试验对紊流特性进行研究。王忖（2010）研究了含沉水植物狐尾藻和挺水植物菖蒲的明渠的水流特性，发现拥有两种植物的水流阻力与单一植物不同，两种植物复合种植时，其纵向流速在垂线方向上呈"3"形。根据植被枝干的刚柔特性，可以将植被分为柔性植被和刚性植被。一般而言，柔性植被会因水流作用而出现明显的弯曲流线化和波动。房春艳（2010）研究认为滩地植树后河槽中二次流显著，流速垂向分布呈"S"形。蒋北寒等（2012）根据植被作用下水流阻力的等效平衡原理，推求出刚性植被等效附加阻力系数以及植被等效综合阻力系数的计算方法，通过运用数值模拟方法，模拟分析了植被作用下河槽垂线平均流速的横向分布。谭超等（2012）根据地形资料，并参照物理模型试验，阐述了植被分布的河槽水流特性及近期河床演变特征。李岸（2013）根据植被对水流的作用程度不同，将复式河道水流分为上游壅水区、植被区、下游过渡区和恢复区四个区域，并通过改变植被的种植间距研究了植被的分布对水流的影响，发现植被种植间距减小，其植被前端壅水高度增加，断面流速整体上较无植被时大幅度降低，植被区内的垂向流速在整体降低的同时，垂向流速分布形式近似"S"形曲线分布。尹愈强等（2014）探究了植物在标准、交错和等差三种不同排列方式下对水流流速、紊动强度和雷诺应力的影响，发现交错排列方式下水流状态更加复杂，流速稳定性比标准排列方式差。交错排列方式下的水流紊动比标准排列方式大，而等差排列方式在密集区域靠近槽底的紊动强度不足交错排列和标准排列方式的一半；在雷诺应力方面，标准排列方式和等差排列方式下槽底附近的雷诺应力接近 0，出现了最小值，而交错排列方式在槽底附近出现了极大值。张凯（2015）研究了刚性–柔性植被、柔性–刚性植被、柔性植被对河道水深沿程分布、流速分布和相对紊流强度的影响。袁素勤等（2015）研究了种植植被的河槽断面的河床剪切应力分布，发现植被对河床剪切应力具有明显的削弱作用。陈正兵（2016）采用数值模拟的方法探究了水生植被对滩地水动力学特性的影响，发现植被较密时，滩地下游流速明显减小。郑少萍等（2023）以深圳河为例，利用遥感影像，解析了 2008～2018 年河道边滩植物的生长范围变化，基于实测洪水资料和一维数学模型，设置不同河道综合糙率的研究组合，定量分析边滩挺水植物对河道综合糙率的影响，进而研究边滩挺水植物对河道洪水流速和洪水位的影响程度。研究表明：深圳河中下游边滩植物向河道内扩展了近 30m，河道综合糙率增大约 0.005，在 200 年一遇、100 年一遇、50 年一遇的洪水条件下，河道水位分别增加了 1.1m、0.7m、0.5m。

3. 滩地的水沙输移研究

Hooke（1975）通过弯道输沙和剪切力分布试验发现，泥沙运动的横向、纵向分布对凸岸边滩的形成起着决定作用。Patgaonkar 等（2007）对小溪附近挖沙及沙坑形态稳定性变化进行了研究，发现当沙坑深度增加时，水流的深度也将增加，挖沙河段保持河岸坡降为 1∶6 时，对维持沙坑的稳定性最为有利，沙坑的渗透水流与河底方向平行。Dai（2009）根据弯道的冲淤演变规律，建立了不同弯道床面冲淤态势的数学表达式，该表达式能够较好地模拟和预测冲积弯曲河流床面形态变化。Willis 和 Tang（2010）发现粗粒度泥沙容易在河道最弯曲处沉积，且沉积厚度最大，细粒度泥沙向下游迁移，在滩尾处沉积。

陆永军和张华庆（1993）根据非均匀推移质输移、床沙级配调整及沙质不饱和输移规律，建立了非均匀沙的平面二维全沙动床模型，用于研究平面河床的变形。方春明（2003）考虑弯道环流对河道水流特性的影响，建立了平面二维水沙模型模拟天然复杂弯道的水沙运移规律。穆锦斌等（2008）采用现场勘测水沙数据，对平面二维水沙数学模型进行率定与验证，应用该数学模型模拟采砂后不同流量条件下的采砂河段水位、流场变化及河床变形规律等。杨克君等（2013）考虑推移质输沙率的变化特性，通过最大熵原理和变分法推导了河道粗化过程中的推移质输沙率公式，并对该公式参数的敏感性进行了分析，应用该公式探讨了复式河道粗化过程中的输沙率随时间的变化。

4. 滩地对河道过流能力的影响

在水流漫滩之后，复式河道的过流断面不规则，因此主槽区与滩地区流速不同，从而导致河道滩槽中水流沿程混合交换，采用传统的水力学方法计算复式河道流量时将会带来很大的误差。Ackers（1993）、Ackers（1994）通过 Darcy-Weisbach 方程，提出了顺直复式河道协调度，即 COHM。利用 COHM 中流量修正因子 DISADF 和流量误差 DISDEF 两个指数可以对不同相对水深流量计算结果进行修正。王树东（1986）结合漫滩水流的特点，基于布西内斯克（Boussinesq）假定条件下的雷诺方程，推导出不同断面点流速分布计算公式，进而确定整个复式河道断面的流量。刘沛清和冬俊瑞（1995）通过建立滩槽交界面力的平衡关系式，运用动量定理分析了主槽与滩地间的动量输运机理，推导出滩地区和主槽区平均流速的计算公式，从而确定复式河道整个断面的流量。杨克君等（2004）在分析复式河道不同分区 Darcy-Weisbach 阻力系数的相互关系的基础上，建立了不同分区的流量间的相互关系，从而推求断面总的过流能力。宗虎城等（2015）考虑滩地横比降对漫滩水流运动的影响，分析滩地垂线平均流速的横向分布。许栋等（2015）提出了一种河道洪水淹没分析方法，可用于确定滩地的淹没范围。黄亚非（2016）考虑了河槽间的动量交换，通过以往的试验资料，探究了河槽几何形态对河槽糙率的影响，拟合了对称以及非对称复式河道在滩地水深与主槽水深小于 0.25m 时的综合糙率计算公式，从而推求出河道的过流能力。

1.2.4　滩地治理措施与管理方法研究

河流滩地是河道内由泥沙沉积而形成的高出常水位的土地，是一种湿地类型（秦小军，2007；汪颖俊等，2017）。河流滩地与主槽组成的复式河道在水流漫滩后，由于河道主槽与滩地水流的流速各异且在沿程混合，削弱主槽的水流流速，从而可以调蓄洪峰（许栋等，2018）。河流地表水与滩地矿物层的化学反应以及微生物群落间的新陈代谢，能加强地表水与地下水之间的物质与能量转换，进而加快污染物的自然降解速率，改善河流地表水及近岸地下水的水环境（Tonina and Buffington，2007）。滩地上枯枝落叶覆盖层和植被的缓冲作用，可以有效地减缓雨水对滩地表层土壤的直接冲击，从而减少滩地土壤侵蚀，同时滩地植被的光合作用又可以通过降低最高温度来缓解日温极差，增加大气湿度等改变河流滩地小气候（宋绪忠，2005）。同时，因季节性洪水脉冲，水流周期性漫过滩地，为滩地生物繁衍生息提供了良好的栖息环境。滩地植物能够有效保持水土，起到很好的固滩、固岸作用，为鱼类、无脊椎动物和水鸟提供了重要的栖息地和食物来源。由于滩地具有丰富的功能，滩地区域成为河道建设管理开发利用的重要区域。可见，河流滩地是河流生态系统的重要组成部分，也是维护河流生态系统健康的重要屏障，具有调蓄洪水、补充地下水、稳定防护、净化环境、供生物栖息以及调节气候等功能（夏继红和严忠民，2003；王金平，2019）。河流滩地整治一直是国内外学者研究的热门问题。20 世纪 40 年代，斯菲特首先提出了"亲河川整治"理论，他指出河道治理工程不应只重视其防洪功能，还应重视人与河道的和谐发展。Schlueter（1971）提出河道的生态治理应在满足人类对河流的功能性要求外，还应维护河道生态系统的健康。到 20 世纪 60 年代，Mitsch 和 Joergensen（1989）首次提出了河道的生态建设，生态学理论体系的概念被应用于滩地治理与修复工程。Gustavosn 等（1999）以加拿大弗雷泽河流域为例，选择滩地治理指标并进行数值模拟，提出了相应治理措施。

我国中小河流滩地的治理与管理是伴随着中小河流治理工程而实施的（李红霞等，2020）。各地先后开展了以堤防建设、疏浚河道等为重点的中小河流治理，为了科学保护、治理与管理滩地，很多学者开展了大量研究。张春学等（1994）以柳河河湾滩地为研究对象，通过试验研究提出了综合开发利用河湾滩地的技术措施，在治河和治滩上，提出了治理防护与开发利用相结合，工程措施与生物措施相结合，灌溉、排涝、淋盐、治碱相结合的综合治理开发模式，并把河道治理与滩地开发利用视为一体，建立固滩护岸及滩地开发利用的技术体系。向苏奎（1994）在分析塔里木河滩地特点的基础上，指出塔里木河大面积的河漫滩分布在塔里木河上游北岸灌区和塔南灌区，通过研究成滩原因、成土特点、有机质含量等变化规律，提出了滩地的开垦利用、治理与管理建议。高曾伟（1998）以长江镇扬河段南岸的征润洲为例，探讨了江苏省长江滩地资源可持续利用的原则与途径。其研究指出，近百年来新淤涨起来的江滩已成为各地竞相开发的重要土地资源。怎样在确保河床稳定、防洪安全、航运交通和进行生态环境建设的前提下，合理地利用江滩土地资源，已是一项亟待研究的课题。江明喜等（2002）提出滩地植被种类的选取与分布的确定是生态河流构建的关键。常青等（2005）在对滹沱河高滩进行生态治理时，针对不同区域的特点，提出"绿色滹沱"模式。刘英彩和张力（2005）按照"一线、两岸、三段、六区"景观格局构建的滹沱河滩地，已成为该区域的风景旅游度假区、近郊森林公园和生态农业教育的科研基地。王保忠等（2006）以南京新济洲滩为例，探讨了生态重建的工程手段和持续利用模式。

近年来，滩地治理和保护已成为河流治理的重点和难点，研究者们根据河流形态结构（河型、河道弯曲程度、河道宽度、河床稳定性等）、河流水文特征（流速、水位、流量等）和滩地建设等对河流滩地的形态类型、发育过程与演变规律等方面开展了研究（伊紫函，2017）。例如，高进（1999）将沙洲形态概化为等腰三角形沙洲、菱形沙洲和不规则沙洲，并应用流体运动的最小阻力原理，推算了不同形态的沙洲发育长度的公式。李琦等（2007）提出了切滩导流实施需要一定的条件，它只能短期改善河势，不能把改善的河势稳定下来。宁磊和李付军（1995）认为大洪水对切滩撇弯演变起着十分重要的作用。李志威等（2012）利用影像图统计了汉江、长江等 7 条河道沿线的沙洲信息，在将沙洲总结归类为竹叶形、镰刀形和椭圆形的基础上，分析沙洲自身形态与河道的关系。夏继红和严忠民（2009）、夏继红等（2013）根据结构稳定性、生态适宜性等多个方面建立了河岸带生态系统综合评价指标体系，为河流滩地的重建提供了理论支撑。刘海洋等（2013）根据不同的区域条件、功能要求，提出了自然建设、工程建设和景观建设 3 种适宜的河岸带建设模式。汪颖俊等（2017）以浙江省灵山港龙游段滩地的生态修复实践为例，提出了中小河流滩地生态修复原则以及"清、整、通、护、种、景"的修复思路，构建了中小河流滩地生态修复技术体系。杨正营（2020）认为对河道的治理应尽量避免采取裁弯、拓浚以及过度切滩（祝海娇等，2020）。然而，从治理理念来看，中小河流治理仍缺少对现代治水理念的融合应用（石日松，2020）。尤其是在中小河流滩地治理中，治理措施相对单一，与当前新形势、新要求不完全匹配。因此，滩地的科学治理需融入现代发展理念，实施以保护为主的生态治理、系统治理。

1.2.5　主要研究方法与手段

1. 数值模拟

数值模拟也称计算机模拟。依靠电子计算机，结合有限元或有限容积的概念，通过数值计算和图像显示的方法，达到研究工程问题和物理问题乃至自然界各类问题的目的。数值模拟技术诞生于 1953 年 Bruce 和 Peaceman 模拟了一维气相不稳定径向流和线形流。其应用于流体动力学，从而形成了计算流体动力学（computational fluid dynamics，CFD），CFD 有助于研究分析复杂流体的内部流动结构和运动特性。随着流体力学数值求解技术和计算机软硬件技术的发展，学者们开发了多个 CFD 模型。根据研究水流流动的复杂情况和研究需求不同，可以选择一维水动力学模型（Ishida et al.，2012）、二维水动力学模型（Guda et al.，2018）以及三维水动力学模型（魏炳乾等，2016）。Shen 等（2015）通过改进二维水动力模型和提高网格精度，模拟分析了漫滩水流特征。肖毅等（2012）通过改进平面二维水沙模型，模拟分析了弯道二次流及河床结构对泥沙运输的影响，提出了新的非黏性土崩岸模拟方法，从而模拟了边滩的形成过程。

2. 模型试验

模型试验是利用模型流动模拟原型流动的试验研究。根据水流及泥沙运动的力学相似原理设计模型，模拟与原型相似的水流结构及地貌变形特征。根据试验要求和试验条件，合理选定几何比尺，设计模型尺寸。正确运用相似准则，确定原型流动与模型流动各个物理量的比尺。将模型流动观测得到的结果换算为原型流动的情况。相似模型的类型主要分为完全相似模型、近似相似模型、正态模型和变态模型。Knight（1999）通过水槽试验发现了复式河道滩槽交界面存在表观剪切应力，由于表观剪切力做功，消耗水体的机械能，其过流能力降低。杨克君等（2007）利用模型试验，研究了对称复式河道在完全粗化后水流阻力变化特性，分析了给定水流条件下河槽中水流能量损失、谢才系数和 Darcy-Weisbach 系数等的沿程变化。研究发现，阻力系数与能坡的沿程变化趋势具有相似性。胡小庆（2011）利用实测资料和河工模型试验，研究了大雪滩群的水沙运动特性及其河床演变规律，阐述了该滩群的成因和碍航特性。林俊强等（2013）、夏继红等（2020）利用室内变坡水槽系统和河道模型，探究了弯曲河岸边界的扰动压强分布规律和主要影响因素，建立了扰动压强的分布方程及其解析解。吉祖稳等（2016）利用概化水槽模型，研究了水深、含沙量及泥沙级配等因素对滩槽泥沙粒径分布的影响。夏军强等（2016）通过模型试验，建立了汛期滩地水流冲刷经验公式。

1.3 主要研究内容

本书将以中小河流滩地为研究对象，深入研究中小河流滩地的空间格局特征，重点研究滩地演化的水动力驱动机理，进一步探讨中小河流滩地的生态修复方法，主要研究内容如下。

（1）中小河流滩地类型的定量划分方法及演化规律。归纳总结中小河流和中小河流滩地的特点、结构与功能，掌握中小河流滩地现状和存在的问题，从定性、定量两个方面划分中小河流滩地类型，建立滩地形态指数的计算方法，并根据形态指数确定滩地类型，分析不同滩地类型的时空格局和演化规律。

（2）中小河流滩地的基质组成及植被分布规律。通过野外监测和调查，了解中小河流滩地土壤的质地、卵砾石级配等基质组成特点，掌握中小河流滩地基质时空分布和变化规律。了解中小河流滩地内植被的种科属组成、群落组成、空间分布特点，从而掌握中小河流滩地植被的变化规律。

（3）中小河流滩地演化的水动力驱动机理。应用物理模型试验、数值模拟方法，探讨滩地形态、基质组成演化的水动力驱动机理。根据植被分布的不同，探讨植被分布方式、不同植被组合方式与水动力的作用机制，掌握滩地植被演化的水动力驱动机理。

（4）中小河流滩地的生态修复方法。总结中小河流滩地生态修复的原则和总体思路，探讨中小河流滩地健康的特征和评判指标。根据滩地的健康现状和退化机理，从河流动力学、生态学、环境经济学和社会学等方面，凝练提出适宜的滩地生态修复技术措施。

1.4 研究方法与技术路线

针对当前中小河流滩地的退化问题，通过现场调查、勘查，收集河道可研、设计、规划文本、地形图等资料，定性分析中小河流滩地的功能和现状。以浙江省龙游县中小河流滩地为典型，通过购置遥感、航拍、测绘图件资料，应用地统计学方法，归类分析中小河流滩地分布特征、主要类型；调查掌握滩地基质组成、植被组成的特点，分析掌握滩地基质、植被的时空变化规律；选择典型河段，布置适宜的监测设备，监测滩地形态、水文、生物与环境变化特征；通过建立室内物理模型和数学模型，模拟研究不同工况下滩地变化过程，深入研究滩地形态演化、基质演化、植被演化的水动力驱动机理；应用图像处理、分形算法、景观格局理论，分析滩地空间格局的演化特点、健康退化原因和扰动因素，研究分析健康特征、评判指标。在此基础上，根据健康要求，归纳提出中小河流滩地生态修复的技术措施。具体研究技术路线如图 1.1 所示。

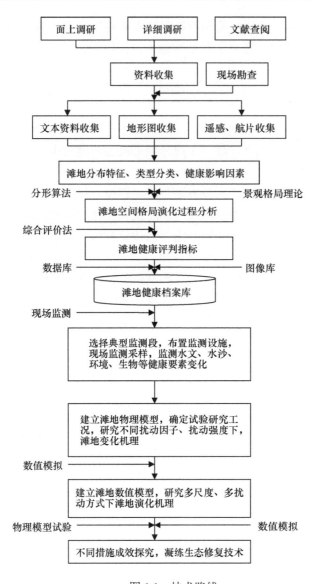

图 1.1　技术路线

（1）资料收集与整理分析。收集河道建设、管理和发展的规划报告与设计报告，以及河道地形图和社会经济发展规划报告等。整理资料，分析河道建设、管理的现状以及滩地的基本现状。

（2）面上调研。在资料分析的基础上，开展面上调研，掌握中小河流滩地的基本现状，分析滩地的分布状况和变化特点。调研方式主要是资料收集和典型勘查。

（3）现场调查与勘测。在面上调研的基础上，以浙江省龙游县中小河流滩地为调查重点，调查干支流滩地的水文、生物、环境、建设和社会经济情况。对典型滩地实施现场详细调查与勘测，量测滩地的面积、几何特征参数，以及与滩地相关联的河岸带坡度和长度、河道主槽宽度、水流流速等。

（4）滩地类型划分和空间格局分析。应用聚类分析和地统计学方法，归纳中小河流滩地的主要类型，分析各类滩地的主要形成过程，应用景观格局理论分析滩地的分布特征和格局变化特征，在此基础上，结合防洪、生态、环境、社会经济要求，分析各类滩地的主要功能和存在的问题。

（5）现场监测与化验。在现场调研与勘测的基础上，选择典型河段，在河道沿线重点滩地布置一定数量的生物调查样方、土壤监测取样点、水文条件监测断面。

（6）物理模型试验。依托河海大学工程水力学实验室，建立物理模型，设置不同的滩地分布方式、植被分布方式和水流工况，试验研究滩地形态演化的水动力驱动机理，研究滩地植被与水流的相互作用。

（7）数值模拟分析。由于模型试验研究中受到尺度的限制，对于一些大尺度或微观尺度下的问题，模型试验无法模拟研究。因此，将利用 MIKE 21 软件模拟不同工况下滩地的水沙运动过程、植物水流动力学过程等。

（8）凝练适宜的滩地生态修复技术。根据现场监测、室内模型试验、数值模拟的成果，分析不同修复技术的成效，凝练出适宜中小河流滩地的生态修复技术。

第2章 滩地类型划分与形态格局演化

2.1 中小河流的特征与现状

2.1.1 中小河流的含义

目前中小河流并没有统一的含义。从不同的角度出发,中小河流有不同的界定方法。

从流量大小的角度来看,通常将河流分为小河流、中等河流和大河流。根据不同国家和地区的相关规定,一般将流量在 $2\sim50\mathrm{m}^3/\mathrm{s}$ 的河流划分为小河流,流量在 $50\sim500\mathrm{m}^3/\mathrm{s}$ 的河流划分为中等河流,流量大于 $500\mathrm{m}^3/\mathrm{s}$ 的河流划分为大河流。

从干支流等级的角度来看,我国通常把长江、黄河、淮河、松花江、珠江、辽河、海河等江河干流及其主要支流以外的三四级支流、平原区排涝(洪)河流、独流入海河流、跨国界河流、内陆河流等称作中小河流。

从流域面积大小的角度来看,我国通常将流域面积在 $200\sim3000\mathrm{km}^2$ 的河流界定为中小河流。

2.1.2 中小河流的特征

我国中小河流众多,作为大江大河的"毛细血管",中小河流在物质循环、能量流动和维持生态系统多样性方面具有重要意义。中小河流与大江大河相比,在水系构成、地理形态、水文、生态、环境、服务功能等方面具有自身独有的特征。总体而言,中小河流具有汇流快、水位暴涨暴落的特点,特别是位于山区的小河小溪,源短流急,突发性和致灾性比较强。

1. 水系构成与地理形态特征

一般而言,中小河流等级相对较低,大多靠近源头。大江大河保护面积大于 30 万亩[①],中型河流保护面积处于 1 万~30 万亩,小型河流保护面积小于 1 万亩。小型河流一般处于江河水系的支流或末梢,以山区丘陵河流为主。相对于大中型河流,小型河流具有河道窄、纵坡降大,集雨面积小、流量小、数量多及分布面广的特点。按照地形地貌分类,中小河流可以分为平原区河流、山丘区河流,山丘区中小河流平面地貌形态极其复杂,河岸陡峭曲折,多急弯卡口,宽窄相间,床质多为大石块、卵石和裸露的基岩,河流等深线变化很大,陡坡、缓坡、滩地及深潭相间,组成了滩-潭相间的阶梯状地貌形态。这一地貌结构具有重要的生态学作用,有利于水生动

---

① 1 亩≈666.7m²。

植物的生长、生存，为多种鱼类和大型底栖动物的繁殖创造了条件。滩–潭相间的阶梯系列通常包括大型滩–潭阶梯系列和小型滩–潭阶梯系列。大型滩–潭阶梯系列阶梯的高度和深潭深度可以达到几米到几十米，形状和分布频率不规则。小型滩–潭阶梯系列的规模不大，形状比较规则，阶梯高及深潭深度较小，一般为几十厘米到几米。平原区中小河流平面地貌形态主要呈现微弯型、分汊型、蜿蜒型和散乱型，河道人为干预、堤岸建设较多。部分河岸硬化，河床比降小，水流流速缓，易反复淤积。

2. 水文与水资源特征

由于暴雨过程复杂，中小河流中洪枯流量相差悬殊，来水主要集中在台风雨或大暴雨时期，径流年内分配不均。相对于大中河流，中小河流降雨较为均匀，洪水涨得快、退得也快，往往是洪峰流量决定着最高水位线。在洪水期，对于山区中小河流，由于山地坡度较大、沟系发育、植被稀少、土层薄、含水量低，山高坡陡，流域集水面积较小，调蓄性能弱，山坡上的雨水短时间内迅速向沟壑、水溪汇集，河流具有来势凶猛、陡涨陡落、冲刷力强的特点。在枯水期，小河流水量小、水流流速慢，因此与外界的交换也较慢，污染物扩散能力较弱，水体自净能力下降。污染物积累在河道中不易降解，导致这一阶段成为生态环境问题最为严重的时期。小河流在枯水期汇集源头与两岸的地下水，接受地下水补给，形成河流基流，为生产生活提供水源。小河流具有灌溉、提供生产生活用水等功能，同时为河流生态系统健康提供保障。

我国中小河流大多存在不同程度的缺水现象，缺水类型存在较大差异。以长江流域为例，工程型缺水主要集中在上中游地区，水质型缺水主要集中在中下游经济发达地区，局部地区存在资源型缺水。如果能建立完善的水网体系，充分发挥河网水系的互联互通、互调互济作用，可以有效削减洪峰流量，对减轻大江大河的防洪压力具有重要的作用。有效宣泄洪水的同时，也可以缓解水资源短缺问题，还可以降低雨水对地表的冲刷作用，减少区域内水土流失，保护流域生态环境。

3. 生态特征

中小河流蜿蜒的自然形态形成急流与缓流相间的多样流速分区，对鱼类洄游和产卵等具有重要意义。河道横断面具有多变性，深潭和浅滩交错，为河流生物提供重要栖息地。河槽、滩地、河岸带植物群落组成的植被结构，与防治河流冲刷、泥沙淤积和河流湿地的建设和保护息息相关。主槽、河漫滩、两侧河岸以及与栖息地相关的土地共同组成了生态廊道，空间异质性较高，在景观生态上所扮演的角色与功能非常独特，创造了多样的小生态环境。它可以调节洪涝、干旱及生态环境，对保护生态系统的完整性、多样性具有重要作用。此外，它不仅可以作为联络陆地与水域之间的生态交汇区，还可以作为物种栖息与迁徙的通道，对生物繁衍与生态系统维持具有极为重要的作用，能够支撑和维持生态环境的平衡与稳定。小河流连接山区丘陵森林生态系统、干支流水生态系统、湖泊生态系统和陆地生态系统，有利于物质交换和营养循环，其健康状况直接关系着陆地和干支流水系生态系统健康状况。如果小河流的生态环境被破坏，将导致最小生态流量不足，直接影响水源和水质的涵养能力。珍稀鱼类绝迹、中下游的水环境容量减小幅度增大、水体自净能力降低，对干流乃至大江大河的水资源和水生态的保护极为不利。

中小河流是陆地景观中重要的廊道，生境丰富，生物多样，生态功能强大。中小河流底栖动物的物种丰富度和生物密度高，敏感类群丰富（段学花等，2010；杨晓巍，2015）。底栖动物在水生生态系统中具有重要作用，它们是淡水生态系统中的一个重要生态类群，同时也是所在区域生物群落的重要组成部分，是健康生态的关键成员，且在水生生态系统的食物链中处于关键位置，扮演着"中间人"的角色。很多底栖动物可以吞咽泥土，吸取底泥中的有机营养物质，对河流底质有一定的翻匀作用，对加速有机质的吸收转化、提高河流的自我净化能力具有重要意义。底栖动物是底层鱼类重要的食物来源，是河流水生态系统中能量和物质循环不可或缺的组成部分。它们具有较高的转化率，其生物量直接影响着鱼虾类等经济动物资源的数量。底栖动物本身会产生黏液，这对在微观上改变地形、沉积物的粗糙度和沉积物的初始结构具有较大作用，影响水生动物的营养环境。底栖动物群落是否健康，在一定程度上反映了整个水生生态系统是否健康。

4. 环境净化特征

中小河流密布的河网，具有一定的纳污能力，可以接纳、消减各类污染物质，但存在一定的承载限度。例如，在农村地区，生活、生产污水不能纳入地区污水处理系统而被排入河流，从而使得水体环境退化，农田中未被吸收的氮磷养分以及残留农药也会随着降雨径流进入河流，易造成水体的富营养化。河流是一个动态流水系统，具有强大的自净能力，能够通过自然稀释、扩散及氧化等方式来净化径流中流入河水中的污染物，实现了河流的生态服务功能，有效地抑制了河流中污染物质的积累，水环境健康得到保障。河流水环境净化能力在很大程度上依赖河流的水文情势，河流丰水期的水质比枯水期和平水期好，上游的水质比下游好。另外，河流环境净化能力也与河流植物状况密切相关，植被丰富的河流，其水环境状况也相应较优。

2.1.3　中小河流的功能区

与大江大河相比，中小河流生态系统的功能相对单一，发电、航运、水产品供给等生产服务功能十分有限，其主要作为农业灌溉用水、景观用水等。城镇、村庄、良田与果林多集中分布在河流溪沟两岸，在一些地区，河水是城乡居民重要的饮用水。小河流中含有丰富的水资源以及矿产资源，关系到农民生活用水、农业生产灌溉、防洪发电等多方面，对地区农业和农村经济发展起到了积极的保障和促进作用，是经济社会发展的基础。综合而言，中小河流的功能主要包括生态功能、服务功能两种类型（Pinto and Maheshwari，2011；刘萌硕，2022）（表2.1）。

中小河流流经地区、所处行政区位不同，其主导功能也有所不同（Pander et al.，2015；Kupilas et al.，2016）。将流经县级及以上城市（含县城）建成区的河段划分为城市河段，将流经乡镇政府驻地建成区以及其他地区的河段划分为农村河段。为了确定主导功能类

表 2.1　按功能划分的中小河流功能和特征及影响因素

功能		特征及影响因素
生态功能	水源涵养	水源涵养功能是实现水流、水循环调控的有效途径，主要与岸上植被类型和盖度有关
	水量调节	水量调节功能有利于水资源合理开发利用，与水资源量、生态补水量有关
	生境维持	生境维持是指为微生物生长、繁殖以及其他重要生物提供场所的功能，可通过保护生境间接保护生物
	栖息地维持	栖息地维持为河道内部及河岸周边生物生产提供适宜生境，为生物进化及生物多样性的产生提供条件
服务功能	水源供给	水源供给为人类、动植物生活以及社会经济发展提供用水保障，主要与动植物的生态需水量以及人们的用水类型、用水规模有关
	水体自净	水体自净为污染物的降解转化提供路径，主要与河道内物质转化方式、物质循环路径有关
	农田灌溉	农田灌溉对农业生产至关重要，主要与气候变化和农作物需求有关
	景观娱乐	景观娱乐有利于促进人类生活与自然生态和谐统一，主要与人们的审美感、安全感、幸福感、满意度有关

型，可结合《全国重要江河湖泊水功能区划（2011—2030 年）》进行基础分类，再结合水功能区划、水环境功能区划等进行再次分类，最后通过对研究区域的功能调查进行河段功能的细化校核。中小河流的一级区划主要包括保护区、保留区、开发利用区、缓冲区。保护区对水资源保护、自然生态系统及珍稀濒危物种保护有重要意义，主要功能属性为生境维持、栖息地维持等生态功能。保留区对今后水资源可持续利用有重要意义，主要功能属性为水源涵养等生态功能。缓冲区的保护需求低于保护区、保留区，对协调省际、用水矛盾突出的地区间的用水关系有重要意义，主要功能属性为水体自净等服务功能。对于开发利用区，其二级区划可进一步细分为饮用水源区、农业用水区、景观娱乐用水区等。饮用水源区、农业用水区、景观娱乐用水区对于满足人们用水需求有重要意义，主要功能属性分别为水源供给、农田灌溉、景观娱乐等服务功能。

2.1.4　中小河流的现状

经过多年的治理、建设和管理，中小河流得到了一定程度的有效保护和治理，防洪、生态、环境和社会功能均得到了很大改善。但是，由于中小河流数量众多、易发生水土侵蚀，仍有大量中小河流长期得不到有效治理。泥沙淤积问题突出，导致河床不断抬高，行洪断面不断减小，严重影响了行洪通畅性。同时，主槽河势不稳，表现出"大水大冲，小水小冲"的现象。在洪水期间，主流冲刷主槽、漫过边滩和河岸，淹没两岸农田和村庄，造成洪涝灾害。特大暴雨洪水甚至会危及人们的生命安全。另外，中小河流河道管理也存在不足，一些中小河流不断受到人为侵占、污水偷排等危害。因此，中小河流保护、治理和建设管理具有长期性、艰巨性，同时气候变化、经济社会发展及乡村振兴等对中小河流治理和管理提出了新要求、新挑战（杜凯，2017）。

1. 中小河流动态变化规律与适应性需深入研究

我国中小河流水文监测薄弱，虽然兼具防洪任务的中小河流基本实现了水文监测全覆盖，但是大部分河流监测站密度不足，致使中小河流在洪水特性分析、洪涝水计算等方面缺乏可靠数据，中小河流的动态变化规律尚未完全掌握，制约了中小河流治理方案质量的提升。例如，我国对中小河流治理中滩地的演化过程、动态机理掌握不够，滩地资源的保护力度不够，使得中小河流中滩地资源量和功能发生了严重退化。另外，近年来，气候变化导致我国流域性大洪水时有发生，加之局地和区域性暴雨多发，导致每年汛期中小河流防灾救灾任务极为繁重，这需要进一步加强中小河流治理管理，以提高应对洪涝灾害的韧性。例如，2023 年 7 月底至 8 月初，受台风"杜苏芮"残余环流的影响，京津冀和东北多地发生强烈的洪涝灾害，造成了严重的生命和财产损失。随着我国经济社会发展和国土空间开发保护新格局的构建，沿河防洪安全保障要求不断提高，经济发达地区中小河流提标建设需求迫切，农村地区、贫困地区亟须通过中小河流治理进一步夯实乡村振兴的水利保障，同时需要妥善解决工程项目占地、生态保护红线避让等难题。

2. 中小河流治理的整体性与系统性需进一步加强

经过十几年大规模治理，中小河流治理具备了由散点式治理向整体治理转变的基础条件，正从解决重点河段防洪薄弱环节向整个河流系统治理、综合治理转变，未来需要更好地解决系统治理所涉及的上下游、左右岸、干支流、乡村与城市，以及与大江大河的衔接协调关系、多目标协同治理等问题。中小河流也是国家水网的重要组成部分，特别是为构建省市县三级水网体系提供了天然的水系网络条件。未来需要按照"建设现代化高质量水利基础设施网络""完善流域防洪减灾体系"的要求，全力推进中小河流系统治理，助力构建国家水网。

3. 中小河流管理需进一步加强

中小河流治理和管理事权主要在地方，但重建轻管现象尚未完全改变，对多目标管理需求把握不足，过分单一强调防洪治理、资源开发利用或生态治理，这些均会影响河流功能的永续利用。在"放管服"背景下，部分地区在中小河流治理过程中仅简单履行程序，导致治理管理底账不清。工程运行管护机制的不完善，可能会给防护工程和阻洪设施建设等带来新的风险隐患。中西部地区部分中小河流治理多依赖中央资金，但投融资机制不完善。

2.2　中小河流滩地的结构与功能

2.2.1　中小河流与滩地的耦合机制

滩地的形成主要是由于水流的作用。在水流的作用下，河岸或河床受到冲蚀，冲蚀带走的土壤和石头在下游的河岸或河床发生堆积，形成了狭长的滩地。在洪水时期，水流可能会漫过河床，淹没整个滩地。这时，由于水流速度减缓，河流挟带的细粒物质（如沙子和淤泥）开始沉积在滩地上，形成一层细粒沉积物。这一过程的重复发生，使得滩地的地势逐渐升高，形成了一个与河床平行的大片滩地。滩地的形成是一个多因素作用的过程，涉及河流的侧蚀、堆积、冲刷和侵蚀作用，以及在这些作用下的河床迁移和滩地的暴露与沉积。中小河流与滩地之间存在复杂的耦合机制。

1. 滩地与河槽相互耦合作用

滩地与河槽系统之间有着很强的耦合作用，这种耦合作用是通过两者交界面上的物质流与能量流来实现的。具体而言，通过漫滩洪水淤积与河岸侵蚀，实现了两者之间的泥沙交换；通过汛期河水补给地下水、非汛期地下水补给河水、滩面漫滩水流入渗以及滩地上背河洼地积水的入渗，实现了水的交换；通过泥沙的吸附与水的溶解及搬运作用，实现了两者之间溶解质及营养元素的交换；通过河漫滩滩面及其上植物的摩擦阻滞作用，实现了能量的耗散，即由河道进入河漫滩的水流中包含的能量与动量，远远大于由河漫滩回归主槽的水流中包含的能量与动量。两个系统间长期的耦合作用，形成某种动态平衡关系。

2. 滩地与河型的变化

河槽系统与河漫滩之间的关系是动态的，通过河岸侵蚀与滩地的淤长，原来属于河槽的空间为河漫滩所占据。滩地与河型的关系主要取决于来水来沙的大小。当来水来沙发生变化时，通过两者之间的物质交换，河漫滩地生态系统的特征也会发生变化，这种变化作为河床边界条件而反馈于河床挟沙水流，从而导致河型特征发生改变（许炯心和师长兴，1993）。而来水来沙量与上游水库建造的关系非常密切。建库前河床十分宽浅，宽深比大，河道散乱，心滩较多，且不稳定，主流摆动速度快，幅度大，形成了十分典型的游荡河型，总体平面形态则比较顺直。建库后，由于基面的大幅度抬升，水库上游回水变动区的比降逐渐减小，加上水草的作用，滩地与河型变化幅度较小。

3. 滩地植被与水沙运动的相互作用

由于滩地植被的分布，其水沙运动过程不同于主槽中水沙的运动特征。茂密的、大面积的水草使得河床和滩地上淤积了大量细粒物质，使河床抗冲性大大增强。水草自身的抗冲与固滩作用，也在河床抗冲性的增强中起着十分重要的促进作用。这些都使得河床形态不断变化，河型也逐渐发生了变化。随着河宽的束窄，横断面形态向窄深发展，洲滩的发育程度不断降低，弯曲系数逐渐增大。滩地上水草的茂密生长则有效地促进了河宽的束窄。在向弯曲发展的进程中，水草对凸岸边滩的固定作用和水草拦截的细粒黏性泥沙的抗冲作用，都有效地抑制了边滩的切割。

4. 滩地与河流生物之间的相互作用

在滩地区域，地表水流、地下水流、壤中流等相互交换、相互影响，水源补给较为丰富，外部动能条件较好。这种动能机制不仅促进了养分及新物种的输入，还使得浮游植物及有机物以悬浮状态存在，便于底层滤食性动物取食，提高了滩地系统的物种丰富度及物质生产能力。因此，该区域的营养关系相对复杂，成为整个滩地系统中营养结构层次最为完整、稳定的典型区域。

2.2.2　滩地的结构特点

1. 滩地的结构

1）自然地貌结构

在河流的横向地貌特征中，靠近主河道且在洪水发生时会被淹没，而在中等水位时就会露出水面的滩地称为河漫滩（图 2.1）。河流滩地一般具有如下几种微地貌的自然结构特点。①牛轭湖或牛轭弯道：裁弯后所残留下来的古河曲。②河漫滩水流通道：在滩地上形成的二级河道。③鬃岗地形：水流流经河流弯道时，由于离心力作用，水流会冲刷凹岸，其岸边泥沙坍塌并下沉并使凹岸不断后退，而水流的环流作用又把散落的泥沙冲向凸岸，在凸岸堆积形成河床沙坝。由于水流冲刷凹岸并非连续进行，其岸边泥沙坍塌一段时间后就会稳定，等到再次发生较大洪水时，又引起岸边泥沙坍塌后退。这种间歇性的后退，会在凸岸形成一组河床沙坝。由于沙坝之间存在局部洼地，从平面上看，这些沙坝和洼地组合形成完整的弧形地貌，这种地貌称为河漫滩鬃岗地形。④局部封闭水域：在洪水期，水源充足，河漫滩局部低洼地得到补给，就形成了局部封闭水域。⑤自然堤：由于沉积到滩地附近河沿的泥沙颗粒比较粗，高出周围地表，形成自然堤（滩唇）。从滩地特点可以看出，滩地系统包括生物（动物、植物、微生物）、基质、水流（地表水和孔隙流）和防护工程等。滩地边界与河槽、植被和水沙之间存在复杂的相互作用和耦合关系。

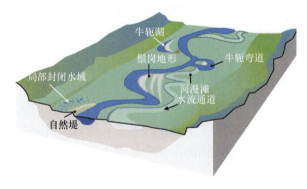

图 2.1　河流滩地结构示意图

2）生态系统结构

滩地由地貌形态、物质组成、土壤、地下水、植被等要素组成，是河道系统与周边环境系统之间的过渡区域，也是重要的生态过渡带。生态过渡带是生态系统中能量和物质传输、转化最为活跃，且对外界变化的响应十分敏感的地带。由于滩地的特殊位置，它是水生、陆生生物良好的栖息地，生物组成十分丰富且复杂，形成了复杂的食物链和食物网。滩地内部复杂的生物组成经过长期协调演化和进化，特别是在食物网和食物链的作用下，相互之间具有必然的内在联系，形成了滩地的生态系统结构。生态系统结构是生态系统内各个要素相互联系、相互作用的方式，是生态系统的基础属性，可分为空间结构、时间结构和营养结构。生态系统内部各个要素之间最基本的联系是通过营养关系来实现的。滩地生态系统内部主要依靠水流来传递二氧化碳、氮、磷等养分及其他腐屑物，然后通过食与被食的关系，实现能量在不同营养级间的流动。

2. 滩地的总体特点

1）多样性

滩地类型及生物物种是极其丰富多样的。根据滩地的分布特征、地形特征、水分补给、来源与性质、植被类型、土壤特征等，滩地呈现出多种类型。滩地生态系统因其独特的水文、土壤、气候等环境条件，形成了独特的生态位，为丰富多彩的植物群落提供了复杂而完备的特殊生态环境。因此，滩地是天然的基因库，在保存物种多样性方面具有重要意义。

2）过渡性

滩地既具有陆地生态系统的地带性分布特点，又具有水生生态系统的地带性分布特点，表现出水陆相兼的过渡型分布规律。滩地位于水陆界面的交错地带，这种分布使滩地具有显著的边缘效应，这也是滩地具有很高的生产力及生物多样性的基本原因。滩地的过渡性特点，不仅表现在其地理分布上，也表现在其生态系统结构上，无论其无机环境还是生物群落都具有明显的过渡性质。

3）脆弱性

滩地处于水陆交界的生态脆弱带，容易受到自然及人为活动的干扰，生态平衡极易受到破坏，受到破坏的滩地很难得到恢复。滩地的脆弱性主要由其介于水陆生态系统间的特殊水文条件所决定，水文期的波动特点使得滩地区域水位呈现出季节性波动，对营养物质的转化和有效性具有显著影响。滩地水文情况的稳定性决定着滩地生态系统的稳定性。

4）两重性

滩地长期处于由低级向高级发展，由不成熟向成熟演替的过渡阶段。它具有成熟生态系统性质，又具有不成熟（年轻）生态系统性质。滩地生态系统具有初级生产力高、稳定性差、部分净生产力输出及矿物质循环开放等特点，标志着它是一个不太成熟的生态系统。然而，滩地保持的生物量高、总有机质较多、生物多样性高、滩地空间较大、结构良好、食物网复杂，这些特征则标志着它是一个成熟的生态系统。滩地生态系统的两重性既是滩地过渡特点的体现，也是滩地生态系统特殊性的体现，该特征是滩地生态系统得以独立生存发展的基础。

2.2.3　滩地的功能特点

滩地是河流生态系统的重要组成部分，受季节性或周期性洪水的作用，与水生生态系统和陆地生态系统之间发生着强烈的能量和物种交换。滩地的自然结构特点和生态系统结构特点决定了其具有丰富的功能。总体而言，滩地的功能主要包括水文价值、生态价值、环境价值、社会经济价值。

1. 水文价值

水是滩地系统中最为敏感的因子，水分输入与输出的动态平衡为滩地创造了有别于陆地和水生生态系统的独特物理化学环境。在丰水期，滩地可以降低洪水流速，延长洪水推进时间。同时，滩地水分条件影响着滩地生物地球化学循环、土壤盐分、微生物活性及营养有效性等，可以调节滩地中动植物物种的组成、丰富度、初级生产量和有机质积累，控制和维持着滩地系统的结构与功能。滩地具有很强的调蓄洪水、调节河川径流的能力。滩地在蓄水、补给地下水和维持区域水平衡中发挥着重要作用，是蓄水防洪的天然"海绵"。滩地也能够调节水循环、改善区域小气候。当滩地水分充足时，通过水分蒸发，调节空气湿度和温度变化，形成良好的区域小气候。滩地可以有效调节局部地区的温度、湿度和降水状况，以及区域内的风、温度、湿度等气候要素，从而减轻干旱、风沙、冻灾、土壤沙化过程，防止土壤养分流失，改善土壤状况（张素珍等，2005）。

2. 生态价值

1）提供了良好的生物栖息生境和迁移廊道

滩地介于水生生态系统和陆地生态系统之间，具有明显的"边缘效应"。滩地的水分和土壤等生境条件有利于多种植物的生存，其生境多样性为野生生物提供了多样的栖息环境，也为生物提供了基因交流的廊道。滩地是良好的生态廊道。滩地植被带作为一种典型的廊道及水-陆生态交错带，具有保护生境、传输通道、过滤和阻抑作用。此外，它还可作为生态流（能量、物质和生物）的源或汇，并控制或调节其流动。滩地植被带为滩地内部的物种提供了足够的生境和通道，为动植物的迁移、运动创造了有利条件。同时，生态流不仅塑造了生态交错带本身，还影响着与之相联系的斑块之间的相互作用及动态变化，并对景观格局、种群动态、营养循环以及物种多样性保护等方面产生广泛影响（王灵艳等，2009）。

2）保证了河流生态系统的完整性

滩地增加了河流形态的多样性。河流形态的多样性是流域生态系统最为重要的生态特性之一，多样性的增加使得河流生物群落多样性的水平升高，适于多种生物生长，优于陆地或单纯水域。在水陆连接处的滩地上，聚集着水禽、鱼类、两栖动物和鸟类等大量动物，生长着沉水植物、挺水植物和陆生植物等，并以层状结构分布。各类生物之间的食物关系保障了河流生态系统的完整性。滩地中鱼类和各类软体动物丰富，它们是肉食候鸟的食物来源。此外，滩地为鸟类的繁衍生息、迁徙越冬，提供了优良的栖息环境，成为鸟类迁徙的重要中转站、越冬栖息地和繁殖地。鸟粪和鱼粪促进水生植物生长，水生植物又是植食性鸟类的食物，由此形成了有利于珍禽生长的食物链。这些动物的存在对河流生态系统产生了重要影响，它们成为河流生态系统食物链中的环节，从而保证了生物群落的稳定性。

3）提高了河流生态系统的生物多样性

滩地属于河流系统基质中的环境资源斑块或者干扰斑块，此类斑块的出现增加了滩地的景观异质性。景观异质性又为不同物种提供了不同的生境，影响了生物的运动及能流、物流的传输。在生态系统中，生物多样性的产生和维持源于植物群落物种组成的多元化，而这种多元化也是生态系统中其他组分和过程多样性的基础。滩地的形成影响着河滩小生境、河岸植被群落的组成和动态变化过程，同时也影响着河岸植被群落的结构和景观格局，在河岸植被群落更新与生物多样性的维持中起着重要的作用。随着滩地的形成，滩地不断与水流、泥沙发生相互作用，使得河流微地形和微环境发生了相应变化，形成了一定的生态位，导致动植物种类及其数量发生变化，从而提高了河流生态系统的生物多样性。

3. 环境价值

滩地的物理、化学和生物学过程使得滩地具有净化水环境、保持土壤、储碳固氮等环境价值。

（1）净化水环境。滩地植物可以有效地对氮、磷等易导致富营养化的物质和有害元素进行吸收（黄成才和杨芳，2004）。一定宽度的滩地植被可以通过过滤、渗透、吸收、滞留、沉积等机械、化学和生物效应使进入地表和地下水的污染物毒性减弱，起到控制非点源污染、改善河流水质的作用。

（2）保持土壤。滩地植被能增加地表粗糙度，减缓水流流速，降低水流的侵蚀强度，减少滩地表面退化，起到保护河岸的作用。滩地植被可以提高滩地的稳定性和防止漂浮物对洲滩的影响。植被通过缓冲调节光照、温度，以及减弱风力的作用，可以全面降低自然因素对滩地表面的破坏。

（3）储碳固氮。滩地植物都具有很高的初级生产力，可以通过光合作用固定大气中的二氧化碳，具有很强的储碳、固氮能力，在全球碳循环中占据重要地位，其中尤以芦苇的储碳、固氮能力最强（王灵艳等，2009）。

4. 社会经济价值

（1）经济价值。滩地可以提供水资源和丰富的动植物产品，如鱼类、莲藕、芦苇等。滩地植被类型的多样性也决定了其经济用途的多样性，包括医药、蔬菜、饲料饵料、牧草、蜜源绿肥、农药、食品原料、油料、芳香油、栲胶染料、制皂漆润滑油、纤维造纸、用材、小工业品原料等方面的用途。

（2）科研教育价值。滩地是许多动植物的栖息地和物种库，它为生态学研究、物种基因库研究提供了良好条件。滩地能让公众在游憩中得到身心的恢复，具有重要的教育功能，主要包括美学教育、自然生态教育、环保教育、道德提升型教育、创新型教育和科技教育等类型（张毅川等，2005；乔丽芳等，2006）。

（3）旅游和遗产价值。滩地内自然与人文景观资源丰富，已成为重要的旅游资源。

滩地旅游类型分为生态观光旅游、休闲度假旅游、科普考察旅游、农业观光旅游、运动休闲旅游和文化休闲旅游等。通过发展旅游，可以带动餐饮、购物、住宿等服务业的发展，从而增加经济收入和就业岗位等。随着湿地公园、森林公园、生态公园等的建设，滩地将成为生物共生的家园，而游憩将成为人与自然的交心之旅。滩地具有形成"遗产廊道"的巨大潜力，可以供居民长久使用（刘东云和周波，2001；乔丽芳等，2006）。

正是由于滩地具有丰富的功能，河流滩地的保护和合理开发利用更加紧迫，应该最大限度地保护滩地这个宝贵的自然资源，提高生物的生境多样性，预防滩地破坏造成的损失，维护人类与河湖生态系统的和谐。

2.3　滩地类型及形态格局

2.3.1　研究区概况

1. 自然地貌

龙游县地处浙江省西部，东接金华市，南邻遂昌县，西连衢江区，北靠建德市，东北与兰溪市接壤，位于 28°44′10″N～29°17′15″N，119°1′41″E～119°19′52″E。龙游县地势南北高，中部低，呈马鞍形，土地结构大致为"六山、三田、半分水、半分道路和村庄"。南部有仙霞岭余脉，西南最高峰茅山坑海拔为 1442m，东南最高峰大石门海拔为1140m；北部有千里岗余脉，最高峰马槽山海拔为 940.1m；中部为衢江河谷平原，水面高程为 32～43m。南北高山均向河谷平原延伸，南部依次是中山、低山、平原带，北部依次为高丘、低丘、缓坡岗地。

龙游县境内的地貌主要分为三大类型：①高丘山地类型，分布在南北山地和中部盆地，占全县面积的 42.4%，海拔大于 250m，相对高差 200～500m；②低丘岗地类型，分布在衢江河谷平原外侧至盆地山麓边界，占全县面积的 36.6%，海拔为 60～250m，相对高差 20～100m，坡度为 6°～15°；③河谷平原类型，分布在衢江及其一级支流进入盆地后形成的冲积平原及江心洲等，占全县面积的 21.0%，海拔 50m 左右，相对高差 5～10m，坡度小于 6°。

2. 水文气象

龙游县处于亚热带季风气候区，冬夏季风交替明显，温和湿润，四季分明，日照充足，雨量丰沛。其多年平均气温为 17.3℃，极端最高气温为 41.0℃，极端最低气温为−11.4℃，年平均日照时间为 1966h。根据龙游雨量站多年实测资料统计，流域内年均降水量为 1815mm，年均径流总量为 4.49 亿 m³，年均径流深为 1130mm，径流系数为 0.62；年均降水量为 1720.6mm，年均蒸发量为 1261.6mm。受锋面气旋、台风、热带风暴及地形的影响，该地降水量时空分布不均，年际、年内变化显著。在春季和初夏的梅雨季节，该地容易出现连续暴雨、大暴雨，造成洪涝灾害。进入夏季和初秋季节，该地常受副热带高压的控制，以晴热少雨天气为主，容易形成旱灾，多出现短历时的台风暴雨和局部雷阵雨,往往能缓解旱情、消暑降温。降水量的空间分布主要受地形差异的影响,总体上龙北丘陵区的降水量依次小于龙中平原区、龙南山区,中下游丘陵地带的降水量小于上游山区,常发生区域性的水旱灾情。北部少雨导致旱灾频发,中部水旱相间,南部多雨导致山洪易发。

3. 河流水系

龙游县境内主要有衢江、灵山港、罗家溪、塔石溪、模环溪等河流,大部分属于钱塘江南源上游衢江水系,另有一小部分属钱塘江北源新安江。

(1)衢江:源于安徽省休宁县青芝埭尖北坡,至龙游右纳灵山港、罗家溪和社阳溪,左纳塔石溪和模环溪,经兰溪马公滩注入兰江。其在龙游境内的总长为 28km,流域面积为 1053.84 km²。

(2)灵山港:源于遂昌县的和尚岭,海拔 1265m,在沐尘畲族乡(简称沐尘乡)马戍口流入龙游县境内,流经溪口、灵山、官潭等地,于龙游县城的驿前汇入衢江,全长为 90.6 km,流域面积为 726.9km²。其中,龙游县境内流域面积为 333.99km²,主流长 55.95km,落差为 137m,平均比降 2.45‰,是全县水资源最集中的山区河道,也是龙游县汇入衢江最大的一条支流。

(3)罗家溪:源于罗家乡铜钵山,流经罗家、湖镇等乡镇,在湖镇镇的下叶附近与社阳溪汇合后一同注入衢江,流域面积为 120.93 km²,全长为 29.30km,落差为 153m,平均比降 8.6‰。

(4)塔石溪:有东西二源,东源源于白佛岩,西源源于梅树坞,流经石佛、横山、塔石、模环、小南海等地,在小南海镇附近的笋墩山下汇入衢江,流域面积为 220.28 km²,主流长 29.20km,落差为 142m,平均比降 4.9‰。塔石溪是龙游衢江以北的最大支流。

(5)模环溪:源于建德市宙坞坪,流经横山、模环、湖镇等乡镇,在湖镇镇的斗潭注入衢江,流域面积为 97.12 km²,主流长 25.80km,落差为 67m,平均比降 2.6‰。

4. 灵山港

灵山港,位于浙江省西部,是钱塘江上游衢江右岸的一条支流,发源于遂昌县高坪乡和尚岭,其海拔为 1265m。主流上游称桃溪,与支流官溪汇合后始称灵山港。主流自南往北流经沐尘乡,至溪口镇纳庙下溪,经灵山、官潭,至龙游县城汇入衢江,流域面积为 726.9km²,全长为 90.6km,河道平均坡降为 4.24‰。其中,龙游县境内流域面积为 333.99 km²,主流长 55.95km,落差为 137m,平均比降为 2.45‰。灵山港自沐尘水库以下至入衢江口,由南向北贯穿龙游中部,流域内冲沟发育,形成潼溪、庙下溪等小溪支流向灵山港汇合,河流曲折,河流宽 100~200m,是全县水资源最集中的山区河道。灵山港属山溪性河流,洪水暴涨暴落。

灵山港流域属亚热带季风气候区,雨量丰沛,四季变化明显。3~4月为初春季节,地面盛行东南风,多连绵细雨。5~7月春末夏初,暖湿太平洋高压气团逐渐向大陆推进,锋面常在流域上空停滞或摆动,造成连续降水,降水强度大且量多,俗称梅雨。7~9

月盛夏季节，受副热带高压控制，天气晴热少雨，地面蒸发量大，易出现旱灾；受台风影响时会出现暴雨，历时不长但强度大，俗称台风雨。10~11月秋季，天气以晴朗少雨为主。12月至次年2月寒冬季节，地面盛行偏北风，气温低，以低温少雨为主，会出现雨雪天气。据龙游站实测资料统计，该地多年平均气温17.2℃，极端最高气温38.9℃（1978年7月7日），极端最低气温-11.4℃（1977年1月6日）；多年平均水汽压为17.2hPa，相对湿度为79%；多年平均降水量为1631.7mm，蒸发量为1392.0mm（蒸发皿直径为20cm）；年平均风速为3.0m/s，实测最大风速为15.0m/s，相应风向为WSW。

灵山港流域地处仙霞岭山系东北部，两岸多山，少平原；山脉为北东走向，北止于金衢盆地，山峰高程一般在330m以上。地势总体东南高、西北低；区内冲沟发育，山体稳定性较好。流域内山地土壤以黄红壤亚类、侵蚀性红壤、黄壤为主，主要有黄泥土、石砂土、山地黄泥土、山地黄泥砂土等，其中黄泥土是分布最广、最主要的林业土壤，母质为凝灰岩、片麻岩、板岩等，土体呈红色或黄棕色。受自然和人类活动影响，土层厚薄不一，在山坡下部、凹陷处可达1m以上，山坡上部较浅薄，有的不到50cm，质地为轻石质重壤至重石质轻黏，表土有机质含量为1.46%，全氮含量为0.137%，全磷含量为0.04%，pH为5.0~6.2；石砂土土层浅薄，有机质含量少，侵蚀作用强烈，对林木的生长不利。

流域内为满足农业灌溉用水，建有堰坝、提水泵站、小型供水渠系和山塘水库等多种水利工程。灵山港干流上的抽水机埠和堰坝是灵山港两岸主要的供水水源工程，包括灌溉引水堰坝11座、机埠29座。上游沐尘村段建有沐尘水库，为大（二）型水库，沐尘水库位于沐尘乡上游约1.5km处，水库建设使下游龙游县城防洪标准达到50年一遇，沿岸乡镇防洪标准达20年一遇，农田村庄防洪标准达10年一遇。河流中分布有丰富的滩地资源，是维护灵山港生态系统的重要屏障。

2.3.2 滩地类型的定性划分

1. 滩地总体状况

以龙游县影像图、实测地形图为数据来源，获得2003~2020年龙游县主要中小河流滩地的面积，在此基础上，通过典型滩地现场勘测，校准图像处理数据。龙游县主要中小河流典型年份的滩地总面积如表2.2所示。从三个年份的滩地总面积来看，龙游县中小河流滩地主要分布于灵山港，2015年灵山港滩地面积占全县中小河流滩地面积的98%。

表2.2 龙游县主要中小河流中典型年份的滩地总面积

中小河流	2003年滩地面积/m²	2010年滩地面积/m²	2015年滩地面积/m²	2015年与2003年比较变化量/%
灵山港	1378006.90	1239103.92	1121423.51	-18.62
罗家溪	13231.30	9145.03	9702.45	-26.67
塔石溪	8345.30	6950.78	5920.05	-29.06
模环溪	5834.60	4234.50	2198.70	-62.32
合计	1405418.10	1259434.23	1139244.71	-18.94

2. 滩地主要类型

按照所在位置划分，滩地主要有心滩（图 2.2）、边滩（图 2.3）两种类型；按照形态特征划分，滩地主要有矩形、菱形、三角形、椭圆形、新月形 5 种类型。

图 2.2　心滩（上杨堰上游滩地）

图 2.3　边滩（周村上游滩地）

另外，滩地类型与河流形态密切相关。通常，将弯曲度小于 1.1 的河流称为顺直型河流，将弯曲度大于 1.1 的河流称为蜿蜒型河流。根据河流的弯曲性和滩地的分布位置，可以分为顺直岸边滩、凹岸边滩、凸岸边滩和心滩。蜿蜒型河流滩地如灵山港梅村滩地，如图 2.4 所示。

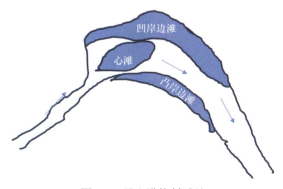

图 2.4　灵山港梅村滩地

3. 滩地分布方式

灵山港滩地的分布方式大致可以分为并排分布和交错分布，结合河流的弯曲程度，可以将滩地分布方式细分为蜿蜒并排分布［图2.5（a）］、顺直并排分布［图2.5（b）］、蜿蜒凹岸交错分布［图2.6（a）］、蜿蜒凸岸交错分布［图2.6（b）］和顺直交错分布［图2.6（c）］。在河面宽敞区域，滩地多以分散交错、辫状分布，形成了由多个滩地组合的滩地群，滩地与滩地之间分布有多条沟槽，沟槽交错。在扰动严重区域，滩地破碎化程度高，滩地不规则分布。

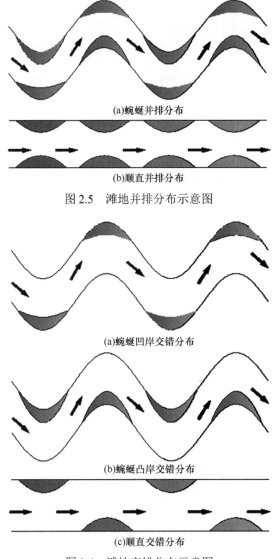

(a)蜿蜒并排分布

(b)顺直并排分布

图2.5 滩地并排分布示意图

(a)蜿蜒凹岸交错分布

(b)蜿蜒凸岸交错分布

(c)顺直交错分布

图2.6 滩地交错分布示意图

4. 滩地形态特征

使用手持全球定位系统（GPS）选取典型滩地实地勘测其形状。灵山港沿线滩地的边缘形态总体呈正弦型，如姜席堰滩地（图 2.7，波长较长）、周村滩地（图 2.8，波长较短），也有些滩地边缘形态的波长极短，以至边缘呈锯齿状，锯齿方向均朝向水流下游，锯齿间距和长度与水流条件、基质组成、植被特征密切相关。边缘锯齿较长的滩地如寺下滩地（图 2.9），局部边缘锯齿较短的滩地如上杨村滩地（图 2.10）。

图 2.7　姜席堰滩地边缘

图 2.8　周村滩地边缘

图 2.9　寺下滩地边缘

图 2.10　　上杨村滩地边缘

2.3.3　滩地形态指数的计算方法

形态指数是描述地物图元的主要指标，它可以反映地物的功能和结构，也可以折射出地物间的相互影响及地理空间分异的规律。滩地作为一种河流中的地物单元，可以利用形态指数对其进行类型划分，有助于准确掌握滩地的构型方式和时空演化过程。

1. 常用的平面图形形态描述指标

常用的平面图形形态描述指标有圆形率、紧凑度、延伸率、形状率和平均曲率等。

1）圆形率

Miller 于 1963 年提出了圆形率的概念。圆形率是以面积与周长的关系来反映图形的圆润程度（潘竟虎和韩文超，2013）。其计算公式如式（2.1）所示：

$$K_1 = 4A / P^2 \tag{2.1}$$

式中，K_1 为图形的圆形率；A 为图形的面积，m^2；P 为图形的周长，m。

圆的圆形率为 $1/\pi$。由式（2.1）可以看出，K_1 值越大，则图形越紧凑，形状越圆润；反之，K_1 值越小，则图形越离散，形状越狭长。

2）紧凑度

Cole 于 1964 年提出了紧凑度的概念。紧凑度是以最小外接圆面积来衡量平面图形的形状特征（潘竟虎和韩文超，2013）。其计算公式如式（2.2）所示：

$$K_2 = A / A' \tag{2.2}$$

式中，K_2 为图形的紧凑度；A 为图形的面积，m^2；A' 为该图形最小外接圆的面积，m^2。

圆形被认为是最紧凑的形状，其紧凑度为 1。由式（2.2）可以看出，K_2 值越大，紧凑度越高；反之，K_2 值越小，紧凑度越低，越离散。

3）延伸率

Webbity 于 1969 年提出了延伸率的概念。延伸率是以图形最长轴与最短轴的比值来反映其带状程度（潘竟虎和韩文超，2013）。其计算公式如式（2.3）所示：

$$K_3 = L / L' \tag{2.3}$$

式中，K_3 为图形的延伸率；L 为图形最长轴的长度，m；L' 为图形最短轴的长度，m。

圆形的延伸率为 1。由式（2.3）可知，K_3 值越大，几何形态越离散；反之，K_3 值越接近 1，几何形态越紧凑。

4）形状率

Horton 于 1932 年提出了形状率的概念。形状率是以图形面积与最长轴平方的比值来反映图形形状（潘竟虎和韩文超，2013）。其计算公式如式（2.4）所示：

$$K_4 = A / L^2 \tag{2.4}$$

式中，K_4 为图形的形状率；A 为图形的面积，m^2；L 为图形最长轴的长度，m。

圆形的形状率为 π。由式（2.4）可知，K_4 值越小，离散度越高，带状特征越明显；反之，K_4 值越大，离散度越低，带状特征越不明显。

5）平均曲率

Germain 在其关于弹性理论的研究中提出了平均曲率的概念。平均曲率是以图形曲率的平均值来反映图形的规则程度（张凤太等，2012）。其计算公式如式（2.5）所示：

$$K_5 = 2\pi / P \tag{2.5}$$

式中，K_5 为图形的平均曲率；P 为图形的周长，m。

当所选图形为圆形时，其平均曲率为圆半径的倒数。由式（2.5）可知，当所选取图形面积相同时，K_5 值越大，图形越紧凑；反之，K_5 值越小，图形越离散。

2. 滩地形态指数计算

1）参数的获取方法

选取 2003 年、2010 年及 2013 年影像图（比例尺为 1：10000）作为数据源，应用 ImageJ 软件，读取龙游县灵山港河道全线滩地的周长、面积、纵径以及横径等参数。具体操作如下：首先将相关图形导入 ImageJ，经校准、清噪、灰度化等处理，再利用圈取、抓读等功能，读取滩地几何特征参数，最后存入相应数据文件。具体流程如图 2.11 所示。

图 2.11　滩地图像分析流程

典型滩地形态及其几何信息如表 2.3 所示。根据表 2.3 的数据，应用式（2.1）～式（2.5）可以计算得到灵山港沿线各滩地常用几何形态指数的值。

表 2.3　典型滩地形态及其几何信息

区段编号	位置	滩地编号	周长/m	面积/m²	纵径/m	横径/m	滩地形态
	溪口四桥	L1-1	423.76	8093.09	164.1	73.15	
	江潭	L1-2	2614.43	43586.65	874.2	120.59	
L1		L1-3-1	307.28	1001.48	119.99	17.93	
	下徐桥	L1-3-2	276.5	4475.76	100.15	69.23	
		L1-3-3	169.76	1246.53	74.62	27.23	
	寺下	L2-1-1	748.92	4996.01	316.95	31.58	
		L2-1-2	962.29	6067.69	441.62	23.07	
L2	梅村	L2-2-1	633.04	8642.69	198.08	62.46	
		L2-2-2	159.77	1201.92	64.27	26.91	
	周村	L2-3	599.53	10427.52	248.13	62.96	
		L3-1-1	1685.72	34764.02	699.79	88.21	
L3	姜席堰	L3-1-2	39.1	102.89	11.11	13.69	
		L3-1-3	62.7	130.01	21.52	9.45	
		L3-1-4	292.98	2935.66	97.73	59.16	

续表

区段编号	位置	滩地编号	周长/m	面积/m²	纵径/m	横径/m	滩地形态
L3	寺后	L3-2-1	1256.75	20517.56	527.7	68.04	
		L3-2-2	212.26	1656.09	88.54	29.51	
	高铁桥	L3-3	1647.56	27921	693.91	79.43	
L4	入衢江口	L4	1537.43	71449.03	440.86	349.37	

2）主成分分析法

利用主成分分析（principal component analysis，PCA）法的降维思想，将多个指标转化为若干相互独立的综合指标。综合指标应尽可能多地保留原始指标的信息，在损失极少信息的前提下使问题得以简化。主成分分析法最先由皮尔逊针对非随机变量的简化而提出，其后，霍特林将此方法推广到随机向量的计算。在运用统计分析方法研究多变量问题时，变量个数太多就会增加问题的复杂性。因此，当变量间存在相关关系时，将重复的变量删去冗余部分，建立尽可能少的新变量，从而使问题得以简化。设法将原来的变量重新组合成一组新的相互独立的综合变量，利用较少的综合变量尽可能多地反映原来变量的统计方法称为主成分分析法，其具体计算步骤如下。

对于 n 个样本和 p 个指标的数据，可将其构造为矩阵，如式（2.6）所示：

$$X = \begin{bmatrix} x_1^{\mathrm{T}} \\ x_2^{\mathrm{T}} \\ \vdots \\ x_n^{\mathrm{T}} \end{bmatrix} = \begin{bmatrix} x_{11} & x_{12} \cdots x_{1p} \\ x_{21} & x_{22} \cdots x_{2p} \\ \vdots & \vdots \quad \vdots \\ x_{n1} & x_{n2} \cdots x_{np} \end{bmatrix} \tag{2.6}$$

式中，x_{ij} 为第 i 组样本第 j 个变量的数据值。

计算 X 样本的相关系数矩阵，由式 $R = X^{\mathrm{T}}X/(n-1)$ 可得，相关系数矩阵的 p 个特征值，各个特征值对应的标准化正交特征向量为 $\gamma_1, \gamma_2, \cdots, \gamma_p$ 和特征值 λ_i，进一步计算各个特征值的贡献率（$\lambda_i / \sum \lambda_i$）。选取贡献率 85% 以上的成分作为主成分，则第 i 个主成分为 $Y_i = \gamma_{1i}X_1 + \gamma_{2i}X_2 + \cdots + \gamma_{pi}X_p$（$i=1,\ 2,\ \cdots,\ p$）。

以圆形率（K_1）、紧凑度（K_2）、延伸率（K_3）、形状率（K_4）和平均曲率（K_5）等指标为元素构建协方差矩阵 X，进一步计算协方差矩阵 X 的特征根、特征向量、负荷量、中心化数据、各个指标的权重因子，最后确定描述滩地形态的主成分以及标准化后主成分的值。

3）形态指数的计算方法

以 2003 年灵山港地形图作为数据源，分别计算出河道沿线各滩地的 K_1、K_2、K_3、K_4 以及 K_5 的值。应用主成分分析法对 5 个几何形态指数进行主成分分析，构造由 K_1、K_2、K_3、K_4 及 K_5 构成的协方差矩阵，进一步计算协方差矩阵的特征值、贡献率和累积贡献率（表 2.4）。

表 2.4　协方差矩阵的特征值、贡献率和累积贡献率

成分	成分 1	成分 2	成分 3	成分 4	成分 5
特征值	4.11	0.60	0.25	0.05	−2.18E-16
贡献率/%	82.04	11.97	4.99	1.00	−4.35E-15
累积贡献率/%	82.04	94.01	99.00	100.00	100.00

由表 2.4 可以看出，成分 1 和成分 2 的累积贡献率分别高达 82.04%和 94.01%。其中，成分 1 的贡献率为 82.04%；成分 2 的贡献率为 11.97%。选取成分 1 与成分 2 作为滩地形态综合判断的 2 个主成分，分别记为 P_1 和 P_2。P_1 和 P_2 的特征根对应的特征向量以及每个指标对特征向量的负荷量见表 2.5。由表 2.5 可以看出，对 P_1 贡献最大的是 K_1、K_2、K_3 和 K_4，负荷量分别为 0.720、0.917、0.940 和 0.917，故而 P_1 基本代表了 K_1、K_2、K_3 和 K_4；对 P_2 贡献最大的是 K_5，负荷量为 0.943，因此 P_2 基本代表了 K_5。

表 2.5　各主成分的特征向量及负荷量

指标	主成分 1（P_1）		主成分 2（P_2）	
	特征向量	负荷量	特征向量	负荷量
K_1	0.906	0.720	0.105	0.560
K_2	0.983	0.917	−0.148	0.383
K_3	0.909	0.940	−0.315	0.203
K_4	0.983	0.917	−0.148	0.383
K_5	0.729	0.281	0.661	0.943

因此，P_1 与 P_2 可用于描述滩地形态。其中，P_1 主要描述滩地形态的紧凑性与带状程度，反映滩地形态的"趋圆性"，将其命名为滩地带状指数。P_1 值越大，滩地越呈现短宽形态；P_1 值越小，滩地越趋于窄长。P_2 主要描述滩地边界轮廓的不规则程度，将其命名为滩地边缘规则指数。P_2 值越大，滩地边界越规则；P_2 值越小，滩地边界越不规则。将 K_1、K_2、K_3、K_4 和 K_5 分别标准化为 ZK_1、ZK_2、ZK_3、ZK_4 和 ZK_5，P_1 与 P_2 的值可由 ZK_1、ZK_2、ZK_3、ZK_4 和 ZK_5 复合而得。其计算式如式（2.7）和式（2.8）所示：

$$P_1 = 0.447ZK_1 + 0.485ZK_2 + 0.448ZK_3 + 0.485ZK_4 + 0.360ZK_5 \tag{2.7}$$

$$P_2 = 0.137ZK_1 + 0.193ZK_2 - 0.410ZK_3 - 0.193ZK_4 + 0.861ZK_5 \qquad (2.8)$$

2.3.4　滩地类型的定量划分

应用式（2.7）和式（2.8）分别计算 2003 年灵山港沿线各滩地形态指数及主成分 P_1 与 P_2 的值，如表 2.6 所示。

表 2.6　2003 年龙游县灵山港沿线各滩地形态指数及主成分值

滩地序号	K_1	K_2	K_3	K_4	K_5	P_1	P_2
1	0.240	0.433	0.618	0.340	0.008	4.779	−1.884
2	0.050	0.234	0.217	0.183	0.006	0.039	−0.874
3	0.190	0.440	0.594	0.346	0.011	4.451	−1.683
4	0.056	0.077	0.120	0.060	0.007	−1.529	0.074
5	0.108	0.152	0.149	0.120	0.014	0.021	0.678
6	0.056	0.075	0.109	0.059	0.011	−1.406	0.532
7	0.061	0.122	0.161	0.096	0.007	−0.960	−0.179
8	0.080	0.061	0.155	0.048	0.010	−1.216	0.410
9	0.099	0.163	0.277	0.128	0.013	0.343	0.095
10	0.228	0.384	0.417	0.302	0.041	5.136	2.347
11	0.123	0.203	0.198	0.159	0.030	1.444	2.080
12	0.076	0.118	0.121	0.093	0.010	−0.849	0.306
13	0.084	0.112	0.155	0.088	0.015	−0.479	0.853
14	0.056	0.082	0.143	0.065	0.005	−1.498	−0.219
15	0.096	0.144	0.259	0.113	0.010	−0.015	−0.045
16	0.227	0.270	0.335	0.212	0.011	2.526	−0.271
17	0.070	0.121	0.129	0.095	0.006	−1.020	−0.138
18	0.085	0.201	0.256	0.158	0.011	0.404	−0.232
19	0.147	0.264	0.246	0.207	0.009	1.410	−0.439
20	0.138	0.220	0.228	0.173	0.006	0.734	−0.618
21	0.052	0.075	0.104	0.059	0.006	−1.652	0.069
22	0.071	0.104	0.117	0.082	0.007	−1.170	0.003
23	0.057	0.106	0.150	0.083	0.003	−1.345	−0.529
24	0.046	0.069	0.107	0.054	0.002	−1.962	−0.464
25	0.199	0.613	0.866	0.482	0.028	7.635	−1.159
26	0.115	0.188	0.201	0.148	0.009	0.328	−0.105
27	0.123	0.177	0.207	0.139	0.010	0.364	0.035
28	0.115	0.163	0.155	0.128	0.014	0.203	0.655
29	0.102	0.174	0.175	0.136	0.014	0.202	0.440
30	0.058	0.085	0.091	0.067	0.008	−1.491	0.201

续表

滩地序号	K_1	K_2	K_3	K_4	K_5	P_1	P_2
31	0.052	0.068	0.094	0.053	0.006	−1.760	0.070
32	0.069	0.195	0.383	0.153	0.012	0.644	−0.439
33	0.108	0.376	0.737	0.295	0.016	3.817	−1.496
34	0.039	0.049	0.100	0.039	0.004	−2.090	−0.084
35	0.050	0.098	0.233	0.077	0.009	−0.940	−0.044
36	0.033	0.132	0.218	0.104	0.004	−1.096	−0.777
37	0.066	0.055	0.069	0.043	0.008	−1.712	0.479
38	0.157	0.255	0.365	0.200	0.031	2.774	1.709
39	0.052	0.069	0.099	0.054	0.005	−1.777	−0.063
40	0.053	0.071	0.089	0.056	0.005	−1.782	−0.029
41	0.096	0.118	0.167	0.093	0.005	−0.765	−0.313
42	0.047	0.069	0.128	0.054	0.003	−1.841	−0.378
43	0.059	0.084	0.102	0.066	0.005	−1.592	−0.129
44	0.093	0.153	0.207	0.120	0.011	−0.097	0.100
45	0.109	0.166	0.165	0.130	0.010	0.022	0.156
46	0.124	0.188	0.279	0.148	0.007	0.529	−0.565
47	0.073	0.097	0.114	0.076	0.008	−1.154	0.225
48	0.183	0.345	0.360	0.271	0.027	3.581	0.992
49	0.086	0.126	0.185	0.099	0.006	−0.676	−0.296
50	0.046	0.075	0.101	0.059	0.004	−1.827	−0.204
51	0.084	0.117	0.200	0.092	0.008	−0.639	−0.089
52	0.206	0.357	0.337	0.281	0.030	3.972	1.415
53	0.124	0.204	0.221	0.160	0.008	0.545	−0.338
54	0.100	0.146	0.159	0.115	0.028	0.541	2.122
55	0.082	0.118	0.126	0.093	0.010	−0.777	0.320
56	0.106	0.149	0.158	0.117	0.011	−0.167	0.258
57	0.087	0.175	0.220	0.137	0.004	−0.199	−0.717
58	0.119	0.220	0.280	0.173	0.010	0.930	−0.303
59	0.048	0.094	0.140	0.074	0.003	−1.545	−0.447
60	0.074	0.103	0.159	0.081	0.005	−1.123	−0.319
61	0.081	0.126	0.127	0.099	0.007	−0.838	−0.017
62	0.025	0.035	0.078	0.028	0.003	−2.487	−0.209
63	0.050	0.070	0.114	0.055	0.005	−1.749	−0.117
64	0.070	0.141	0.237	0.110	0.008	−0.422	−0.255
65	0.053	0.071	0.115	0.056	0.005	−1.728	−0.151

以 P_1 为横轴，P_2 为纵轴，构建二维直角坐标系，在 P_1-P_2 笛卡尔坐标系中，各滩地形态的坐标（P_1，P_2）分布如图 2.12 所示。

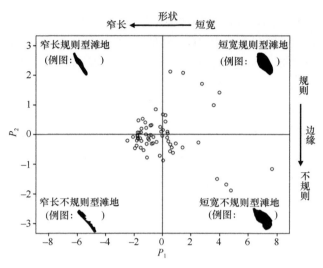

图 2.12　各滩地形态的坐标（P_1, P_2）分布

由图 2.12 可以看出，所有滩地形态的坐标（P_1, P_2）点分布于 P_1-P_2 笛卡尔坐标系的 4 个象限内。随着 P_1 值的减小，滩地的形状趋于窄长；随着 P_2 值的减小，滩地的边缘变得不规则。据此，将分布于第一象限内的滩地归类为短宽规则型滩地，短宽规则型滩地的特点是形状短宽、边缘较为规则，主要分布于河宽较宽的区域。将分布于第二象限内的滩地归类为窄长规则型滩地，窄长规则型滩地的特点是纵横径比值较大，呈现出狭长、边缘较规则，易形成较为分散的滩地，洲滩零乱、流路分散，水流结构复杂，进而容易出现环流。将分布于第三象限内的滩地归类为窄长不规则型滩地，窄长不规则型滩地的特点是纵横径比值较大，呈现出狭长、边缘不规则，通常出现在流速较大的河段。将分布于第四象限内的滩地归类为短宽不规则型滩地，短宽不规则型滩地的特点是短宽、边缘不规则，通常出现在河宽较宽的区域或受到多股水流作用的汇流区。不同滩地类型的基本特点，如表 2.7 所示。

表 2.7　基于滩地形态指数的类型划分标准

滩地类型	（P_1, P_2）取值范围	基本特点
短宽规则型滩地	$P_1 \geqslant 0$, $P_2 \geqslant 0$	滩地形状短宽，边界较规则
窄长规则型滩地	$P_1 < 0$, $P_2 \geqslant 0$	滩地形状狭长，边界较规则
窄长不规则型滩地	$P_1 < 0$, $P_2 < 0$	滩地形状狭长，边界不规则
短宽不规则型滩地	$P_1 \geqslant 0$, $P_2 < 0$	滩地形状短宽，边界不规则

2.4　滩地形态格局的时空演化特征

2.4.1　年际演化特征

1. 滩地面积的年际演化特征

1982 年、2003 年、2010 年以及 2013 年典型年份灵山港的滩地数量及滩地总面积如

表 2.8 所示。由表 2.8 可知，灵山港的滩地数量呈现出明显增加的态势，而滩地总面积则大幅度减少。灵山港的滩地数量从 1982 年的 78 个增加到 2013 年的 112 个，滩地数量增加了 43.59%。与此同时，滩地总面积呈现不断下降的趋势，从 1982 年的 208.29 万 m² 下降到 2013 年的 120.88 万 m²，滩地总面积减少了 41.97%。由此表明，1982~2013 年的 31 年间，灵山港的滩地资源严重萎缩，破碎化现象明显，滩地对河道蓄洪、水质净化、生物栖息等的生态功能正在逐渐减弱。

表 2.8　典型年份灵山港滩地数量及滩地总面积

年份	滩地数量/个	滩地总面积/万 m²
1982	78	208.29
2003	71	162.47
2010	121	131.46
2013	112	120.88

应用滩地形态指数计算与类型划分方法，对 2010 年和 2013 年灵山港的滩地进行分类，不同滩地类型的面积变化如图 2.13 所示。由图 2.13 可知，将 2013 年与 2003 年相比，短宽不规则型滩地的面积减少幅度最大，约减少 60.76%；窄长不规则型滩地的面积约减少 5.75%。

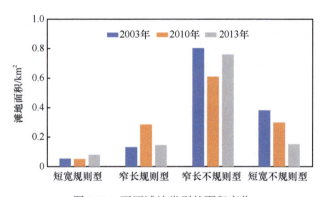

图 2.13　不同滩地类型的面积变化

2. 滩地数量的年际演化特征

不同滩地类型的数量比例变化如图 2.14 所示。由图 2.14 可知，2013 年，窄长不规则型滩地在四类滩地中所占比例最大。将 2013 年与 2003 年相比，窄长规则型滩地与窄长不规则滩地分别增加了约 3.64% 与 4.40%，而短宽规则型滩地与短宽不规则型滩地分别减少了约 0.60% 与 7.36%。2003~2013 年，短宽型滩地逐渐减少，窄长型滩地逐渐增多。灵山港滩地的年际间变化数据表明，滩地面积逐年减少，滩地变得狭长，边缘不规则程度也有所增加。近年来，河道砂石资源偷采现象时有发生，从而造成了河道内大量滩地被蚕食，滩地面积急剧减少，破碎化严重，出现了大量由深坑和弃砂形成的小沙丘。河道砂石资源的无序开发与利用致使滩地向窄长化与边界不规则化方向发展。

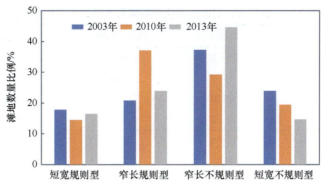

图 2.14　不同滩地类型的数量比例变化

3. 滩地景观格局的年际演化

采用景观格局指数对滩地的时空动态变化特征进行分析，主要选取斑块数（NP）、斑块密度（PD）、最大斑块指数（LPI）和形状指数（LSI）等景观格局指数。各个景观格局指数的计算公式、变量含义及生态学意义如表 2.9 所示。

表 2.9　各个景观格局指数的计算公式、变量含义及生态学意义

景观格局指数	计算公式	变量含义	生态学意义
NP/个	$NP=N$	N 为某类型斑块总数	表示景观斑块的总个数
PD/（个/km²）	$PD=\dfrac{NP}{A}$	A 为斑块的总面积	反映景观类型的破碎化程度，值越大破碎化程度越大
LPI/%	$LPI=\dfrac{\alpha_{max}}{A}\times100\%$	α_{max} 为某斑块类型中最大斑块的面积	反映景观类型的最大斑块受外界的干扰强度
LSI	$LSI=\dfrac{0.25E}{\sqrt{A}}$	E 为斑块总周长	反映景观类型形状的复杂或规则程度，值越大形状越复杂

典型年份灵山港沿线不同河段滩地的景观格局指数如表 2.10 所示。由表 2.10 可知，PD 在时间维度上，2007～2017 年呈现增大趋势，2017 年后则呈现减小趋势，此现象表明，2007～2017 年，滩地的斑块大小显著减小，破碎化明显，而在 2017 年后滩地破碎化程度有所减弱，趋向整合状态。在空间维度上，上、中、下游各河段内滩地的 PD 与全河道内 PD 的变化趋势具有一致性，但同时存在空间差异性，其中上游河段内滩地的破碎化最为显著，而下游河段内滩地的破碎化程度则最低。

LPI 在时间维度上呈波动性变化，但波动范围较小，这表明面积最大的滩地个体较为稳定地占据优势地位。在空间维度上，上游河段内滩地的 LPI 在 2007～2012 年下降程度最大，反映了上游河段内滩地在该时段内受到了剧烈干扰。

LSI 整体上呈现波动下降的趋势。在时间维度上，2007～2021 年滩地形状经历了"简单—复杂—简单"的演变过程。其中，2017 年滩地形状的不规则程度有所增加，滩地被分割破碎成多个斑块，致使滩地的形状趋于复杂。在空间维度上，LSI 从下游到上游逐渐增大，表明下游河段滩地的边缘形状最为规则，上游河段滩地的复杂化程度最大。

表 2.10　典型年份灵山港沿线不同河段滩地的景观格局指数

年份	河段	CA/km²	PD/（个/km²）	LPI/%	LSI
2007	整体	184.42	0.323	5.556	32.179
	上游	65.37	0.443	15.824	19.453
	中游	67.70	0.391	7.779	21.953
	下游	51.36	0.198	18.271	14.067
2012	整体	126.06	0.523	7.724	27.483
	上游	39.69	0.866	8.592	19.163
	中游	30.35	0.560	14.464	16.162
	下游	56.03	0.288	17.647	13.140
2017	整体	114.39	0.543	5.934	29.722
	上游	37.35	0.942	8.185	20.776
	中游	35.02	0.486	12.344	18.830
	下游	42.02	0.377	16.300	14.022
2021	整体	99.38	0.473	7.034	24.414
	上游	32.61	0.808	9.673	18.066
	中游	29.41	0.420	15.016	14.883
	下游	37.35	0.331	18.727	12.765

注：CA 表示滩地面积。

4. 典型滩地的年际演化

以沐尘村滩地（D1）与梅村滩地（D2）为典型，分析滩地的年际演化。D1 滩地位于研究河段的上游段，处于沐尘水库的下游，受水库的影响淤积形成心滩，在滩地的头部建设有堰坝，且与水流方向垂直，滩地内是大片的板栗树林，其滩地图像如图 2.15 所示。由图 2.15 可知，2003～2013 年滩地形状发生了一定变化，滩地边界不规则程度有所增加，滩地面积减小。D1 滩地的所属类型也由短宽规则型转变为短宽不规则型。因此，堰坝的建设与人类活动是影响 D1 滩地演变的重要因素。

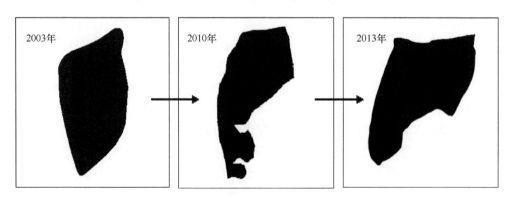

图 2.15　沐尘村滩地（D1）的年际演化

D2 滩地位于研究河段的中游段,其附近有大型采砂场,如图 2.16 所示。由图 2.16 可知,2003~2013 年滩地形态发生剧烈变化,对比图 2.16 (a) 与图 2.16 (b) 可知,D2 滩地由一块面积较大的滩地分散为三块面积较小的滩地,而图 2.16 (c) 显示,滩地又演变为一块边滩及两块心滩。2003~2013 年,D2 滩地边界越来越不规则,面积也急剧减小。2003 年,D2 滩地为窄长不规则型;2010 年分散为短宽不规则型①、窄长不规则型②和窄长规则型③;2013 年演变为窄长不规则型④、短宽不规则型⑤和窄长规则型⑥。胡朝阳等(2015)在对采砂对河道演变的研究中指出,采砂使边滩局部冲刷加剧,使其冲刷深度加大。据此可以说明,大规模无序采砂会导致滩地中出现深坑,甚至出现支离破碎的现象。

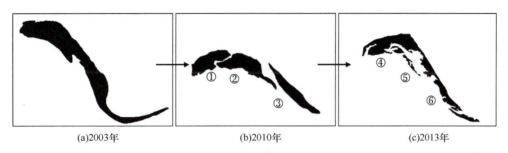

(a)2003年　　　　　　　(b)2010年　　　　　　　(c)2013年

图 2.16　梅村滩地(D2)的年际演化

2.4.2　空间演化特征

1. 不同坡降河段滩地演化

龙游县灵山港属于山丘区中小河流,河床比降大,流速变化迅速,从而影响滩地的形成与分布。根据坡降变化情况将河道分为三段:从沐尘水库至寺下村为上游段,河道比降为 3.66‰;从寺下村至姜席堰为中游段,河道比降为 3.11‰;从姜席堰至入衢江口为下游段,河道比降为 2.01‰。由于 2003 年以前,灵山港受人为干扰较少,本研究以2003 年河道滩地为例,分析不同坡降段滩地类型的变化情况。不同坡降河段滩地演化如图 2.17 所示。

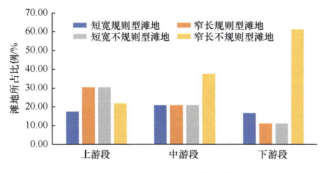

图 2.17　不同坡降河段滩地演化

由图 2.17 可知,从上游段到下游段,随着河道坡降的降低,窄长型滩地(包括窄长规则型滩地和窄长不规则型滩地）所占比例呈增加趋势。其中，上游段为 52.17%，中游段为 58.43%，下游段为 72.22%。不规则型滩地（包括窄长不规则型滩地和短宽不规则型滩地）所占比例呈现增加趋势。其中，上游段为 52.17%，中游段为 58.43%，下游段为 72.22%。而在四种类型滩地中，窄长不规则型滩地所占比例增加幅度最大。其中，上游段为 21.74%，中游段为 37.51%，下游段为 61.11%，表明从上游至下游，滩地呈现出窄长化与不规则化趋势。出现这种现象的主要原因在于河道坡降的变化引起水流的变化，随着坡降的减小，水流流速减小，泥沙容易淤积，原有小型滩地逐渐淤长，形成较为狭长的滩地。并且在河道下游，河道变宽，在水流作用下，河道内滩地总体呈辫状分布，形态较为不规则。

2. 不同曲率河段滩地演化

龙游县灵山港地处山丘区，河流曲折深切，河道弯曲程度较大，从而影响了河流的走势与滩地的发育。本研究根据曲率系数 K（$K=S/L$，其中，S 为曲线段的弧长；L 为弧长两端点直线距离）的大小对灵山港河道进行分段。当 $1.1<K<1.2$ 时，为低弯曲段；当 $1.2 \leqslant K<1.5$ 时，为中弯曲段；当 $K \geqslant 1.5$ 时，为高弯曲段。以 2003 年河道滩地为例，分析不同曲率河段滩地类型的变化情况。不同曲率河段滩地演化如图 2.18 所示。

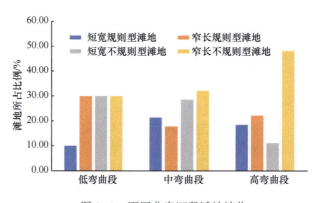

图 2.18　不同曲率河段滩地演化

由图 2.18 可知，在低弯曲段内，窄长型滩地所占比例较大，达 70.73%；在中弯曲段内，窄长型滩地与短宽型滩地各占一半；在高弯曲段内，窄长型滩地所占比例较大，达 70.37%。随着河道曲率的增加，窄长不规则型滩地所占比例增加了 18.15%，而短宽不规则型滩地所占比例降低了 18.89%。此现象是由于在河流的低弯曲段，中低水流能态的宽浅型河道具有较高的稳定性，流速较缓，输沙率较低，泥沙易淤积形成滩地，且椭圆形与倒钩形滩地居多。随着河道曲率的增加，中弯曲段和高弯曲段内会出现滩地交错分布的现象，使得流路进一步弯曲，在曲率大的位置会出现深潭，顺直处则会出现浅滩。深潭–浅滩的交错分布形式会产生正反馈效应，随着时间的推移，泥沙不断淤积，滩地面积会逐渐增大。因此，这种正反馈效应使得窄长不规则型滩地的比例增大。

2.5　滩地演化的影响因子分析

2.5.1　滩地扰动变化分析

借鉴土地利用动态度模型（刘纪远和布和敖斯尔，2000），引入河流滩地扰动度指数（DI），以便于反映河流滩地所受扰动的程度大小。该指数以斑块密度（PD）、斑块分形维数（FD）和邻近度指数（MPI）三个景观格局指数的相对变化值分别乘以各自的权重系数，再进行求和所得。DI 的大小可以反映滩地的面积、数量、边界形状及空间关系的变化程度。其计算公式如式（2.9）所示：

$$\mathrm{DI} = \left(\alpha \frac{|\mathrm{PD_b} - \mathrm{PD_a}|}{\mathrm{PD_a}} + \beta \frac{|\mathrm{FD_b} - \mathrm{FD_a}|}{\mathrm{FD_a}} + \gamma \frac{|\mathrm{MPI_b} - \mathrm{MPI_a}|}{\mathrm{MPI_a}} \right) \times \frac{1}{T} \quad (2.9)$$

式中，DI 为扰动度指数；$\mathrm{PD_a}$ 和 $\mathrm{PD_b}$ 分别为研究开始时期及结束时期滩地斑块密度；$\mathrm{FD_a}$ 和 $\mathrm{FD_b}$ 分别为研究开始时期及结束时期斑块分形维数；$\mathrm{MPI_a}$ 和 $\mathrm{MPI_b}$ 分别为研究开始时期及结束时期邻近度指数；T 为研究时间范围；α、β 和 γ 为权重系数。

灵山港各河段滩地扰动度变化如图 2.19 所示。由图 2.19 可以看出，滩地扰动度在时间上均呈现增加趋势，各河段滩地扰动度均在 2003～2010 年达到最大值，1982～2003 年达到最小值。1982～2003 年，由于对灵山港资源的开发在其自然承载力范围内，扰动度介于 0.16～0.59；2003～2010 年，灵山港新建沐尘水库、桐子堰、橡胶坝等水利设施，且河道全线在疏浚过程中存在大范围的采砂活动，扰动度介于 1.53～3.25；2010～2013 年，灵山港全面禁止采砂，但是由于之前的采砂行为，原有的滩地结构稳定性受到破坏，所以 2010～2013 年滩地的扰动度比较大，此时扰动度介于 0.65～1.26。

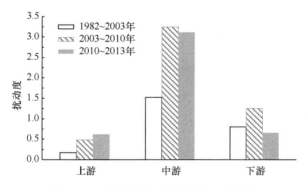

图 2.19　灵山港各河段滩地扰动度变化

2.5.2　影响因子分析

采用灰色关联分析法进行因子分析，以便于确定各个扰动因子的作用强度。灰色关联分析法是一种通过计算灰色关联度来确定系统因素间的影响程度或因子对系统主要行为的贡献的方法，其基本思想是根据序列曲线几何形状的相似程度来判断各个因素之间的联系是否紧密（刘思峰等，2013；李鹏等，2012）。灰色关联分析法作为系统分析的一个重要方法，它能够反映两个系统或系统内各个因素随时间变化的变化方向以及变化速度的关联程度。系统发展过程中，可以通过关联度的排序来确定主要影响因子和次要影响因子。如果关联度大，则说明该因素是影响系统发展过程中的主要影响因子；反之，如果关联度小，则表明系统发展不受或少受此因素的影响。该方法对样本量的多少和样本有无规律都同样适用，不会出现量化结果与定性分析不符合的情况。

应用灰色关联分析法，分别计算 1982～2003 年、2003～2010 年、2010～2013 年三个时段滩地扰动度变量与扰动因子变量间的关联度，并进行综合比较和排序，从而确定各个扰动因子在滩地时空演化过程中的贡献度，主要步骤如下。

1. 确定分析序列

对研究问题进行定性分析的基础上，确定一个自变量因素数据构成的参考序列 X_i 和多个自变量因素数据，构成比较序列 $[x_i(j)]$，如式（2.10）～式（2.12）所示：

$$X_0 = \left(x_0(1), x_0(2), \cdots, x_0(n)\right) \tag{2.10}$$

$$X_1 = \left(x_1(1), x_1(2), \cdots, x_1(n)\right) \tag{2.11}$$

$$\vdots$$

$$X_m = \left(x_m(1), x_m(2), \cdots, x_m(n)\right) \tag{2.12}$$

2. 变量序列无量纲化

通常情况下，由于原始变量序列具有不同的量纲或数量级，故而需要先对变量序列数据进行无量纲化，以提高分析结果的可靠性。利用比较序列的指标值除以相应参考序列的标准值，经过无量纲化后各因素形成序列 $[x_j(k)]$。本书采用均值化方法进行无量纲化，无量纲化形成的序列如式（2.13）所示：

$$X_j = \left(x_j(1), x_j(2), \cdots x_j(n)\right) \tag{2.13}$$

3. 求绝对差序列，并确定最大差和最小差

由无量纲化以后的比较序列与参考序列计算对应的绝对差值，形成绝对差序列，绝对差值中最大值和最小值即为最大差和最小差。

4. 建立关联系数矩阵

利用式（2.14）对绝对差值进行变换，求得关联系数，从而建立关联系数矩阵。

$$\xi_i = \frac{\min\limits_{i}\min\limits_{k}\left|x_0(k) - x_i(k)\right| + \rho\max\limits_{i}\max\limits_{k}\left|x_0(k) - x_i(k)\right|}{\left|x_0(k) - x_i(k)\right| + \rho\max\limits_{i}\max\limits_{k}\left|x_0(k) - x_i(k)\right|} \tag{2.14}$$

式中，ξ_i 为相关因素序列 x_i 的第 k 个元素与系统行为特征序列 x_0 的第 k 个元素间的关联系数；x_0 和 x_i 分别为系统行为特征序列和相关因素序列；ρ 为分辨率，用来减小因 $\Delta(\max)$ 过大而使关联系数失真的影响，人为引入此系数来提高关联系数之间的显著性；min 和

max 的取值通过对各个比较序列不同时刻的绝对差值进行比较来确定。

灵山港典型时段影响因子及其关联系数如表 2.11 所示。

表 2.11　灵山港典型时段影响因子及其关联系数

时间段	河段	水力坡度	弯曲度	主槽宽/河宽	平均堰高	水库距离	采砂强度
1982~2003 年	上游	0.343	0.390	0.428	0.544	0.000	0.000
	中游	0.831	0.995	1.000	0.733	0.000	0.000
	下游	0.372	0.617	0.433	0.448	0.000	0.000
2003~2010 年	上游	0.657	0.724	0.800	0.883	0.353	0.899
	中游	0.878	0.996	0.850	0.942	0.543	0.947
	下游	0.753	0.775	0.985	0.985	0.517	1.000
2010~2013 年	上游	0.798	0.916	0.970	0.966	0.362	0.000
	中游	0.750	0.824	0.863	0.804	0.467	0.000
	下游	1.000	0.960	0.954	0.736	0.650	0.000

5. 计算关联度并排序

根据关联系数矩阵，应用式（2.15）计算各个影响因素的关联度，并对各个影响因素的关联度进行排序。

$$r_i = \frac{1}{n} \sum_{k=1}^{n} \xi_i(k) \quad i = 1, 2, \cdots, m \tag{2.15}$$

式中，r_i 为关联度；n 为因子个数。

通过典型时段影响因子的关联系数可计算得出各个扰动因子的关联度，如 1982~2003 年水力坡度的关联度为 0.343、0.831 与 0.372 的算术和。典型时段影响因子的关联度见表 2.12。研究区在 1982~2003 年根据滩地各个扰动因子的关联度由大到小排序为：弯曲度（2.002）>主槽宽/河宽（1.861）>平均堰高（1.725）>水力坡度（1.546）（注：括号内的值为关联度，下同）；2003~2010 年由大到小排序为：采砂强度（2.846）>平均堰高（2.811）>主槽宽/河宽（2.633）>弯曲度（2.464）>水力坡度（2.288）>水库距离（1.413）；2010~2013 年由大到小排序为：主槽宽/河宽（2.787）>弯曲度（2.699）>水力坡度（2.548）>平均堰高（2.506）>水库距离（1.479）。

表 2.12　典型时段扰动因子的关联度

时段	水力坡度	弯曲度	主槽宽/河宽	平均堰高	水库距离	采砂强度
1982~2003 年	1.546	2.002	1.861	1.725	0.000	0.000
2003~2010 年	2.288	2.464	2.633	2.811	1.413	2.846
2010~2013 年	2.548	2.699	2.787	2.506	1.479	0.000

由滩地扰动因子的关联度大小可以得出，不同时段的水库距离对滩地格局演化贡献度都很低，这主要是由于灵山港沿线建有不同规格的堰坝，能够削弱水库对河流滩地的影响，而其他扰动因子则比较高且相差不大。因此，选取弯曲度、主槽宽/河宽及水力坡度的关联度均值和采砂强度、平均堰高的关联度均值，分别来反

映自然和人为扰动因子对河流滩地演化的贡献度。1982~2003 年和 2010~2013 年这两个时间段内，滩地的扰动度≤1.26，说明自然扰动因子比人为扰动因子对河流滩地演化的贡献度大；2003~2010 年，滩地的扰动度≥1.53，说明人为扰动因子比自然扰动因子对河流滩地演化的贡献度大。分别对扰动度≤1.26 和≥1.53 时的自然和人为扰动因子对滩地演化的贡献度进行线性拟合，根据拟合结果，求出扰动度的临界值为 1.35。

2.5.3 堰坝分布对滩地演化的影响

1. 堰坝的分布特征

由影像图处理及实际勘测可知，河道沿线 20 座堰坝的平均长度为 123.8m，平均宽度为 2.75m，平均高度为 2.0m，各堰坝的分布间距（D）及所处河段的曲率系数（K）如表 2.13 所示。除 Y4、Y20 两座堰坝的右岸建有泄水闸，且可以灵活控制上游水量的蓄泄之外，其余堰坝的过流形式均为堰顶自由溢流。2007 年前，灵山港建有 13 座堰坝。2007 年后，陆续增建了 Y2、Y3、Y6、Y8、Y9、Y17 和 Y18 七座堰坝，建成年份依次为 2019 年、2018 年、2015 年、2010 年、2015 年、2016 年、2016 年。堰坝的平均间距逐渐减小，由 2007 年的 3.37km 减小到 2012 年的 3.11km 和 2017 年的 2.53km，到 2021 年降至 2.13km，对整个河道的水流条件产生了一定影响。

表 2.13 各个堰坝的分布间距（D）及所处河段的曲率系数（K）

堰坝编号	堰名	D/m	K	堰坝编号	堰名	D/m	K
Y1	荷花塘堰	0	1.008	Y11	弯弓堰	6.618	1.629
Y2	织摆堰	0.749	1.145	Y12	青拦堰	2.097	1.026
Y3	织竹堰	0.632	1.159	Y13	魁宁堰	2.801	1.101
Y4	黄泥圩堰	1.393	1.455	Y14	溪东堰	1.421	1.031
Y5	青龙堰	2.456	1.134	Y15	徐呈堰	1.762	1.056
Y6	溪口堰	1.036	1.063	Y16	姜席堰	3.319	1.037
Y7	拦溪堰	0.922	1.029	Y17	庆丰堰	3.204	1.033
Y8	灵山堰	0.771	1.055	Y18	上杨堰	2.552	1.134
Y9	西山底堰	1.697	1.019	Y19	鸡鸣堰	4.748	1.038
Y10	塔山堰	0.711	1.109	Y20	橡胶坝	1.520	1.017

本研究以堰坝平均间距的 30%作为波动区间，将堰坝间距小于 1.49km 的分布方式界定为高密度分布，堰坝间距介于 1.49~2.78km 的分布方式界定为中密度分布，堰坝间距大于 2.78km 的分布方式界定为低密度分布。经统计发现，高密度堰坝群主要分布于上游河段，中密度堰坝群主要分布于中游河段，低密度堰坝群主要分布于下游河段。从河段的弯曲程度上分析，除 Y4 和 Y11 两座堰坝分布在高弯曲段，其余堰坝均分布于曲率系数 K<1.2 的低弯曲段内。

2. 有无堰坝对边滩景观格局的影响

选取 Y3、Y6、Y9、Y17 四座堰坝，对堰坝建设前后滩地的景观格局变化进行对比分析。其中，Y3、Y6、Y9 三座堰坝形态呈直线形且垂直于河道中心线，Y17 堰坝形态蜿蜒且与河道中心线斜交，溢流宽度不同。Y3、Y17 的结构形式为台阶式，当水流下泄时，会损失较多的能量。在洪水期，Y6 的堰流特点满足薄壁堰的淹没出流条件，其余堰坝的过流均表现为宽顶堰的特点。各个堰坝对水流的拦蓄能力及过流扰动程度的影响均有所不同。建堰前后滩地景观格局指数变化率如图 2.20 所示。

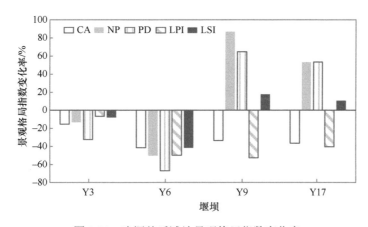

图 2.20　建堰前后滩地景观格局指数变化率

由图 2.20 可知，受堰坝建设的影响，NP、PD 的变化程度最为剧烈。Y9 和 Y17 建设后，NP、PD 的变化率超过了 50%，表明滩地的破碎化程度加剧，即由聚集型大斑块滩地变为小斑块的离散程度增大；而 Y3、Y6 所在河段的滩地因受到其他人为因素较强的干扰，导致其斑块个数减少，滩地破碎度呈现出减弱的态势。堰坝建设后，滩地的 CA 显著下降，河段内滩地面积呈现出减少趋势，其中 Y6 的建设对滩地面积的影响最大，变化率为–41%。LPI 总体呈减少趋势，但各河段变化幅度有所不同，其中 Y9 对河段内最大滩地的影响程度最大。从 LSI 来看，在 Y9、Y17 所在河段内，滩地的 LSI 有所增大，滩地形状越来越不规则，复杂性增加；而 Y3、Y6 所在河段由于实施了滩地治理措施，滩地破碎度有所降低，同时滩地形态呈现规则化。因此，堰坝建设对局部河段内滩地景观格局变化的影响具有显著差异性。

3. 堰坝分布方式对边滩景观格局的影响

选取 Y12-Y13、Y11-Y12、Y13-Y14 三个河段，分别代表低密度、中密度和高密度三种堰坝分布方式，堰坝间距分别为 2.8km、2.1km 和 1.4km，分析不同分布方式对滩地景观格局变化的影响。各河段滩地的破碎度和形状指数变化情况如图 2.21 所示。由图 2.21 可以看出，堰坝分布方式不同会对滩地产生不同程度的影响。PD 在 2007～2021 年呈波动上升趋势，且随着堰坝间距的减小，PD 变化更为显著，此现象表明堰坝分布密度的增大将会使滩地破碎化程度加剧。2007～2021 年滩地的 LSI 呈现出波动性减小的趋势，且在这三种堰坝间距分布下，滩地边缘形态的复杂度变化趋势是一致的。但随着堰坝间距的减小，LSI 波动变化的幅度更大，表明堰坝分布密度越大，滩地所受到的影响程度就会更大，滩地边缘处于极不稳定状态。尤其是在高密度条件下，LSI 在 2012～2017 年显著增大，主要是由于该时期河段内的滩地破碎度增大，滩地被分割破碎为多个小斑块，从而造成滩地边缘形状更加复杂。

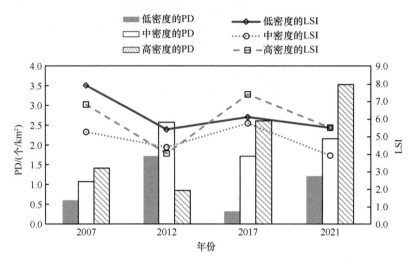

图 2.21　滩地的破碎度和形状指数变化

洪水期水流在 Y11-Y14 河段内能够自由漫顶溢流，堰坝形式为宽顶堰。通过对比不同分布条件下堰坝群的水动力特性，发现各堰坝上游的断面流速较为稳定，水流较为平缓。然而，经过堰顶溢流形成非恒定的跌水后，造成近堰下游区域的流速急剧增大。同时，堰坝建在曲率系数越大的河段内，其过堰流速会相应增大。随着堰坝间距的减小，河道断面平均流速有所降低，但滩地的淹没水深明显增大。在堰坝群不同分布密度下，堰坝下游水流的弗劳德数（Fr）值的大小顺序为低密度>中密度>高密度，表明随着堰坝群分布密度的增大，水流的动能与势能发生剧烈变化，致使各工况下水流的断面能量分配不均。

产生以上现象的主要原因在于，单座堰坝的过水方式均为堰顶自由溢流，堰坝群的联合作用对水流的影响会产生累积效应，不同堰坝群的分布方式会改变河道水动力学条件，且其对水流影响的贡献度最大，进而影响滩地的演变。具体表现为：高密度的堰坝通过抬升上游水位，使水域面积增加，水面线向河岸两侧扩展，从而增加了滩地的受淹程度，导致显露的滩地面积减少。而地势不平的滩地由于较低部分首先被淹没，致使形成多个滩地斑块，增大了滩地的破碎化程度，同时裸露出的滩地边缘形状较为规整。过堰水流弗劳德数（Fr）明显增大，则使近堰下游区域内的滩地边缘和滩头受到强烈的冲刷作用，在削弱部分滩地形状复杂度的同时，增大了泥沙输送量。但是由于沿程水流动能的降低，其挟沙能力减弱，进而造成泥沙逐渐淤积，形成多个小滩地斑块，致使滩地的破碎化程度进一步加大。堰坝分布间距的减小会增强对滩地的作用，致使滩地格局演变更加破碎化、规则化。

2.6　本　章　小　结

在我国，将流域面积为 200～3000km^2 的河流界定为中小河流，我国中小河流数量众多，作为大江大河的"毛细血管"，中小河流在水系构成、地理形态、水文、生态、环境、服务功能等方面具有自身独有的特征。滩地作为中小河流的重要组成部分，它们在物质循环、能量流动和维持生态系统多样性方面具有重要意义，具有丰富的水文价值、生态价值、环境价值、社会经济价值。

以浙江省龙游县灵山港为研究对象，从地貌形态、滩槽关系等方面定性划分了滩地类型。构建了滩地形态指数计算方法，根据形态指数在直角坐标系的分布特征，将滩地分为短宽规则型滩地（$P_1 \geqslant 0$，$P_2 \geqslant 0$）、窄长规则型滩地（$P_1 < 0$，$P_2 \geqslant 0$）、窄长不规则型滩地（$P_1 < 0$，$P_2 < 0$）及短宽不规则型滩地（$P_1 \geqslant 0$，$P_2 < 0$）四种类型，且分析掌握了滩地类型的年际变化和空间变化。总体而言，滩地呈现出面积逐渐减小，由短宽向狭长演化、由规则向不规则演化的特点。以 PD、FD 和 MPI 为变量构建了滩地扰动度指数计算式，灵山港滩地扰动度指数呈现增加趋势，1982～2003 年滩地扰动度指数最小，2003～2010 年滩地扰动度指数最大，采砂强度、平均堰高等人为扰动因子的影响程度最大。由于滩地面积减小、破碎化程度加大以及不合理治理或人为侵占等原因，滩地的蓄洪、生物栖息、环境净化等功能明显退化，严重影响了河道正常的功能，并影响了全县经济的可持续发展。

堰坝分布对滩地演化具有重要的影响。堰坝群主要分布于低弯曲河段内，且呈现出高密度、中密度、低密度三种分布方式。上、中、下游各河段滩地景观格局指数变化的差异性较大，上游河段滩地呈现出更为明显的破碎化和边界形状不规则化。堰坝建设对滩地的景观格局指数变化具有显著的影响，尤其是 NP、PD 变化最为剧烈，其中 Y9 和 Y17 建设后 NP、PD 的变化率超过了 50%，滩地破碎度显著增大。堰坝分布方式的不同会对河段内的边滩产生较大影响。随着堰坝分布密度的增大，PD 的变化更为显著，LSI 的波动幅度更大，这主要是由高密度堰坝分布导致水动力学条件发生改变所引起的。河道治理过程中，需优化堰坝布局，同时也需兼顾考虑堰坝形式、过流方式等因素，从而有效地保护河流滩地资源。

第3章　滩地基质组成与空间变化

3.1　监测取样与数据处理方法

3.1.1　取样点布置与取样方法

1. 典型滩地的选择

为研究滩地基质组成的变化特点，本章根据河流坡降变化将灵山港分为上游、中游、下游和河口4个区段。在上一章取样的基础上，上游增加了沐尘村滩地。因此，上游段的典型滩地包括沐尘村滩地（L1）、溪口四桥滩地（L2）、江潭滩地（L3）和下徐桥滩地（L4）；中游段的典型滩地包括寺下滩地（L5）、梅村滩地（L6）和周村滩地（L7）；下游段的典型滩地包括姜席堰滩地（L8）、寺后滩地（L9）、上杨村滩地（L10）和高铁桥滩地（L11）；河口段（即灵山港入衢江的交汇口）的典型滩地包括彩虹桥滩地（L12）。

2. 土壤取样点布置

分别在12个滩地的滩头、滩中和滩尾各设置1个土壤取样断面。以上杨村滩地（L10）为例，其取样断面布置如图3.1所示。在每个取样断面的横向上，根据滩地宽度等距离布置取样点，取样点的间距为2.5～10m。在垂向上，按照0～20cm、20～40cm的深度分层采集土壤样品（如遇石块较多、难以挖掘的点位，则仅取表层土）。以上杨村滩地（L10）为例，其取样层布置如图3.2所示。

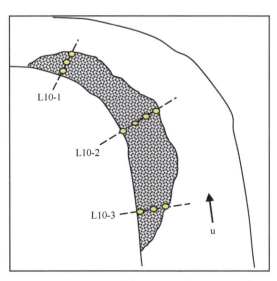

图3.1　上杨村滩地取样断面及取样点布置示意图

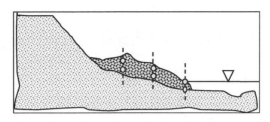

图 3.2　上杨村滩地垂向上取样层布置示意图

3. 砾石取样点布置

在每个滩地滩中的横断面上，根据滩地宽度，分别在近水边、近岸以及二者之间布置 3 个采样点。在垂向上，分两层（层高根据现场砾石情况而定）布设 1m×1m 的样方，利用数码相机拍摄样方内砾石分布特征的照片。

4. 取样方法

在踏查的基础上，对 12 个滩地的采样点进行土壤剖面的挖掘。铲除表层根系较多的土壤后，开挖一个 1m×1m×0.6m 的方坑，将向阳面切成垂直平整的观测剖面，在观测剖面上分两层取土壤样品。在进行砾石图像拍摄的同时，每个样点拾取几个样品带回实验室进行校核。在取样过程中，同步记录各个采样点位置的植被覆盖情况、取样点至河边的距离、取样点与河面的高差以及对应滩边的水深和流速等。现场取样自 2016 年开始，每年的 4 月和 10 月开展取样工作。

3.1.2　土壤样品处理与指标测定

剔除土壤样品中所有的粗根和小石块，主要测定土壤密度、土壤颗粒组成、土壤饱和含水率、总孔隙度、体积质量等指标。土壤样品处理与各个指标的测定方法如下。

（1）土壤密度测定。将现场所取样的土壤样品放置在室内风干，所有土样研磨并过 2mm 筛，取出 8~10g 样品放入 105℃烘箱，以便于测出吸湿系数，采用比重瓶法测出土壤的密度。

（2）土壤颗粒组成测定。土壤颗粒组成采用沉降法测定。样品带回实验室风干后去除枯落物，经研磨并过 2mm 筛。每个土样取 5g，加少量蒸馏水湿润土样。加入 20mL 浓度为 10%的 H_2O_2 对土壤样品进行预处理，使其充分反应后，去除土样中的有机物。加入 10mL 浓度为 0.5mol/L 的 NaOH 溶液（本研究中所有样品均为酸性）后，加蒸馏水至 250mL，在电热板上加热去除过量的 H_2O_2，为防止试液溢出，加入适量异戊醇消泡。待样品冷却至室温后，使用激光衍射粒度分析仪测量土壤粒径。所测样品依据国际制土壤质地分级标准进行分级。

（3）土壤饱和含水率、总孔隙度、体积质量测定。土壤饱和含水率、总孔隙度、体积质量采用环刀法测定。使用环刀取样时，环刀刃口垂直压入土中，使得土样充满整个环刀内部。将环刀与周围的土样分开，取出环刀，擦除环刀上多余的土。

3.1.3 砾石图像处理方法

对于拍摄的砾石样方照片，先利用 Adobe Photoshop CS6 进行透视裁剪和校正，再应用由美国国立卫生研究院开发的图像处理软件 ImageJ 突出砾石边缘，并对图像进行二值化处理（王国梁等，2005）。根据样方框的边长（1m）与像素（2067像素）之间的关系进行换算，提取砾石边缘并读取砾石粒径，其处理过程如图 3.3 所示。

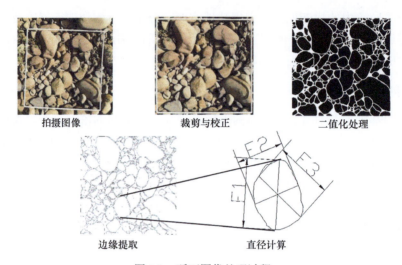

拍摄图像　　　　　　裁剪与校正　　　　　　二值化处理

边缘提取　　　　　　　　　直径计算

图 3.3　砾石图像处理过程

本研究采用的砾石粒径为弗雷特（Feret）平均直径，弗雷特平均直径是指过不规则颗粒的形心，每隔 10° 方向粒径的平均值，如式（3.1）所示：

$$d_p = \frac{F_1 + F_2 + \cdots + F_{36}}{36} \tag{3.1}$$

式中，d_p 为弗雷特平均直径；F_i（$i=1$，2，$\cdots$，36）为过形心的颗粒粒径。

3.1.4 数据处理方法

1. 基础数据处理

应用 Microsoft Excel 2013 进行数据整理和统计；应用 SPSS 19.0 进行不同组间的方差分析和相关性分析，并采用最小显著差数法对组间差异性显著水平（$P<0.05$）进行检验，其计算式如式（3.2）所示；应用 Origin 9.1 绘制数据处理和分析结果图。

$$\text{LSD}_\alpha = t_\alpha S_{\bar{y}_i - \bar{y}_j} \tag{3.2}$$

式中，LSD_α 为最小显著差数；t_α 为 t 值，查学生氏 t 值表可得；$\bar{y}_i - \bar{y}_j$ 为两组平均数的差值；$S_{\bar{y}_i - \bar{y}_j}$ 为标准误差，其计算式如式（3.3）所示：

$$S_{\bar{y}_i - \bar{y}_j} = \sqrt{\frac{2\mathrm{MS_e}}{n}} \qquad (3.3)$$

式中，$\mathrm{MS_e}$ 为组内均方差；n 为观察值个数。

2. 分形模型

分形模型是通过分形维数来描述颗粒的维度特征，淤积物的分形维数均在 2～3，即淤积物是介于二维和三维之间的形体。并且分形维数越大，说明颗粒越细；分形维数越小，说明颗粒越粗。本研究采用由王国梁等（2005）提出的体积分形维数计算公式，如式（3.4）所示：

$$\frac{V(r < R_i)}{V_\mathrm{T}} = \left(\frac{R_i}{R_{\max}}\right)^{3-D} \qquad (3.4)$$

式中，r 为淤积物颗粒粒径，mm；R_i 为第 i 个粒级的平均淤积物粒径，mm；$V(r<R_i)$ 为小于粒径 R_i 的淤积物体积，mm^3；V_T 为淤积物体积总和，mm^3；$R_{\max}$ 为最大粒级颗粒的平均粒径，mm；D 为颗粒的体积分形维数。对式（3.4）两边同时取对数，可得式（3.5）：

$$\lg\left[\frac{V(r < R_i)}{V_T}\right] = (3 - D)\lg\frac{R_i}{R_{\max}} \qquad (3.5)$$

根据所测得的各级颗粒的体积百分比，运用最小二乘法进行线性拟合，得到直线斜率 k，则分形维数 $D=3-k$。

3. 冗余分析方法

冗余分析（redundancy analysis，RDA）是一种约束性的主成分分析方法，它将影响因素对研究对象的影响投射在若干个排序轴上，并在该排序轴上探讨研究对象的变化情况。该模型的优劣通常以影响因素中解释变量的解释贡献率来进行评判。冗余分析的结果不仅能够反映影响因素与研究对象之间的关系以及影响因素之间的关系，还能够反映研究对象之间的相关关系。图 3.4 所反映的是影响因素与研究对象之间的关系，影响因素 A 与研究对象 a 之间的夹角为锐角，与研究对象 b 之间的夹角为钝角，这种情况说明影响因素 A 与研究对象 a 是正相关关系，与研究对象 b 是负相关关系，且夹角的余弦值的绝对值越大，说明二者的相关性越好。影响因素 B 在研究对象 a 箭头上的投影长度比影响因素 A 的长，这意味着影响因素 B 对研究对象 a 的影响程度比影响因素 A 的大。两个影响因素之间的夹角即为二者之间的相关关系，锐角表示正相关，钝角表示负相关。图 3.5 所反映的是研究对象之间的关系，研究对象 a 与研究对象 b 之间线段的距离为分布的卡方距离，卡方距离越大，代表研究对象分布的差异性越大，反之则越小。

然而，冗余分析的应用需具备一定条件。应用冗余分析之前，首先需对研究对象进行去趋势对应分析（detrended correspondence analysis，DCA），并根据第一轴的梯度长度选择合适的排序方法。当第一轴梯度长度>4.0 时，应该选择成分分析（components analysis，CA）、典型对应分析（canonical correspondence analysis，CCA）等单峰模型；

当第一轴梯度长度<3.0 时，应该选择主成分分析（PCA）、冗余分析等线性模型；当第一轴梯度长度在 3.0～4.0 时，二者均可。本研究的 DCA 分析结果中，第一轴的梯度长度均小于 3，因此可采用冗余分析方法进行分析。本研究应用 Canoco 5.0 软件对影响淤积物空间分布的因素进行冗余分析。

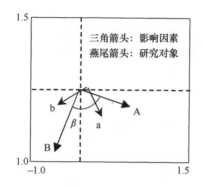

图 3.4　研究对象与其影响因素的关系

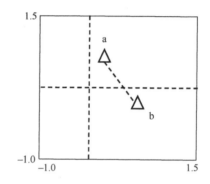

图 3.5　研究对象之间的关系

3.2　滩地基质组成特征

3.2.1　基质组成的总体特征

根据现场调查和数据分析结果发现，灵山港沿线滩地淤积物由砾石和土壤组成，且以土壤为主，土壤平均体积分数为 82.46%，砾石平均体积分数为 17.54%。滩地基质组成的体积分数及分形维数如表 3.1 所示。由表 3.1 可知，从上游至河口，砾石体积分数逐渐减小，土壤体积分数逐渐增大，与之对应的淤积物分形维数也随着土壤体积分数增大而增大，其平均值为 2.563。在本研究中，以国际制土壤质地分类标准对土壤颗粒进行分类，其中<0.002mm 的为黏粒，0.002～0.02mm 的为粉粒，0.02～2mm 的为砂粒。测定结果表明，灵山港滩地土壤颗粒中砂粒体积分数在 40%～100%，平均含量为 72.5%，故而土壤类型主要为壤质砂土、砂质壤土与壤土，同时兼有粉砂质壤土和砂质黏壤土。

表 3.1　滩地基质组成的体积分数及分形维数

河段	体积分数/%		分形维数			R^2
	砾石	土壤	砾石	土壤	淤积物	
上游	19.32±3.87	80.68±3.87	2.351±0.086	2.401±0.011	2.539±0.042	0.927
中游	19.16±6.61	80.84±6.61	2.379±0.083	2.472±0.075	2.564±0.008	0.939
下游	18.67±6.06	81.33±6.06	2.406±0.092	2.548±0.013	2.578±0.022	0.924
河口	1.09±0.26	98.91±0.26	2.516±0.068	2.562±0.025	2.593±0.013	0.929
平均	17.54±4.99	82.46±4.99	2.390±0.086	2.489±0.029	2.563±0.024	—

参考砾石分类标准，可将砾石分为 2～20mm 的细砾、20～100mm 的粗砾以及>100mm 的巨砾。通过图像处理分析可知，灵山港沿线滩地砾石颗粒中，以大于 100mm 的巨砾为主，其体积分数在 50%～100%。在洪水期间，水流漫到河床以外的滩面，由于水深变浅，流速减慢，便将悬移的细粒物质沉积下来，最后在滩面上留下一层细粒沉积。滩地上层由洪水泛滥时沉积下来的细粒物质组成，下层由河床侧向移动过程中沉积下来的粗粒物质组成，从而形成下粗上细的二元相沉积物结构。上层多为亚砂土或亚黏土，下层多为砂、砾。在坡陡流急的区段，由于侵蚀作用较强，河流两侧只有狭窄的石质漫滩，或者只有粗大的砾石组成的漫滩。一般而言，只在宽阔的河段才有较厚的二元相沉积。

3.2.2　土壤组成特征

滩地表层土壤组成的质量百分比统计特征见表 3.2。由表 3.2 可知，灵山港滩地表层土壤颗粒主要分为砂粒、粉粒和黏粒。三者质量百分比含量的平均值分别为 76.78%、12.37%和 10.85%，土壤质地主要是砂质壤土。砂粒含量的变异系数（CV）为 9.69%，属于弱变异强度，表明砂粒主要受到物源控制，沉积环境对其影响较小。粉粒和黏粒含量都属于中等变异强度，相对来说，粉粒的变异系数最大，达到 37.59%，这种情况说明滩地上不同沉积环境对沉积物粒度性质的改造主要体现在细颗粒组分上。对三组数据进行单样本 K-S 正态分布检验，检验值以及对应的双侧检验概率如表 3.2 所示。由表 3.2 可知，砂粒、粉粒和黏粒的质量百分比均符合正态分布。

表 3.2　滩地表层土壤组成的质量百分比统计特征

土壤组分	平均值/%	标准差/%	最小值/%	最大值/%	变异系数/%	K-S 正态分布检验	双侧检验概率 P
砂粒	76.78	7.44	62.07	91.46	9.69	0.69	0.72
粉粒	12.37	4.65	3.41	21.79	37.59	0.80	0.54
黏粒	10.85	3.00	5.14	16.14	27.65	0.42	0.42

灵山港沿线滩地上砂粒质量百分比分布如图 3.6 所示。由图 3.6 可知，砂粒质量百分比的范围为 62.07%～91.46%（曹伟杰等，2017）。砂粒质量百分比沿水流方向整体呈现出沿程降低的态势。上游区段为砂粒含量的高值区域（>85%），沐尘村附近最高；中

间区段变化相对平稳，砂粒质量百分比在 75%左右波动，称为平稳区；下游区段为砂粒含量的低值区，小于 70%。

　　灵山港沿线滩地上粉粒质量百分比分布如图 3.7 所示。由图 3.7 可知，粉粒质量百分比的范围为 3.14%~21.79%。粉粒的含量在沿水流方向上的变化与砂粒的趋势正好相反，呈现递增趋势。上游区段粉粒含量最少（<6%）；中游区段粉粒含量大部分为 11%，但是在溪口四桥和寺下较高滩地处含量有所增加，达到 15%；下游区段粉粒含量最大，大于 18%。

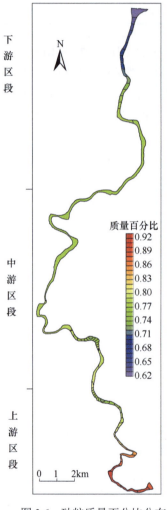

图 3.6　砂粒质量百分比分布

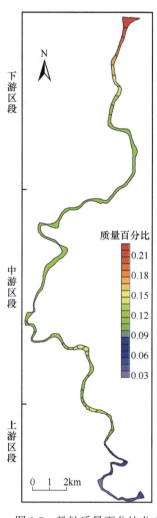

图 3.7　粉粒质量百分比分布

　　灵山港沿线滩地上黏粒质量百分比分布如图 3.8 所示。由图 3.8 可知，粉粒质量百分比的范围为 5.14%~16.14%。黏粒质量百分比和粉粒沿水流方向的趋势基本一致，呈现沿程逐渐增加的态势。上游区段黏粒含量最少（7%）；中游区段在离水面高程较低的江潭和下徐桥附近质量百分比较小（9%），其余区域都在 12%左右；下游区段黏粒的含量最大，大于 14%。

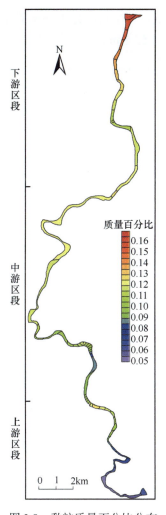

图 3.8　黏粒质量百分比分布

总体而言，从表层沉积物粒度组成来看，研究区沉积物以砂粒为主，粉粒和黏粒含量较低。沿水流方向粗颗粒组含量减少，细颗粒逐渐增加。同时，滩地离水面的高程对细颗粒含量的影响较大。

3.2.3　卵砾石组成特征

平均粒度 M_z 和中值粒径 D_{50} 是沉积物最主要的粒度特征之一，它们主要用来表示沉积物颗粒的粗细程度。灵山港沿线滩地上卵砾石中值粒径的沿程变化情况如图 3.9 所示。在沐尘村滩地，卵砾石的平均粒度为 -6.2ϕ，而在彩虹桥滩地，卵砾石的平均粒度为 -4.17ϕ。由于卵砾石的平均粒度主要受到搬运介质的平均动能以及源区物质的粒度分布两个因素的影响，寺下、周村、姜席堰等位置河道宽度较小，水流速度较快，所以卵砾石粒径都偏粗。平均粒度沿程呈现波动的细化态势，沉积物平均粒度沿线呈锯齿状增大。中值粒径（D_{50}）与平均粒度的变化相一致。上游水动力冲刷大的地方粒径较粗，一些相对较小的砾石容易被冲走，沐尘村滩地上卵砾石平均粒径为 153.5mm。下游彩虹桥滩地上卵砾石中值粒径最小为 53.8mm。

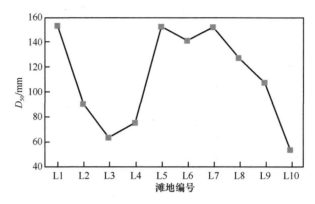

图 3.9 灵山港沿线滩地上卵砾石中值粒径的沿程变化

3.3 基质组成的空间分布特征

3.3.1 土壤的空间分布特征

1. 纵向分布特征

滩地上土壤颗粒的体积分数及分形维数如表 3.3 所示。由表 3.3 可知，灵山港沿线滩地土壤从上游的壤质砂土过渡到中游的砂质壤土，再到下游的壤土。其对应的分形维数在纵向上也表现出相应的变化，壤质砂土对应的分形维数在 2.290～2.342，砂质壤土对应的分形维数在 2.475～2.540，壤土的分形维数在 2.548～2.593。由此可见，随着土壤质地的黏性增大，土壤的分形维数也随之增大。

表 3.3 滩地上土壤颗粒的体积分数及分形维数

河段	滩地编号	颗粒体积分数/%			分形维数	R^2	土壤类型
		<0.002mm	0.002～0.02mm	0.02～2mm			
上游	L1	1.33	4.01	94.66	2.290	0.99	壤质砂土
	L2	2.08	7.16	90.76	2.342	0.97	壤质砂土
	L3	4.46	20.60	74.94	2.475	0.95	砂质壤土
	L4	8.19	27.09	64.72	2.497	0.97	砂质壤土
中游	L5	4.53	14.99	80.48	2.467	0.97	砂质壤土
	L6	3.24	12.86	83.90	2.468	0.98	砂质壤土
	L7	4.74	21.64	73.62	2.480	0.95	砂质壤土
下游	L8	6.17	24.84	68.99	2.521	0.94	砂质壤土
	L9	6.97	18.83	74.20	2.540	0.97	砂质壤土
	L10	9.21	36.18	54.61	2.548	0.95	壤土
	L11	9.20	36.51	54.29	2.550	0.98	壤土
河口	L12	10.67	35.06	54.27	2.593	0.92	壤土

从整体上看，灵山港沿线滩地上土壤的分形维数分布在 2.290～2.593，在纵向上呈现出增大趋势。位于沐尘水库下游的沐尘村滩地（L1），其砂粒体积分数高达 94.66%，黏粒体积分数则仅有 1.33%，该滩地的分形维数值为 2.290，显著低于下游的其他滩地（$P<0.05$）。而位于河口处的彩虹桥滩地（L12），其黏粒体积分数在 12 个滩地中最高，为 10.67%，砂粒体积分数最低，为 54.27%，其分形维数值为 2.593。经过皮尔逊相关性检验（双侧），分形维数与黏粒体积分数的正相关性达到极显著水平（$P<0.01$），与砂粒体积分数的负相关性也达到极显著水平（$P<0.01$）。此现象表明，从上游至下游，土壤分形维数随着黏粒体积分数的增大以及砂粒体积分数的减小而增大。将河道在纵向上划分成上中下游以及河口段进行分析发现，分形维数在上游和下游段具有较明显的增大趋势。受到河道坡降的影响，灵山港上游的土壤分形维数增加幅度最大，增加幅度为 0.207，故上游段土壤颗粒沿程细化程度最为明显。中游段土壤分形维数没有明显的变化趋势，这与中游段黏粒和砂粒体积分数无明显变化的规律相一致。

砂粒体积分数沿程减小，黏粒体积分数沿程增大。一方面，由于砂粒颗粒体积较大，在随水流运移过程中会优先沉积；另一方面，砂粒在运动过程中受到水流冲刷、自身滚动、发生碰撞等作用会被磨圆细化，从而变成小颗粒。大颗粒随着搬运距离的增加而细化得更为明显，这就造成下游细颗粒体积分数的增加。

2. 土壤横向分布特征

选择上游的溪口四桥滩地（L2）、中游的周村滩地（L7）和下游的高铁桥滩地（L11）为典型例子，分析土壤分形维数的横向分布特征。将现场测得的滩地 GPS 形状图导入 Suffer 11 中，并进行数字化处理。输入分形维数和其对应的位置坐标，对边缘和内部的分形维数采用克里金（Kriging）方式进行插值处理。将数字化后的图像外围进行空白化处理，从而得到滩地土壤分形维数空间分布图。三个典型滩地上土壤分形维数的空间分布如图 3.10～图 3.12 所示。从这些图中可以看出，滩地土壤分形维数在横向上具有明显的分区特征，即从近水边到近岸方向，滩地土壤分形维数逐渐增大。

上游溪口四桥滩地土壤分形维数的空间分布等值线如图 3.10 所示。由图 3.10 可以看出，在溪口四桥滩地的滩中位置，随着离水距离的增加，土壤分形维数值存在明显的增大趋势，此现象表明随着离水距离的增加，黏粒含量增多，而砂粒含量减少。滩头土壤分形维数随着离水距离增大而减小，滩尾土壤分形维数表现为先增大后减小，这与采样点位置的区域水动力条件、植被覆盖条件以及离水距离等因素密切相关（颜世委，2014）。另外，由于溪口四桥滩地两边均过水，故离主河槽较远的一侧分形维数也偏低，上游来水经过滩头时，在滩头分流，其中一束水流从滩地内侧经过，内侧边缘土壤受到水流冲刷作用，小颗粒流失。因此，上游溪口四桥滩地土壤分形维数总体呈现出临近水边低、滩内地貌较高的特点。

中游周村滩地土壤分形维数的空间分布等值线如图 3.11 所示。由图 3.11 可以看出，在滩头和滩中位置，土壤分形维数随着离水距离的增加而增大，滩头和滩中土壤颗粒中的砂粒和黏粒随着离水距离的增加分别呈现减少和增大的趋势，而滩尾则相反。滩中分形维数的等值线呈条带状分布，即滩中分形维数在横向上具有较为明显的分区特征，而滩头和滩尾的分形维数的等值线则呈"山脊""山谷"状分布，此现象进一步表明分形维数的变化不仅受离水距离的影响，还受其他因素的影响。

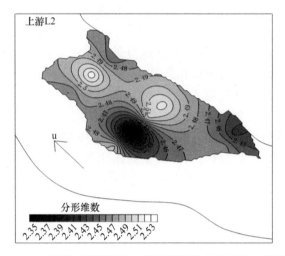

图 3.10 上游溪口四桥滩地土壤分形维数的空间分布等值线

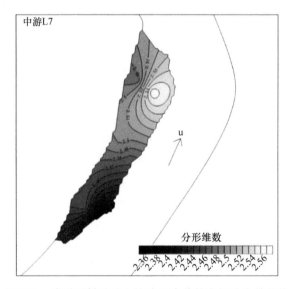

图 3.11 中游周村滩地土壤分形维数的空间分布等值线

下游高铁桥滩地土壤分形维数的空间分布等值线如图 3.12 所示。由图 3.12 可以看出，相比于溪口四桥滩地和周村滩地，下游高铁桥滩地分形维数的横向分区特征更为明显，其分形维数等值线呈明的条带状分布。随着离水距离的增加，分形维数逐渐增大，即黏粒含量逐渐增多，而砂粒含量逐渐减少。在滩头上，从近水边到近岸点，土壤分形维数从 2.394 增大到 2.595，滩中土壤分形维数则从 2.441 增大到 2.488，滩尾分形维数从 2.528 增大到 2.550，其增大的幅度最小。

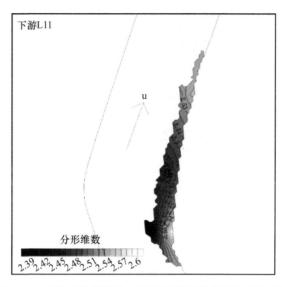

图 3.12　下游高铁桥滩地土壤分形维数的空间分布等值线

为进一步确定滩地土壤分形维数的横向分区范围，借助半变异函数研究滩中土壤分形维数的空间相关性，半变异函数特征的示意图如图 3.13 所示。由图 3.13 可知，半变异函数图主要通过块金值、偏基台值、基台值和变程四个参数来反映采样点之间的空间关系。理论上，当两个采样点间的距离为 0 时，半变异函数值应为 0，但由于测量存在误差，或采样点间的数据来源可能不同（Chang，2001），当两个采样点非常接近时，其半变异函数值不为 0，从而产生块金值。当两个采样点间距离增大，半变异函数值达到一个稳定值时，两个采样点间的距离称为变程，其对应的半变异函数值为基台值，变程值越大，说明其变异性越大。基台值与块金值的差值即为偏基台值。由此可以得到，采样点距离在变程范围内时，样点间距离越小，其空间相关性越大，当两个采样点间距离超出变程值时，则空间相关性消失。

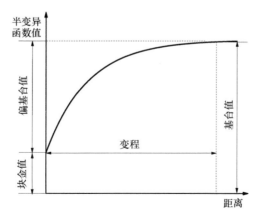

图 3.13　半变异函数特征的示意图

半变异函数可以很好地反映土壤性质的空间连续变异情况以及采样点间的空间关系，其计算公式如式（3.6）所示（Griffith，2002）：

$$\gamma(h) = \frac{1}{2N(h)} \sum_{i=1}^{N(h)} \left[Z(x_i) - Z(x_i + h) \right]^2 \qquad (3.6)$$

式中，$\gamma(h)$ 为半变异函数值；h 为样点间的距离，m；$N(h)$ 为距离为 h 的数据点对数；$Z(x_i)$、$Z(x_i+h)$ 为采样点 x_i 和 x_i+h 处的土壤分形维数。

式（3.6）为实验半变异函数，即根据实测数据计算出来的半变异函数值，但仅通过几个实测值去描述整个研究区域的空间变异性是不合理的，因此需要利用实验半变异函数值来推断整个区域的理论空间变异性，这就需要引入相应的理论模型。常用的模型有高斯模型、指数模型和球状模型等，其计算公式如表 3.4 所示。根据数据的趋势，本研究采用的是指数模型（高君亮等，2017）。在指数模型中，有效变程 A_0 为变程 a 的 3 倍。

表 3.4　常用的半变异函数模型及计算公式

模型	计算公式	变量含义
高斯模型	$\gamma(h) = C_0 + C(1 - e^{\frac{h^2}{a^2}})$	
指数模型	$\gamma(h) = C_0 + C(1 - e^{-h/a})$	$\gamma(h)$ 为半变异函数值 C_0 为块金值，C 为偏基台值 h 为样点间的距离 a 为变程
球状模型	$\gamma(h) = \begin{cases} C_0 + C\left(\dfrac{3h}{2a} - \dfrac{1}{2}\dfrac{h^3}{a^3} \right), & 0 < h \leqslant a \\ C_0 + C, & h > a \end{cases}$	

上游溪口四桥滩地上土壤的分形维数半变异函数曲线如图 3.14 所示，从其拟合公式可以看出，变程 a 约为 8m，有效变程 A_0 约为 24m，结合曲线变化趋势，将滩中横断面划分为三个区域：①离水距离在 0～8m 的区域，由于滩地离主河槽较近，受水流条件影响较大，空间变异性较大，半变异函数值的变化 $\Delta\gamma(h)$ 约为 1.6，土壤颗粒中砂粒平均含量约 90%，其分形维数值变化较大，故将这一区域称为高变幅区。②离水距离在 8～24m 的区域，虽然受到水流条件影响减小，但滩地存在微地形的变化，滩地上易形成水流通道，从而造成小范围的颗粒迁移，该范围内的 $\Delta\gamma(h)$ 约为 0.9，土壤颗粒中砂粒含量在

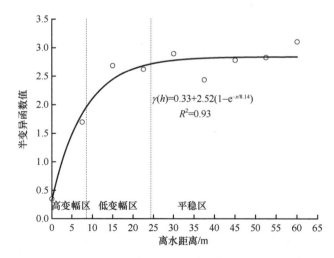

图 3.14　上游溪口四桥滩地上土壤的分形维数半变异函数曲线

80%～85%，其分形维数变化幅度减小，故将这一区域称为低变幅区。③离水距离>24m 的区域，土壤分形维数没有明显的空间变异性，$\Delta\gamma(h)$ 仅在 0.1 左右，土壤中砂粒含量普遍低于 85%，其分形维数趋于稳定，故将该区域称为平稳区。综合而言，土壤分形维数在高变幅区和低变幅区内随着离水距离的增大而增大，但在平稳区内，不再随着离水距离的变化而发生明显变化。这表明土壤分形维数在横向上的分布除了受离水距离影响外，还受到其他因素的影响。

中游周村滩地滩中土壤分形维数半变异函数曲线如图 3.15 所示。从其拟合公式可以看出，变程 a 约为 10.5m，有效变程 A_0 约为 31.5m。与上游滩地类似，中游滩地也能将滩中横断面划分为三个区域。①离水距离在 0～10.5m 的高变幅区，其 $\Delta\gamma(h)$ 约为 1.3，土壤颗粒中砂粒平均含量约为 80%，其分形维数值变化相对较大。②离水距离在 10.5～31.5m 的低变幅区，其 $\Delta\gamma(h)$ 约为 0.6，土壤颗粒中砂粒平均含量为 75%，其分形维数变化幅度减小。③离水距离>31.5m 的平稳区，该区域内分形维数没有明显的空间变异性，其 $\Delta\gamma(h)$ 仅在 0.1 左右，土壤中砂粒含量普遍低于 75%。综合而言，与上游滩地类似的是，该区域土壤分形维数在高变幅区和低变幅区内随着离水距离的增大而增大，但在平稳区内，不再随着离水距离的变化而发生明显变化。中游周村滩地变程较大，半变异函数的变化幅度相对较小，表明周村滩地土壤分形维数在较大范围内具有空间自相关性，但其变异幅度较小，这与周村滩地高程较低有关（余根昕，2018）。当上游来流量较大时，由于滩地地势较低，其淹没范围增大，并且周村滩地滩中地形较平整，受微地形影响较小，故其分形维数变化幅度较小。

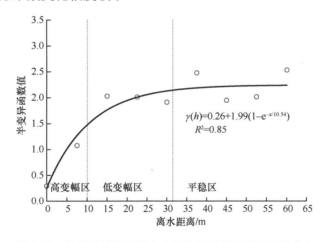

图 3.15　中游周村滩地滩中土壤分形维数半变异函数曲线

下游高铁桥滩地滩中土壤分形维数半变异函数曲线如图 3.16 所示，从其拟合公式可以看出，变程 a 约为 9m，有效变程 A_0 约为 27m。与上游和中游滩地类似，下游滩地也可将横断面划分为三个区域。①离水距离在 0～9m 的区域，其分形维数变化幅度较大，$\Delta\gamma(h)$ 约为 1.6，土壤颗粒中砂粒平均含量为 60%，故将该范围称为高变幅区。②离水距离在 9～27m 的区域，滩地土壤分形维数变化幅度减小，$\Delta\gamma(h)$ 约为 0.8，土壤颗粒中砂粒平均含量在 55%～60%，将该区域称为低变幅区。③离水距离>27m 的区域内，土壤分形维数达到稳定状态，$\Delta\gamma(h)$ 仅为 0.1，土壤中砂粒含量均低于 55%。综合而言，与上、中游滩地类似的是，该区域土壤分形维数在高变幅区和低变幅区内随着离水距离的增大而增大，但在平稳区内，不再随着离水距离的变化而发生明显变化。

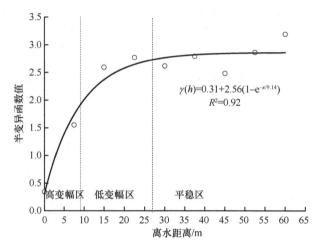

$$\gamma(h)=0.31+2.56(1-e^{-x/9.14})$$
$$R^2=0.92$$

图 3.16　下游高铁桥滩地滩中土壤分形维数半变异函数曲线

从各滩地横断面土壤分形维数的分布特征可以看出，土壤中的砂粒体积分数随着离水距离的增加而减小，黏粒体积分数随着离水距离的增加而增加。因此，土壤分形维数随着离水距离的增加而逐渐增大；同时，$\Delta\gamma(h)$ 也逐渐减小，即土壤分形维数变化幅度逐渐减小。

3. 土壤垂向分布特征

土壤颗粒组成在垂向上的变化受到自然因素和人为因素的共同作用。一方面，在周期性洪水作用下，会呈现表层粗颗粒富集，细颗粒向下层运移并沉积的分布特点；另一方面，放牧、采砂等人为活动也对土壤的垂向分布造成一定的影响。

上游滩地土壤分形维数的垂向分布如图 3.17 所示。由图 3.17 可知，上游各滩地滩头、滩中和滩尾土壤分形维数值均表现为 0~20cm 层显著小于 20~40cm 层（$P<0.05$）。也就是说，随着土层深度的增加，土壤黏粒含量逐渐增加，砂粒含量逐渐减少。但是分形维数的层间差在滩头、滩中和滩尾的表现有所不同，滩中上下层土壤分形维数层间差最大。四个典型滩地的滩中上下层土壤分形维数层间差分别为 0.037、0.077、0.022 和 0.036；滩尾的层间差最小，四个典型滩地的滩尾上下层土壤分形维数层间差分别为 0.029、0.017、0.012 和 0.019。就整块滩地而言，不同滩地的变化也不一致。例如，在溪口四桥滩地（L2），0~20cm 层和 20~40cm 层土壤分形维数的平均差值最大，达到 0.040，而下徐桥滩地（L4）0~20cm 层和 20~40cm 层土壤分形维数的平均差值最小，为 0.023。

中游滩地土壤分形维数的垂向分布如图 3.18 所示。由图 3.18 可知，中游各滩地的滩头、滩中和滩尾土壤分形维数值均表现为 0~20cm 层小于 20~40cm 层。与上游滩地不同的是，中游的寺下滩地（L5）和周村滩地（L7）上下层土壤分形维数间差异显著

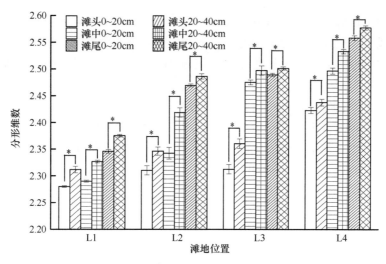

图 3.17 上游滩地土壤分形维数的垂向分布

*表示不同深度间差异显著（P<0.05）

（P<0.05），而梅村滩地（L6）上下层土壤分形维数间差异并不显著（P>0.05），梅村滩地周围围堰施工，淤积物的挖填对土壤产生了扰动，从而减小上下层土壤颗粒在组成上的差异。寺下滩地（L5）和周村滩地（L7）上下层土壤分形维数的层间差表现为：滩头>滩中>滩尾，这与滩地的发展模式有关（李志威等，2013）。当上游来流接近滩头时，受到滩地的阻挡作用，在滩头形成壅水，流速降低，水流挟沙能力降低，促使部分悬移质在滩头淤积。当水流流至滩中时，水面继续束窄，水深继续升高，悬移质继续淤积。当水流行至滩尾时，由于滩地束窄，流速沿程变化较大，水流紊动性增强，易出现涡流，从而使得水流挟沙能力增大，水流对滩尾持续进行冲刷。故滩地在长期的演变过程中，滩尾淤积量小，滩头淤积量大，新覆盖的土壤颗粒与早期覆盖的土壤颗粒之间因为来源和组成上的不同，造成滩尾 0~20cm 层和 20~40cm 层土壤颗粒分形维数相差小，滩头相差大的分布特征。

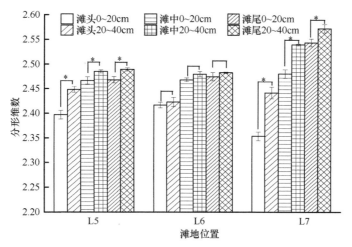

图 3.18 中游滩地土壤分形维数的垂向分布

*表示不同深度间差异显著（P<0.05）

下游滩地土壤分形维数的垂向分布如图 3.19 所示。由图 3.19 可知，下游除姜席堰滩地（L8）滩中 0~20cm 和 20~40cm 层土壤的分形维数之间差异不显著外，其余各滩地滩头、滩中和滩尾土壤分形维数值均表现为 0~20cm 层显著小于 20~40cm 层（P<0.05）。姜席堰滩地的施工对滩地土壤造成了扰动，从而使得上下层土壤之间的差异性减弱。与上游和中游相比，下游段河道周围居住人口增多，受到人为因素的影响增大，人为扰动使得下游滩地上下层土壤分形维数差异较小。其中，0~20cm 和 20~40cm 层土壤分形维数平均差值最大的是上杨村滩地（L10）和高铁桥滩地（L11），均为 0.026，最小的是姜席堰滩地（L8），为 0.018。

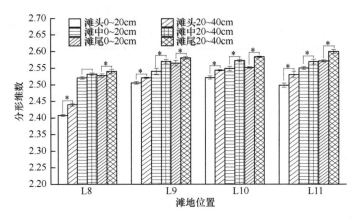

图 3.19 下游滩地土壤分形维数的垂向分布
*表示不同深度间差异显著（P<0.05）

3.3.2 卵砾石的空间分布特征

1. 纵向分布特征

灵山港各滩地卵砾石的粒径范围、颗粒体积分数及分形维数如表 3.5 所示。由表 3.5 可知，灵山港各滩地卵砾石的粒径分布在 2~591mm，除个别滩地外，各滩地砾石粒径>100mm 的体积分数最大，处于 57.31%~98.64%，而彩虹桥滩地（L12）砾石粒径在 20~100mm 的体积分数最大，为 88.20%，反映了大颗粒在随水流运动过程中的优先沉积现象。在各滩地中，沐尘村滩地（L1）的砾石粒径分布范围最广，为 2~591mm。彩虹桥滩地（L12）砾石粒径分布范围最小，为 5~108mm。由于山区河流坡降较大，并且从上游至下游逐渐减小，水流动能随之减小，并且颗粒具有分选作用，使得滩地砾石粒径逐渐减小。

根据式（3.5），可计算得出砾石分形维数，如表 3.5 所示。由表 3.5 可知，各滩地砾石的平均分形维数在 2.325~2.516。砾石分形维数在纵向上具有明显的分段特征，上中下游及河口段砾石分形维数的平均值分别为 2.351、2.379、2.406 和 2.516，从上游至下游呈现出逐渐增大的态势。砾石分形维数最小的滩地为沐尘村滩地（L1），为 2.325，该滩地砾石粒径>100mm 的颗粒体积分数最大，为 98.64%。砾石分形维数最大的滩地为河口的彩虹桥滩地（L12），为 2.516，该滩地砾石粒径>100mm 的颗粒体积分数最小，为 9.01%。

表 3.5　灵山港各滩地卵砾石粒径范围、颗粒体积分数及分形维数

河段	滩地编号	粒径范围/mm	颗粒体积分数/%			分形维数
			2～20mm	20～100mm	>100mm	
上游	L1	2～591	0.40	0.96	98.64	2.325±0.123
	L2	6～299	0.39	42.30	57.31	2.348±0.072
	L3	3～284	0.44	35.74	63.82	2.359±0.075
	L4	3～140	0.93	25.86	73.21	2.370±0.072
中游	L5	2～260	0.04	13.92	86.05	2.380±0.081
	L6	4～369	0.03	14.35	85.61	2.390±0.075
	L7	2～219	0.21	17.59	82.20	2.367±0.092
下游	L8	3～260	0.18	20.08	79.92	2.394±0.072
	L9	7～272	0.09	16.88	83.03	2.403±0.065
	L10	4～268	0.26	34.82	64.92	2.410±0.068
	L11	3～272	0.35	36.94	62.71	2.418±0.067
河口	L12	5～108	2.79	88.20	9.01	2.516±0.035

这表明砾石分形维数在一定程度上也反映了砾石粒径大小，即砾石分形维数越大，颗粒粒径越小；砾石分形维数越小，颗粒粒径越大。

由于砾石在空间上的变异性主要是由水流和滩地特征的空间变异性所引起（Arnott，2015），尤其是近水边区域的砾石受其影响最为明显，空间变化也最剧烈，故在分析纵向变化时，选择离水 5m 处的砾石分形维数进行分析，更能反映砾石在纵向上的变异性。据此，分别计算出各滩地近水边砾石分形维数，滩地砾石分形维数的纵向变化如图 3.20 所示。由图 3.20 可知，各滩地砾石分形维数从上游至下游逐渐增大，并且上游段砾石分形维数增加幅度最大，增大了 0.107，中游段砾石分形维数的增大幅度最小，为 0.020。这是由于中游滩地砾石粒径分布均匀且分布范围较小。进一步分析粒径>100mm 的砾石颗粒体积分数变化，如图 3.21 所示。对比图 3.20 和图 3.21 可知，砾石分形维数随着粒径>100mm 的砾石颗粒体积分数的减小而增大，且砾石分形维数值增大得越快，粒径>100mm 砾石颗粒体积分数减小得就越快。然而，在图 3.21 中，上游段从溪口四桥滩地（L2）到下徐桥滩地（L4），粒径>100mm 的砾石颗粒体积分数逐渐增大，表明砾石

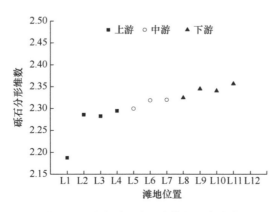

图 3.20　滩地砾石分形维数的纵向变化

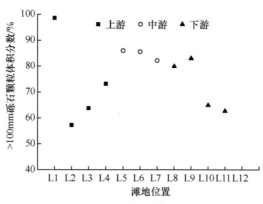

图 3.21　粒径>100mm 的砾石颗粒体积分数的变化

分形维数的变化不仅与粒径>100mm 的砾石颗粒有关，还受到其他粒级颗粒的影响。根据现场调查和数据分析，滩地上的砾石一方面在水流作用下，受到其自身重力的影响，大颗粒砾石优先沉积，另一方面受滩地附近堰坝工程的影响，砾石颗粒并非呈现绝对的沿程细化特征。

2. 横向分布特征

现场调查结果发现，灵山港沿线滩地上砾石主要分布在临水一侧的近水区域，经过进一步测量，各滩地中砾石分布宽度见表 3.6。从表 3.6 可以看出，灵山港沿线滩地上砾石分布宽度在 57m 内。其中，沐尘村滩地中滩头区域的砾石分布宽度最大，滩头区域整个横断面上均为砾石，其宽度为 57m。砾石分布宽度最小的滩地是寺下滩地，仅在滩头区域出现了 3.2m 宽的砾石。另外，溪口四桥、江潭、梅村、周村和姜席堰 5 个滩地在滩头、滩中和滩尾区域均有砾石分布，其余滩地的砾石多出现在滩头。而彩虹桥滩地的砾石主要出现在滩尾，这与彩虹桥滩地的高程变化以及灵山港和衢江的交汇有关。该滩地滩头和滩中离水面高差大多在 2m 左右，难以形成漫滩水流，鲜有大颗粒淤积，故该滩地上的砾石多是人为活动或周边施工的弃渣。

表 3.6　各滩地中砾石分布宽度　　　　　　　（单位：m）

滩地编号	位置	砾石分布宽度		
		滩头	滩中	滩尾
L1	沐尘村	57.0	6.8	0.0
L2	溪口四桥	14.7	6.8	3.5
L3	江潭	12.5	7.0	19.0
L4	下徐桥	20.2	0.0	0.0
L5	寺下	3.2	0.0	0.0
L6	梅村	8.7	14.4	7.0
L7	周村	2.7	18.2	6.5
L8	姜席堰	26.3	45.3	12.7
L9	寺后	20.4	0.0	0.0
L10	上杨村	13.0	0.0	0.0
L11	高铁桥	24.5	7.0	0.0
L12	彩虹桥	0.0	0.0	4.8

　　为进一步研究滩地砾石的横向分布特征，从上中下游滩地中分别选取一个滩地分析灵山港滩地砾石的组成和分形维数的横向分布特征，上游选择溪口四桥滩地（L2），中游选择周村滩地（L7），下游选择高铁桥滩地（L11）。因这三个滩地中砾石分布宽度不同，且大多分布宽度较窄，故在各个滩地的横断面上选择近水边、中间点及近岸点三个位置，分别对砾石颗粒体积分数及分维数进行统计计算，计算结果如表 3.7 所示。

表 3.7　滩地砾石颗粒体积分数及分形维数

河段	横向位置	颗粒体积分数/%			分形维数	R^2
		2～20mm	20～100mm	>100mm		
上游（L2）	近水边	0.14±0.01[a]	38.57±3.05[a]	61.29±5.86[a]	2.286±0.01[a]	0.934
	中间点	0.39±0.02[b]	40.94±3.69[a]	58.67±2.25[a]	2.366±0.04[b]	0.911
	近岸点	0.58±0.03[c]	49.73±3.50[b]	49.69±2.65[b]	2.429±0.04[c]	0.917
中游（L7）	近水边	0.17±0.01[a]	15.34±1.27[a]	84.49±4.95[a]	2.320±0.04[a]	0.903
	中间点	0.27±0.02[b]	17.25±1.32[a]	82.48±4.29[a]	2.380±0.02[b]	0.907
	近岸点	0.34±0.01[c]	23.34±3.06[a]	76.32±3.16[a]	2.452±0.01[c]	0.909
下游（L11）	近水边	0.34±0.02[a]	28.22±1.85[a]	71.44±3.12[a]	2.358±0.03[a]	0.984
	中间点	0.38±0.04[ab]	35.42±2.69[b]	64.20±3.52[b]	2.407±0.04[b]	0.906
	近岸点	0.42±0.03[b]	36.58±2.49[b]	63.00±3.68[b]	2.490±0.02[c]	0.913

注：a 表示差异显著水平为 $P<0.05$；b 表示差异显著水平为 $P<0.01$；c 表示差异显著水平为 $P<0.001$。

　　从表 3.7 可以看出，灵山港滩地砾石横向分布具有明显的分区特征。其中，上游段滩地中，粒径在 2～20mm 的砾石颗粒体积分数在近水边、中间点和近岸点位置均呈现出显著差异，其中近水边位置的砾石颗粒体积分数显著低于中间点和近岸点位置；粒径在 20～100mm 的砾石颗粒体积分数在近岸点位置显著大于近水边和中间点位置；粒径>100mm 的砾石颗粒体积分数在近岸点位置显著小于近水边和中间点位置，与粒径在 20～100mm 的砾石颗粒体积分数变化相反。中游段滩地中，粒径在 2～20mm 的砾石颗粒体积分数与上游段滩地一致，三个位置之间均存在显著差异，其大小顺序为：近水边<中间点<近岸点；粒径在 20～100mm 的砾石颗粒体积分数表现为在近岸点位置显著大于近水边和中间点位置；而粒径>100mm 的砾石颗粒体积分数在三个位置之间的差异均不显著。下游段滩地中，粒径在 2～20mm 的砾石颗粒体积分数在近水边位置最低，在近岸点位置最高，且显著高于近水边位置；粒径在 20～100mm 的砾石颗粒体积分数在近岸点和中间点位置显著高于近水边位置，且近岸点位置和中间点位置间的差异不显著；粒径>100mm 的砾石颗粒体积分数与粒径在 20～100mm 的砾石颗粒体积分数变化正好相反。总体而言，在滩地近水边，粒径在 2～20mm 的砾石颗粒体积分数低于近岸点，而粒径>100mm 的砾石颗粒体积分数则高于近岸点，这种情况进一步证明了从近水边到近岸点，细砾石增多而粗砾石减少的变化规律。

　　由表 3.7 还可以看出，各滩地中的相关系数 R^2 均高于 0.9，表明滩地砾石在结构上具有自相似性，且呈现出具有明显的分形特征。从近水边到近岸点位置，上游滩地中砾石分形维数分别为 2.286、2.366 和 2.429，中游滩地中砾石分形维数分别为 2.320、2.380和 2.452，下游滩地中砾石分形维数分别为 2.358、2.407 和 2.490。由此可见，上中下游河段滩地中的砾石分形维数均呈现为从近水边到近岸点位置逐渐增大的态势，且在各滩地横向的三个位置上均表现为显著差异性。对比砾石分形维数和各粒级砾石颗粒体积分数可知，各河段近岸点分形维数最大，其对应具有最大体积分数的 2～20mm 颗粒以及最小体积分数的>100mm 颗粒；在近水边砾石分形维数最小，其对应具有最小体积分数的 2～20mm 颗粒和最大体积分数的>100mm 颗粒。这一结果表明分形维数能够反映砾石颗粒的组成情况，即砾石分形维数越大，细砾石体积分数越高，粗砾石体积分数越低。

3. 垂向分布特征

从现场实际情况来看，砾石在垂向上存在显著差异性。上游滩地砾石分形维数的垂向分布如图 3.22 所示。由图 3.22 可知，上游滩地上层砾石的分形维数均显著小于下层（$P<0.05$），具有明显的分层特征。上层砾石分布较为广泛，且以大颗粒为主，下层砾石则以细砾为主，分布较为分散。对此，Lecce（1997）提出，当地表径流增加时，细颗粒随水流向下运动及迁移，从而使得表层颗粒更粗。各滩地上下层分形维数层间差从沐尘村滩地（L1）至下徐桥滩地（L4）逐渐增大，其中沐尘村滩地层间差最小，为 0.021，下徐桥滩地层间差最大，为 0.052。

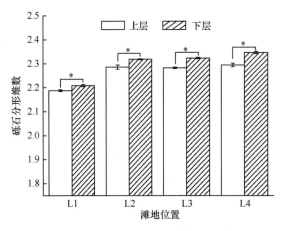

图 3.22　上游滩地砾石分形维数的垂向分布
*表示同一滩地不同垂向位置差异显著（$P<0.05$）

中游滩地砾石分形维数的垂向分布如图 3.23 所示。由图 3.23 可知，中游各滩地上层砾石分形维数均显著小于下层砾石分形维数（$P<0.05$）。其中，寺下滩地（L5）和梅村滩地（L6）上下层砾石分形维数的层间差分别为 0.039 和 0.031，周村滩地（L7）上下层砾石分形维数的层间差为 0.060。周村滩地上层砾石颗粒粒径分布范围较窄，且砾石颗粒较小，更容易穿过大颗粒之间的缝隙向下层运动，故下层砾石分形维数较大，进而造成上下层分形维数的层间差较大。

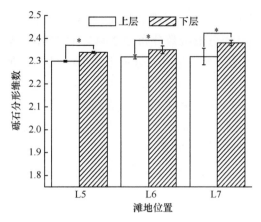

图 3.23　中游滩地砾石分形维数的垂向分布
*表示同一滩地不同垂向位置差异显著（*P*<0.05）

下游滩地砾石分形维数的垂向分布如图 3.24 所示。由图 3.24 可知，下游各滩地上层砾石分形维数均显著小于下层砾石分形维数（*P*<0.05）。各滩地上下层砾石分形维数的层间差从姜席堰滩地（L8）到高铁桥滩地（L11）逐渐减小。其中，姜席堰滩地上下层砾石分形维数的层间差最大，为 0.048，高铁桥滩地上下层砾石分形维数的层间差最小，为 0.037。这一现象表明，上下层砾石在不断细化的过程中，上层砾石细化的速度比下层砾石更快。

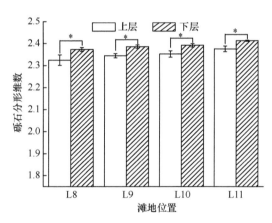

图 3.24　下游滩地砾石分形维数的垂向分布
*表示同一滩地不同垂向位置差异显著（*P*<0.05）

灵山港沿线各滩地的砾石分形维数在垂向上均呈现出上层砾石分形维数显著小于下层砾石分形维数的特征（*P*<0.05），具有明显的分层特性。具体而言，上层砾石分布范围较广，颗粒较大，下层砾石数量较少，分布较为分散，以细砾为主。

3.3.3　基质组成的空间变异性特征

滩地基质分形维数变异性特征如表 3.8 所示。由表 3.8 可知，上游段滩地基质分形维数处于 2.306～2.516，变异系数在 0.10%～0.31%，其中溪口四桥滩地（L2）上层变异系数最大，分形维数分布最为广泛，沐尘村滩地（L1）上层变异系数最小，分形维数分布相对较窄。中游段滩地基质分形维数分布在 2.444～2.518，变异系数在 0.16%～0.49%，其中周村滩地（L7）上层变异系数最大，分形维数分布最广，寺下滩地（L5）下层变异系数最小，分形维数分布最窄。下游段滩地基质分形维数分布在 2.485～2.619，变异系数在 0.09%～0.37%，其中高铁桥滩地（L11）上层变异系数最大，分形维数分布最广，上杨村滩地（L10）下层变异系数最小，分形维数分布相对较窄。各滩地淤积物分形维数空间变异系数均小于 10%，属于弱变异性。

表 3.8　滩地基质分形维数变异性特征

河段	编号	分层	均值	标准差	变异系数/%	最大值	最小值
上游	L1	上层	2.306	0.002	0.10	2.346	2.281
		下层	2.338	0.004	0.16	2.375	2.312
	L2	上层	2.450	0.008	0.31	2.525	2.310
		下层	2.417	0.007	0.29	2.486	2.346
	L3	上层	2.426	0.005	0.22	2.489	2.313
		下层	2.453	0.007	0.28	2.501	2.360
	L4	上层	2.493	0.005	0.21	2.558	2.423
		下层	2.516	0.005	0.19	2.577	2.438
中游	L5	上层	2.444	0.008	0.31	2.468	2.397
		下层	2.474	0.004	0.16	2.489	2.448
	L6	上层	2.453	0.006	0.24	2.475	2.417
		下层	2.462	0.005	0.22	2.483	2.423
	L7	上层	2.462	0.012	0.49	2.543	2.354
		下层	2.518	0.007	0.29	2.572	2.442
下游	L8	上层	2.485	0.004	0.16	2.528	2.408
		下层	2.504	0.005	0.19	2.540	2.440
	L9	上层	2.537	0.007	0.27	2.564	2.505
		下层	2.557	0.004	0.15	2.580	2.521
	L10	上层	2.540	0.005	0.19	2.551	2.521
		下层	2.566	0.002	0.09	2.584	2.543
	L11	上层	2.549	0.009	0.37	2.571	2.498
		下层	2.566	0.008	0.30	2.599	2.530
河口	L12	上层	2.594	0.009	0.33	2.623	2.565
		下层	2.619	0.006	0.24	2.647	2.579

为深入探究基质分形维数的空间变异性，进而寻求受外界条件影响较大的区域，本章根据数据散点的连续性和趋势，采用半变异函数中的指数模型对 70%的滩地淤积物分形维数进行模型拟合，并利用剩下 30%的数据进行验证，其拟合结果如表 3.9 所示。由表 3.9 可知，该模型拟合曲线的相关系数均大于 0.82，表明该模型的拟合效果较好。各滩地监测断面的变程均大于或等于两个采样点之间的距离，此现象表明相邻采样点之间均存在空间相关性。样点间分形维数值的空间变异性除了受到空间自相关的影响外，还

受到不可预测但又可测定的性质（即随机性）的影响，而这可以由块金值与基台值的比值来进行估计，当该比值较小时，说明空间变异程度主要是由结构因子引起，该结论与 Yu 等（2008）学者的研究结论一致。寺后滩地（L9）、上杨村滩地（L10）和彩虹桥滩地（L12）基质的块金值与基台值的比值分别为 0.250、0.280 和 0.257，此现象表明随机因素（如流速、水深和人为因素等）在这三个滩地的空间变异性中占主导地位，而其他滩地的块金值与基台值的比值均小于 0.250，表明结构因子（如滩地形态、滩地高程和周边水工建筑物等）在这些滩地的空间变异性中占据主导地位。

表 3.9　基质分形维数的半变异函数拟合值

滩地编号	块金值	基台值	块金值/基台值	变程/m	有效变程/m	滩中宽度/m	R^2
L1	0.29	2.80	0.104	11.37	34.11	54.9	0.97
L2	0.33	2.85	0.116	8.14	24.42	51.9	0.93
L3	0.26	2.72	0.096	9.71	29.13	48.6	0.99
L4	0.36	1.68	0.214	11.38	34.14	44.7	0.98
L5	0.39	1.74	0.224	11.59	34.77	37.6	0.95
L6	0.37	1.67	0.222	10.82	32.46	39.1	0.98
L7	0.26	2.25	0.116	10.54	31.62	58.8	0.85
L8	0.36	1.67	0.216	10.80	32.40	59.4	0.96
L9	0.51	2.04	0.250	16.43	49.29	67.5	0.96
L10	0.45	1.61	0.280	7.50	22.50	22.8	0.82
L11	0.31	2.87	0.108	9.14	27.42	35.0	0.92
L12	0.47	1.83	0.257	10.60	31.80	69.0	0.99

3.4　本 章 小 结

灵山港沿线滩地的基质由砾石和土壤组成，以土壤为主，其平均体积分数为 82.46%，砾石体积分数为 17.54%左右。基质分形维数的平均值为 2.563，从灵山港上游至河口（即灵山港与衢江的汇合口），滩地基质分形维数呈现出逐渐增大的态势。灵山港沿线滩地基质的空间变异程度差异性较大，其中沐尘村滩地（L1）表层基质的变异系数最小，为 0.10%，高铁桥滩地（L11）表层基质的变异系数最大，为 0.37%，且在纵向、横向和垂向上，基质的空间分布受到不同因素的影响，结构因子是基质分布空间变异性的主要影响因素。

土壤以 0.02～2mm 的砂粒为主，其体积分数大于 40%。在纵向上，滩地土壤分形维数随着黏粒体积分数增大以及砂粒体积分数的减小而增大。在横向上，土壤分形维数分布可以分为高变幅区、低变幅区和平稳区，上、中、下游的高变幅区分别在离水边缘的 0～8m、0～10.5m 和 0～9m，低变幅区分别在离水边缘的 8～24m、10.5～31.5m 和 9～27m，平稳区则位于低变幅区边界到堤脚边范围内。在高、低变幅区内，分形维数随着离水边缘距离的增大而增大，在平稳区内则无明显变化。在垂向上，上中下游滩地滩头、滩中和滩尾土壤分形维数值均表现为 0～20cm 层小于 20～40cm 层，但其层间差异的显著性有所不同。

滩地砾石粒径处于 2~591mm，以粒径>100mm 的砾石为主，其体积分数在 50%以上，砾石分形维数分布在 2.325~2.516。在纵向上，上游、中游、下游及河口段的砾石分形维数分别为 2.351、2.379、2.406 和 2.516，呈现出从上游至下游逐渐增大的态势，具有明显的分段特征；在横向上，滩地砾石主要分布在离水边缘距离约 57m 的区域范围内，其中沐尘村滩地（L1）砾石分布宽度最大，寺下滩地（L5）砾石分布宽度最小，砾石分形维数大小顺序为近水边<中间点<近岸点，具有明显的分区特征；在垂向上，上中下游滩地砾石分形维数均表现为下层砾石分形维数显著大于上层砾石分形维数（$P<0.05$），具有明显的分层特征。

第 4 章　滩地植被分布与数量波动

4.1　调查与分析方法

4.1.1　调查点布置

滩地植被和环境因子通过布置监测断面及样方进行监测及取样。监测断面的选择应具有典型性和代表性，本章研究选择 11 个典型滩地开展调查研究。上游区段的典型滩地溪口四桥滩地（L1）、江潭滩地（L2）和下徐桥滩地（L3）；中游区段的典型滩地包括寺下滩地（L4）、梅村滩地（L5）和周村滩地（L6）；下游区段的典型滩地包括姜席堰滩地（L7）、上杨村滩地（L8）、寺后滩地（L9）、高铁桥滩地（L10），河口段的典型滩地包括彩虹桥滩地（L11）。每个典型滩地内分别在滩头、滩中和滩尾布置 3 个监测断面，以姜席堰滩地为例，监测断面布置如图 4.1 所示。

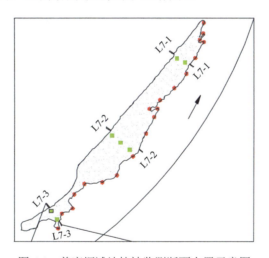

图 4.1　姜席堰滩地植被监测断面布置示意图

4.1.2　植被调查方法

采用样方法对植被群落展开调查（朱星学等，2020）。其中，草本植被样方大小设定为 1m×1m，灌木植被样方大小为 5m×5m，乔木植被样方大小为 10m×10m，记录在样方中出现的所有植被种类，测定灌木和草本植被的株数、高度和盖度，测定乔木的株数、胸径、高度和冠幅。在每个监测断面上沿水边到坡脚的方向，根据滩地宽度情况布设数量不等的草本样方（1m×1m）、灌木样方（5m×5m）和乔木样方（10m×10m）。

姜席堰滩地植被样方布置如图 4.2 所示，调查监测断面与样方信息如表 4.1 所示。

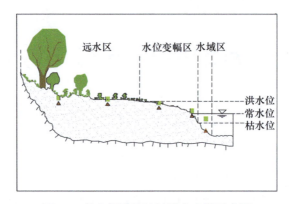

图 4.2　姜席堰滩地植被样方布置示意图

表 4.1　调查监测断面与样方信息

调查断面编号	位置	经度（E）	纬度（N）	取样样方个数/个
L1	溪口四桥	119°09′53.68″	28°51′46.28″	8
L2	江潭	119°09′41.26″	28°51′54.92″	6
L3	下徐桥	119°09′46.73″	28°53′18.95″	6
L4	寺下	119°09′33.95″	28°53′35.25″	5
L5	梅村	119°08′51.57″	28°53′48.08″	5
L6	周村	119°08′00.62″	28°54′00.41″	6
L7	姜席堰	119°10′32.99″	28°57′56.34″	6
L8	上杨村	119°10′58.23″	29°03′00.46″	6
L9	寺后	119°10′29.33″	29°00′09.82″	6
L10	高铁桥	119°10′28.31″	29°00′07.38″	9
L11	彩虹桥	119°11′00.21″	29°03′06.41″	9

刈割样方内草本植物，带回实验室，以测定其生物量。植物种类依据《中国植物志·第一卷：总论》（中国科学院中国植物志编辑委员会，2004）和《中国高等植物图鉴（补编）：第一册》（中国科学院植物研究所，1982）来鉴定。植被调查监测与取样自2015 年开始，于每年的 4 月和 10 月进行。植被调查工作如图 4.3 所示。

图 4.3　植被调查工作照

4.1.3　环境因子调查方法

本研究共选取了地形、土壤以及水文因子这 3 类环境因子展开调查。地形因子包括相对水面高差（relative water surface elevation，RE）、离水边距离（distance from water，D）、海拔（elevation，ELEV）、坡向（aspect，ASP）、坡度（slope，SA）；土壤因子包括土壤质地（soil texture，TEX）、土壤容重（soil bulk density，BD）、土壤含水率（soil moisture content，MC）、土壤渗透系数（hydraulic conductivity of soil，Ks）、土壤 pH（pH）、土壤全磷含量（total phosphorus content，TP）；水文因子包括流速（flow velocity，V）、水深（depth of water，H）。

在每个样方内，用水准仪与皮尺仪测量样方中心位置到水边的水平距离和样方中心位置与水面的垂向距离，并将二者分别作为离水边距离和相对水面高差；用手持式 GPS 定位仪测定海拔；用罗盘仪测定坡向和坡度。

选取样方内表层向下 0～20cm 的土壤剖面为取样层，分别采集原状土（用于测定土壤容重、土壤含水率以及土壤渗透系数）和扰动土（用于测定土壤质地、土壤 pH 以及土壤全磷含量）。土壤因子的具体监测方法见第 3 章。

在监测断面的临水边缘位置，用水深仪测量边缘区域的水深，用手持式流速仪监测滩地边缘水流流速，以便于计算弗劳德数（Fr）。水文因子监测如图 4.4 所示。

图 4.4　水文因子监测

4.1.4　植被生物量测定与计算

利用天平与恒温干燥箱，采用烘干法测定植被生物量。将草本植被样品放入烘箱中，在 105℃的条件下进行 40min 的杀青处理，随后将烘箱调至 75℃，持续烘干至恒重并取出，用精度为 0.01 的天平进行称重，记录每种植物的干重，记为 W_i。样方内草本植被的生物量按照式（4.1）进行计算。植被生物量的测定在河海大学农业工程实验中心开展。

$$W = \sum \frac{W_i}{A} \qquad (4.1)$$

式中，W 为植被生物量，g/m^2；W_i 为每种植物的干重，g；A 为植被样方的面积，m^2。

4.1.5　数据处理方法

（1）主要植被参数及处理方法。采用植物多样性指数、生物量、空间测度指数（混交度）、分布均匀度（角尺度）以及叶面积指数（LAI）来反映草本植被及木本植被的分布特征。混交度（M）、角尺度（W）、叶面积指数分别用于反映乔木的分隔程度、分布均匀性及植被群落生命活力和环境效应（李斌，2016）。各个指数的计算方法如式（4.2）～式（4.7）所示。

植物多样性指数（李悦等，2011）：$H = -\sum P_i \ln P_i$ ，$P_i = n_i / N$ 　　(4.2)

式中，H 为植物多样性指数；P_i 为第 i 种植物的相对丰富度，其计算式为 $P_i = n_i / N$ （n_i 为第 i 种植物的株数；N 为植物的总株数）。

草本植物生物量（余根听等，2017；余根听，2019）：　$C = \sum C_i / A$ 　　(4.3)

式中，C 为草本植物生物量，g/m^2；C_i 为每种草本植物的干重，g；A 为草本植被样方的面积，m^2。

林木生物量（宋绪忠，2005）：　　　　　　$B = 0.0172D^2 h$ 　　　(4.4)

式中，B 为林木生物量，kg；D 为林木胸径，cm；h 为林木树高，m。

空间尺度指数（混交度）（惠刚盈等，2008）：$M_i = \sum_{j=1}^{4} v_{ij} / 4$ ，$M = \sum_{i=1}^{K} M_i / K$ (4.5)

式中，M_i 为林木 i 的混交度；v_{ij} 表示参照木 i 与相邻木 j 的身份关系，当 i 与 j 为同一物种时，$v_{ij} = 0$，否则 $v_{ij} = 1$；M 为平均混交度；K 为林木个体总数。

分布均匀度（角尺度）（惠刚盈等，2004）：$W_i = \sum_{j=1}^{4} z_{ij} / 4$ 　$W = \sum_{i=1}^{K} W_i / K$ 　(4.6)

式中，W_i 为林木 i 的角尺度；z_{ij} 表示参照木 i 与相邻木 j 所构成的夹角 α 与标准角 α_0（$\alpha_0 = 72°$）的关系，当 $\alpha > \alpha_0$ 时，$z_{ij} = 0$，否则 $z_{ij} = 1$；W 为平均角尺度；K 为林木个体总数。

叶面积指数（麻雪艳和周广胜，2013）：　$\mathrm{LAI} = 0.75\rho(\sum_{i=1}^{m} \sum_{j=1}^{n} L_{ij} W_{ij}) / m$ 　　(4.7)

式中，LAI 为叶面积指数；ρ 为种植密度，株/m^2；L_{ij} 和 W_{ij} 分别为第 i 株植物的第 j 片叶片的长度和最大宽度，m；n 为第 j 株植株的总叶片数，个；m 为测量株数，株。

依据实地调查所得数据，计算物种重要值（IV）和多样性测度指数（张金屯，2011；朱星学等，2020）。以植被群落中物种的密度、高度、显著度、频度和盖度确定相对密度、相对高度、相对显著度、相对频度和相对盖度，进而计算乔木层、灌木层、草本层植被的重要值，其计算式如式（4.8）和式（4.9）所示。

$$IV_{乔木层} = (RD + RH + RP) \times 100 / 3 \tag{4.8}$$

$$IV_{灌木层和草本层} = (RD + RF + RC) \times 100 / 3 \tag{4.9}$$

式中，$IV_{乔木层}$ 为乔木层的重要值；$IV_{灌木层和草本层}$ 为灌木层和草本层的重要值；RD 为相对密度；RH 为相对高度；RP 为相对显著度；RF 为相对频度；RC 为相对盖度。

物种多样性是生物多样性的一个层次，能反映一个群落功能和结构的复杂程度。物种多样性一直是植被群落生态学的重要内容和研究热点，测定植被物种多样性在一定程度上可以反映植被群落的稳定性。常用的物种多样性指数有 Patrick 丰富度指数、Shannon-Wiener 多样性指数、Pielou 均匀度指数和 Simpson 优势度指数等。Patrick 丰富度指数是群落中单位面积内的物种数。通常来说，Patrick 丰富度指数越大，表明植被群落所在的生境条件越优越（邓红兵等，2001）。Shannon-Wiener 多样性指数可以用来反映植被群落局域生境内的多样性水平，一般来说，其值越大，植被群落内的物种越丰富，组成越复杂，多样性水平越高（Nilsson and Berggren，2000）。Pielou 均匀度指数是指群落中种的个体均匀程度，均匀度越大，则群落中优势种不占绝对优势（马凤娇等，2019）。Simpson 优势度指数是对物种集中性（多样性的反面）的度量，可反映优势种在群落中的地位和作用，其值越大，表明某个或某几个物种在群落中占有突出地位（邓红兵等，2001）。Patrick 丰富度指数（R）、Shannon-Wiener 多样性指数（SW）、Pielou 均匀度指数（J）和 Simpson 优势度指数（SI）的计算式如式（4.10）～式（4.13）所示：

$$R = S \tag{4.10}$$

$$SW = \sum_{i=1}^{S} IV_i \ln IV_i \tag{4.11}$$

$$J = SW / \ln S \tag{4.12}$$

$$SI = \sum_{i=1}^{S} \frac{N_i(N_i - 1)}{N(N-1)} \tag{4.13}$$

式中，S 为物种数；N 为全部种的个体总数；N_i 为某种植被的个体数；IV_i 为某种植物的重要值。

以物种重要值为基础，建立样方–物种矩阵。根据实地调查和室内试验分析结果，建立环境变量–样方矩阵。采用双向指示种分析（two-way indicator species analysis，TWINSPAN）法，应用 WinTWINS 2.3 软件划分植被群落类型（El-Sheikh et al.，2019）。采用典范对应分析（CCA）法，应用 Canoco 5.0 软件分析群落分布与环境因子之间的相关性（Vecchio et al.，2018）。采用单因素方差分析（one-way analysis of variance，one-way ANOVA），应用 SPSS 18.0 软件对物种多样性水平等进行差异显著性多重比较。最后应用 Excel 2016、Origin 9.1 和 Surfer 11 整理数据并绘制统计图。

（2）聚类分析。聚类分析可将具有同质性的样本划分成子集，从而来衡量事物之间的亲疏程度（邹运鼎等，2005）。近年来，鉴于聚类分析对样本数据内蕴结构的可探性，其在数据解析领域的应用方面日益广泛。常用的相似测度的方法有：欧氏距离、马氏距离、明氏距离、余弦距离、兰氏距离等。本研究采用余弦距离来衡量亲疏程度，通过空间向量的夹角反映植被物种的亲疏方向性。

（3）约束性冗余分析（RDA）。本研究采用 Canoco 5.0 软件进行去趋势对应分析（DCA），在特征长度满足小于 4.0 的情况下，选取 RDA 方法进行分析，该方法考虑了环境因子对样方的影响，可以得到在某些特定条件限制下的物种分布情况。

（4）植被空间变异性分析。基于区域变量知识和空间自相关理论，选取半变异函数来研究植被多样性的空间异质性，半变异函数能够反映变量在不同距离观测值之间的变化并确定其影响范围大小（Griffith，2002）。

（5）环境因子数据处理。主要选取滩地相对水面高度（ButtElev）、土壤吸湿系数（HygrCoef）、滩地离水距离（Distance）、滩地形态指数（ShapIndx）及水文特性（HydrChar）这 5 个环境因子，通过现场监测及影像图处理的方式，获得相关因子的数据。其中，ButtElev 选取滩地植被样方所在位置与河道水平面之间的垂直距离进行表示；HygrCoef 选取现场样方位置表层 20cm 土层进行测算；Distance 选取监测样方与水边的水平距离来表示；ShapIndx 选取欧氏几何形态指标 SDI 及滩地狭长性指数短轴/长轴（Pe/Pa）表示；HydrChar 选取弗劳德数 Fr 与紊动能 E_ε 表示。

4.2 滩地植被物种组成与群落类型

4.2.1 植被物种组成

现场调查统计结果表明，灵山港滩地共有植被 189 种，隶属于 52 科 158 属，其中蕨类植物 7 科 7 属 7 种，被子植物 45 科 151 属 182 种。

1. 科的统计分析

灵山港滩地植被共涵盖 52 科（表 4.2），较大科（20～49 种）有 2 科：禾本科（28 属/29 种）、菊科（21 属/22 种），中等科（10～19 种）有 3 科：伞形科（11 属/12 种）、唇形科（11 属/12 种）、蓼科（2 属/11 种），少种科（2～9 种）有 20 科，未出现大科（≥ 50 种）。调查结果表明，灵山港滩地植被种类含有 10 种以上的科共 5 科，共计 73 属 86 种，占总科、属和种的比例分别为 9.62%、46.20% 和 45.50%。这 5 个科虽然仅占总科数的 9.62%，但其属和种却占 46.20% 和 45.50%，表明这 5 个科在灵山港滩地植被物种组成中占据重要地位，是植被物种组成的优势科。另外，单种科有 27 科，占总科、属和种的 51.92%、17.09% 和 14.29%。从科的统计分析结果来看，滩地植被物种组成具体表现为：一方面向禾本科和菊科等较大科集中，另一方面又向少种科和单种科分散，即呈现大科少小科多的特点。

表 4.2　滩地植被科属特征

等级	种数	科名（属数/种数）
大科	≥50	无
较大科	20～49	禾本科（28 属/29 种）、菊科（21 属/22 种）
中等科	10～19	伞形科（11 属/12 种）、唇形科（11 属/12 种）、蓼科（2 属/11 种）
少种科	2～9	蔷薇科（5 属/9 种）、石竹科（5 属/7 种）、莎草科（5 属/6 种）、玄参科（5 属/6 种）、十字花科（4 属/5 种）、天南星科（3 属/5 种）、苋科（4 属/4 种）、景天科（4 属/3 种）、豆科（4 属/4 种）、百合科（3 属/3 种）、藜科（1 属/3 种）、荨麻科（3 属/3 种）、茜草科（2 属/3 种）、堇菜科（3 属/3 种）、车前科（2 属/2 种）、毛茛科（2 属/2 种）、兰科（2 属/2 种）、桑科（2 属/2 种）、报春花科（2 属/2 种）、紫草科（2 属/2 种）
单种科	1	牻牛儿苗科、大戟科、灯心草科、冬青科、骨碎补科、海金沙科、核桃科、胡桃科、花蔺科、金星蕨科、桔梗科、木通科、苹科、葡萄科、漆树科、忍冬科、水蕨科、檀香科、藤黄科、碗蕨科、旋花科、鸭跖草科、岩蕨科、眼子菜科、杨柳科、竹芋科、酢浆草科

2. 属的统计分析

调查结果表明，灵山港滩地植被共涵盖 158 属，所含种数大于 4 的属有蓼属、酸模属和悬钩子属，含 3 个种的属有藜属和堇菜属，含 2 个种的属有 15 个，单种属有 138 个。灵山港滩地植被含 2 个种及以上的属共有 20 属，占总属数的 12.66% 和总种数的 26.98%，而单种属占总属数的 87.34% 和总种数的 73.02%，所占比重较大。从属的统计分析结果看（图 4.5），单种属在滩地植被物种组成中占较大优势，表明滩地生境条件复杂，空间异质性较高，为多种植被的生存提供了有利条件。

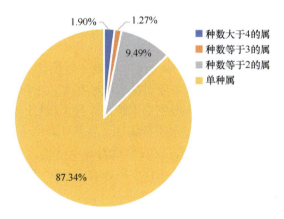

图 4.5　滩地植被属的统计分析

3. 生活型分析

植物生活型是植物长期适应特定生态环境的过程中，在形态、结构上表现出相似性的植物类型，能决定植物群落外貌。灵山港滩地的木本植被（乔木、灌木）和藤本植被分别有 15 种和 5 种，占总种数的 7.94% 和 2.65%，草本植被多达 169 种，占总种数的 89.42%。由此可见，灵山港滩地植被的生活型以草本植被为主。从生活型分析结果来看，滩地草本植被发达，是构建该区域植被群落的主要建群种。生活型以草本植被为主的特征反映了滩地是典型的水陆交错地带，其生境条件复杂而多变。

4.2.2　植被群落类型

用植被物种重要值建立样方–物种矩阵，去除偶见种的影响，应用 TWINSPAN 选取第 4 级水平的情况下对植被样方进行群落类型划分。

结合实际生境特征，可将灵山港滩地 74 个植被样方分为 7 种植被群落类型，分别为（采用平均重要值较大的优势种进行命名）：积雪草群落，狗牙根+小飞蓬群落，看麦娘群落，酸模叶蓼群落，棒头草群落，艾群落，枫杨+砖子苗群落。滩地植被群落类型的特征如表 4.3 所示。

表 4.3　滩地植被群落类型的特征

群落类型	群落结构	样方数占比/%	物种数/种	优势种	伴生种
积雪草群落	单一草本	9.46	25	积雪草	小飞蓬、鼠麴草等
狗牙根+小飞蓬群落	单一草本	28.38	60	狗牙根、小飞蓬	旋覆花、艾、野豌豆、野燕麦等
看麦娘群落	单一草本	9.46	25	看麦娘	鬼针草、酸模叶蓼、菵草等
酸模叶蓼群落	单一草本	8.11	24	酸模叶蓼	喜旱莲子草、鬼针草等
棒头草群落	单一草本	32.43	50	棒头草	毒芹、艾、马兰、葎草等
艾群落	灌草复合	5.41	19	艾	还亮草、野燕麦等
枫杨+砖子苗群落	乔灌草复合	6.76	12	砖子苗	野燕麦等

注：加和不等于 100%为修约所致。下同。

4.2.3　滩地植被分布特征

灵山港滩地植被的分布特征如表 4.4 所示。由表 4.4 可知，7 种植被群落沿相对水面高差呈现一定的梯度分布，积雪草群落分布在水域区和水位变幅区（高差 0~0.4m），其物种组成和群落结构较为简单，多为湿生草本植被。狗牙根+小飞蓬群落、棒头草群落、看麦娘群落以及酸模叶蓼群落分布在水位变幅区（高差 0.4~1.0m），物种较为丰富但群落结构简单，大多是单一草本层结构，仅有少量为灌草结构。艾群落、枫杨+砖子苗群落分布在远水区（高差 1.0~2.0m），其物种组成包含多种生活型的物种，群落结构以灌草和乔灌草复层结构为主。

表 4.4　灵山港滩地植被的分布特征

群落类型	优势种	分布特征
积雪草群落	积雪草	分布于上游滩地，距水边 0~10m，相对水面高差<0.4m
狗牙根+小飞蓬群落	狗牙根、小飞蓬	广泛分布，距水边 5~20m，相对水面高差 0.4~1.0m
看麦娘群落	看麦娘	距水边 10~30m，相对水面高差 0.4~1.0m
酸模叶蓼群落	酸模叶蓼	分布于中、下游滩地，距水边 4~15m
棒头草群落	棒头草	广泛分布，距水边 0~15m，相对水面高差 0.4~1.0m
艾群落	艾	分布于滩地远水区乔木之下，相对水面高差 1.0~2.0m
枫杨+砖子苗群落	砖子苗	分布于滩地山地林缘，相对水面高差 1.5~2.0m

4.3 滩地植被多样性与数量波动

4.3.1 滩地植被多样性变化

1. 纵向上植被多样性变化

河流纵向上滩地植被多样性指数如表 4.5 所示。由表 4.5 可知，Patrick 丰富度指数的变化范围为 3.0～12.0，Shannon-Wiener 多样性指数的变化范围为 0.482～1.876。通过单因素方差分析可知，各监测断面的 Patrick 丰富度指数无显著差异（$P>0.05$），而 Shannon-Wiener 多样性指数差异显著（$P<0.05$）。

表 4.5 河流纵向上滩地植被多样性指数

区段	Patrick 丰富度指数	Shannon-Wiener 多样性指数	Pielou 均匀度指数	Simpson 优势度指数
上游	7.8[b]	1.317[b]	0.654[a]	0.326[a]
中游	6.8[ab]	1.207[ab]	0.646[a]	0.348[a]
下游	5.8[a]	1.065[a]	0.631[a]	0.403[a]
均值	6.5	1.162	0.641	0.371
标准差	2.3	0.334	0.180	0.189
显著性	0.007	0.017	0.736	0.295

注：同列不同小写字母表示滩地纵向不同区段间差异显著（$P<0.05$）。

在纵向上，上游、中游和下游三个区段的植被多样性指数变化如表 4.5 和图 4.6 所示。由表 4.5 和图 4.6 可知，Patrick 丰富度指数和 Shannon-Wiener 多样性指数均存在显著差异（$P<0.05$），具体表现为上游区段滩地（L1、L2、L3）的 Patrick 丰富度和 Shannon-Wiener 多样性指数高于中游区段滩地（L4、L5、L6）和下游区段滩地（L7、L8、L9、L10、L11），这是由于上游区段心滩较多（L1、L3），受人为干扰较少，生态系统长期保持自然状态，植被群落稳定，故 Shannon-Wiener 多样性指数偏高；而中游和下游区段滩地受人工建设、牛羊践踏等影响，Shannon-Wiener 多样性指数偏低。例如，梅村滩地（L5）、周村滩地（L6）、姜席堰滩地（L7）、上杨村滩地（L8）受滨岸带建设以及放牧影响，其植被生境遭受一定程度的破坏，植被群落难以稳定，因此 Shannon-Wiener 多样性指数偏低。

Pielou 均匀度指数的变化范围为 0.397～0.852，整体波动幅度较小，不存在显著性差异（$P>0.05$），表明植被样方中的物种占比较为均匀，优势种的重要性并不明显。

Simpson 优势度指数反映群落中优势种的地位，其变化与 Patrick 丰富度指数、Shannon-Wiener 多样性指数和 Pielou 均匀度指数呈现相反态势，即如果群落中 Shannon-Wiener 多样性指数、Patrick 丰富度指数、Pielou 均匀度指数较低，则 Simpson 优势度指数较高（Nilsson and Berggren，2000）。在灵山港滩地中，植被 Simpson 优势度指数最高的滩地为上杨村滩地（L8），该滩地大部分植被群落中，棒头草、牛筋草等的优势地位非常明显，物种种类也相对较少。棒头草和牛筋草对土壤的要求不高，具有广泛的适生性，且该滩地长期受放牧的影响，生境难以稳定，导致其他物种难以生存，故棒头草、牛筋草等占绝对优势，植被 Patrick 丰富度指数和 Shannon-Wiener 多样性指数偏低，而 Simpson 优势度指数偏高。

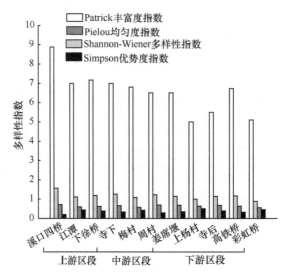

图 4.6　滩地纵向上物种多样性指数变化

2. 横向上植被多样性变化

通过单因素方法分析，滩地横向上物种多样性指数如表 4.6 所示。由表 4.6 可知，随着离水边距离的增加，即从滩地水域区过渡至水位变幅区再到远水区，除 Pielou 均匀度指数以外，其他 3 个多样性指数均存在显著性差异（$P<0.05$）。不同区域 Patrick 丰富度指数的大小顺序为水域区<水位变幅区≈远水区；不同区域 Shannon-Wiener 多样性指数的大小顺序为水域区<水位变幅区≈远水区；不同区域 Simpson 优势度指数的大小顺序为水域区>水位变幅区≈远水区。

表 4.6　滩地横向上物种多样性指数

区域	Patrick 丰富度指数	Shannon-Wiener 多样性指数	Pielou 均匀度指数	Simpson 优势度指数
水域区	5.2[a]	0.971[a]	0.616[a]	0.464[b]
水位变幅区	6.8[b]	1.239[b]	0.652[a]	0.338[a]
远水区	7.2[b]	1.218[b]	0.646[a]	0.341[a]
均值	6.5	1.162	0.641	0.371
标准差	2.3	0.334	0.180	0.189
显著性	0.008	0.013	0.528	0.044

注：同列不同小写字母表示滩地横向不同区域间差异显著（$P<0.05$）。

由于滩地水域区长期受到水流扰动的影响，水淹时间长，且水淹频率高，故植被物种差异较小，大多是能够长期适应水淹环境的菖蒲、莲、菰等典型水生植物以及双穗雀稗等禾本科植物，且又因为水生型喜旱莲子草和双穗雀稗等植物具有强大的无性繁殖和再生能力，往往可以在群落中成为优势种且占据绝对优势，故水域区的植被群落物种单一，结构简单，物种多样性水平较低，水生型喜旱莲子草和双穗雀稗等植被在群落中占有突出地位。随着离水边距离的增加，水文作用减弱，生境特征趋于复杂，较高的空间异质性为多种植被物种提供了生长和栖息条件，故水位变幅区和远水区的物种多样性水平较临水边高，植被群落结构更为复杂，植被群落由水生草本植被群落向灌草群落或乔灌草群落转变。

4.3.2　植被种群数量波动特征

植被波动是指在短期或周期性的气候或水分条件的影响下，植被群落呈现逐年或逐季的变化，是植被动态学研究的重要内容之一（李瑞，2008）。目前不少学者针对陆域植被波动开展了大量研究，重点关注了陆域植被波动的类型、特征、数量、强度以及产生机理等问题（彭少麟，1993；李瑞，2008；曹永翔等，2010），但对于滩地植被波动性特点、响应机制和数学描述方法尚不明确。滩地植被极易受水文、水动力条件的影响而产生显著的波动性（余根听等，2017）。因此，借鉴陆域植被波动性研究成果，分析滩地植被种群和群落数量的波动性，在方法上对滩地植被波动的定量测度进行新的尝试，可以为有效评估植被波动程度、揭示植被动态变化规律和发展趋势提供有效途径。

选取频度较高且重要值较大的优势植物狗牙根、小飞蓬和野燕麦，作为典型例子分析植被种群的波动特征，2015~2019 年，灵山港滩地植被种群数量波动特征如图 4.7 所示。由图 4.7 可以看出，灵山港滩地主要植被种群数量特征值年际波动较为明显，种群间的波动趋势存在较大差异。2015~2019 年，狗牙根的重要值均较大（19.43~33.55），表明狗牙根较为稳定，是灵山港滩地的主要建群种之一。通过单因素方差分析可知，狗牙根的重要值在研究时段内差异并不显著（$P>0.05$），呈现出波动上升趋势。小飞蓬的重要值从 20.60 下降到 9.56，但其年际间差异不显著（$P>0.05$），呈现出波动下降趋势。野燕麦的数量特征值无明显的上升或下降趋势，重要值的年际间差异极显著（$P<0.01$），随调查前期降水量变化而波动。

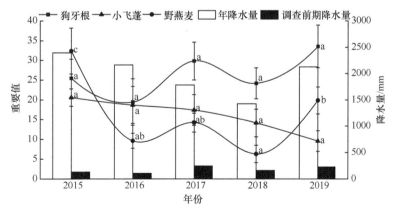

图 4.7　灵山港滩地植被种群数量波动特征
不同小写字母表示不同年份间差异显著（$P<0.05$）

植被种群波动是环境演变、物种的环境适应性以及种间关系等共同作用的结果和集中表现（张继义等，2003）。根据植被重要值的变化，可将灵山港滩地植被种群波动类型分为 3 种：以狗牙根等为代表的波动上升型、以小飞蓬等为代表的波动下降型、以野燕麦等为代表的复合波动型。狗牙根是灵山港滩地上的稳定优势种群，2014 年灵山港沿线全面禁止采砂并逐步开展生态修复工作后，土壤条件等得到改善，狗牙根等种群以其极强的环境适应能力和资源利用能力占据大量资源空间，不断发展壮大；而小飞蓬等种群在群落中对资源的要求与狗牙根极其相似，存在明显的种间竞争关系，由于相互抑制所带来的负面影响，小飞蓬等种群不断衰退；野燕麦等一年生草本植物受前期降水、气温等气象因子的影响较大，种群波动的随机性较大，一般不会形成稳定群落。

4.3.3　植被群落数量波动特征

灵山港滩地植被群落数量波动特征如图 4.8 所示。由图 4.8 可以看出，2015～2019 年，植被的物种数、密度和生物量的波动都较大。从 2015～2019 年的物种数变化来看 [图 4.8（a）]，物种数多年平均值为 74.67，物种数最高为 2018 年，最低为 2016 年，且 2018 年和 2019 年的植被物种数均高于多年平均值，整体呈现出上升趋势。从群落密度的波动趋势可以看出 [图 4.8（b）]，2015 年和 2016 年群落密度较大，分别为 121.28 株/m² 和 88.18 株/m²，均高于多年平均值，而 2017 年、2018 年和 2019 年群落密度相对较小，分别为 57.89 株/m²、63.88 株/m² 和 80.60 株/m²。从生物量波动性来看 [图 4.8（c）]，2015～2019 年群落生物量分别为 303.83 g/m²、187.05 g/m²、193.91 g/m²、317.54 g/m² 和 259.15 g/m²，其中 2015 年、2018 年、2019 年的群落生物量均高于多年平均生物量，而 2016 年、2017 年低于多年平均生物量。

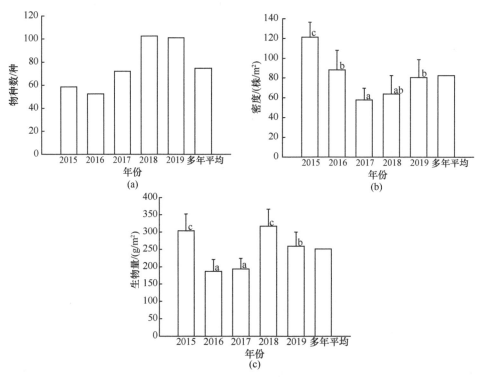

图 4.8　灵山港滩地植被群落数量波动特征
不同小写字母表示不同年份间差异显著（$P<0.05$）

植被波动率是指植被群落相对于正常年份的波动程度，它反映了植被在内部与外部影响因子的双重作用下所呈现出的波动特性。运用植被生态学、统计学的方法，借鉴彭少麟（1993）构建的陆地植被波动率公式，初步构建滩地植被波动率计算公式：

$$FR = \left[n \cdot \left(\frac{N_i}{\sum\limits_{i=1}^{s} N_i \Big/ s} - 1 \right) + d \cdot \left(\frac{D_i}{\sum\limits_{i=1}^{s} D_i \Big/ s} - 1 \right) + b \cdot \left(\frac{B_i}{\sum\limits_{i=1}^{s} B_i \Big/ s} - 1 \right) \right] \Big/ 3 \qquad (4.14)$$

式中，FR 为滩地植被波动率；N_i 为第 i 年滩地植被的物种数；D_i 为第 i 年滩地植被的密度，株/m²；B_i 为第 i 年滩地植被的生物量，g/m²；n、d、b 分别为相应的权重系数；s 为滩地植被观测年（或月）。

采用变异系数权重法对式（4.14）进行修正（赵微等，2013），从而可确定各个数量特征值的权重，如表 4.7 所示。

表 4.7　各个数量特征值的权重

数量特征值	多年平均	标准差	变异系数	权重
物种数	74.67	24.37	0.33	0.93
密度	82.56	28.17	0.34	0.97
生物量	251.54	97.59	0.39	1.10

注：密度的多年平均和标准差的单位为株/m²；生物量的多年平均和标准差的单位为 g/m²。

将权重系数 n、d、b 的值为 0.93、0.97、1.10 代入式（4.14），可得到滩地植被波动率计算公式，如式（4.15）所示：

$$FR = \left[0.93 \times \left(\frac{N_i}{\sum\limits_{i=1}^{s} N_i \Big/ s} - 1 \right) + 0.97 \times \left(\frac{D_i}{\sum\limits_{i=1}^{s} D_i \Big/ s} - 1 \right) + 1.10 \times \left(\frac{B_i}{\sum\limits_{i=1}^{s} B_i \Big/ s} - 1 \right) \right] \Big/ 3 \qquad (4.15)$$

利用式（4.15）计算不同年份灵山港滩地植被波动率，计算结果表明，植被波动存在一定的方向性。根据波动率的正负，可将植被波动划分为正向波动和负向波动。当波动率大于 0 时，为正向波动，表明植被生长好于常年。一般而言，波动率越大，表明植被生长状况越好；当波动率小于 0 时，为负向波动，表明植被生长状况较正常年差，负向波动率的绝对值越大则植被生长状况越差。灵山港滩地植被波动率变化特征如图 4.9 所示。由图 4.9 可知，2015～2019 年灵山港滨岸区植被波动率维持在–0.250～0.219，整体波动幅度较大，波幅为 0.469。在 2015 年、2018 年和 2019 年植被波动为正向波动，是近年来植被生长状况较好的时段。2016 年、2017 年植被波动为负向波动，是近年来植被生长状况较差的时段。2015～2019 年滩地植被由正向波动变为负向波动又变为正向波动，此现象表明滩地植被波动频繁，且具有一定的周期性，与水文脉动的周期性基本一致。

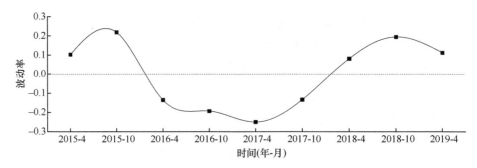

图 4.9　灵山港滩地植被波动率变化特征

按照本研究构建的植被波动程度定量评估计算方法［式（4.15）］进行计算可知，滩地植被的波动程度与陆域群落波动相比，滩地植被的波动程度要比陆域群落强得多，这主要是由于陆域群落具有多层次的复杂结构，构成了自身相对稳定的群落，因而能抵抗水文、气象波动的扰动，即对外来干扰因素具有缓冲能力（彭少麟，1993）。而滩地植被由于生境条件异质性高且脆弱，群落结构简单，其波动易受多种因素影响而产生剧烈的变化。在本研究期内，由于灵山港河岸带生态修复工程的实施，滩地植被物种数呈上升趋势，物种丰富度逐渐增大；受降雨等气象因子的影响，2015 年和 2016 年群落密度较其余年份偏大；生物量主要由群落中的建群种和优势种共同决定，其年际变化趋势与植被波动率曲线相近。由此可见，群落生物量在较大程度上能反映植被的生长状况，其波动特征在一定程度上反映了滩地植被生态环境具有易变性和脆弱性的特点；2017 年部分滩地受工程改造和旅游开发的影响，植被波动较大，生长状况较差。因此，滩地植被波动的定量测度不能完全套用陆域植被波动率的计算方法。

4.4　植被空间分布与数量波动变化的环境解释

4.4.1　关键环境因子识别

应用半变异函数研究植被多样性的空间异质性，并确定其影响范围大小，计算结果如表 4.8 所示。由表 4.8 可知，L1、L5、L10 滩地上植被分布的自相关系数分别为 0.266、

表 4.8　灵山港滩地植被分布的自相关性

表征值	L1	L2	L3	L4	L5	L6	L7	L8	L9	L10
C_0：块金值	0.114	0.048	0.019	0.091	0.095	0.029	0.036	0.124	0.05	0.134
C_0+C：基台值	0.429	0.829	0.179	1.744	0.428	0.274	0.482	0.98	0.363	0.529
$C_0/(C_0+C)$：自相关系数	0.266	0.058	0.106	0.052	0.222	0.106	0.075	0.127	0.138	0.253
a：变程值	35	45	35	38	23	40	35	50	25	40
R^2：相关系数	0.744	0.985	0.984	0.998	0.987	0.975	0.983	0.864	0.999	0.931

注：块金值反映样点间多样性的变化程度；变程值用来衡量两个样本间的相关性，距离 $d<a$ 时，样本间存在相关性，且相关性随着 d 增大而减小，当 $d \geqslant a$ 时，两个样本间无相关性；基台值反映了滩地内多样性的变异程度。

0.222、0.253，表明这 3 个滩地上植被分布自相关性较强，而其余滩地上植被分布自相关性较弱。在植被分布自相关性强的滩地中，随机性因子（如局地气候、气象条件和局地水文特性等）在植被分布的空间变异中占据主导地位；在植被分布自相关性弱的滩地中，结构因子（如地形地貌变化、地质构造和滩地形态等）在植被分布的空间变异中起主导作用。

灵山港滩地植被的空间分布受多个因子的影响。对土壤吸湿系数、滩地离水距离、形态系数、高差因子以及水文特性等因子进行 KMO 和 Bartlett 球形度检验，结果显示，KMO>0.7、$P<0.05$，说明所选因子具有结构有效性，可用于因子分析。应用 Canoco 软件的 RDA 方法，分别计算各个因子对植被分布的贡献率大小，贡献率可以反映各个因子对植被分布的驱动程度。物种与环境因子的 RDA 双序图如图 4.10 所示。由图 4.10 可知，高差因子对植被分布的贡献率为 37.50%，形态系数的贡献率为 27.50%，水文特性的贡献率为 16.82%，三个因子的贡献率之和为 81.82%。土壤吸湿系数的贡献率为 10.56%，滩地离水距离的贡献率为 7.62%，二者总体贡献率为 18.18%。图 4.10 中的蓝色箭头代表草本植被种类，其长度在因子变量上的投影值代表物种与环境因子之间相关性的大小。若投影方向与因子正方向相同，则表示物种与环境因子之间是正相关，反之则为负相关。从贡献率和投影长度来看，植被分布对主要驱动因子的敏感性程度的大小顺序为高差因子>形态系数>水文特性。

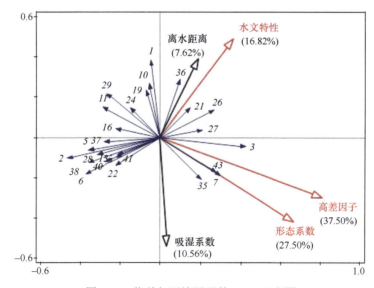

图 4.10　物种与环境因子的 RDA 双序图

1：狗牙根；2：棒头草；3:大画眉草；5: 看麦娘（*Alopecurus aequalis* Sobol）；6: 菵草；7:刺蓼；10: 小飞蓬；11: 鼠麹；13: 苴荬菜；16: 积雪草；19: 水蓼；21: 空心莲子草；22: 刺苋；24: 毒芹；26: 毛豆；27: 阴石蕨；28: 毛茛；29: 通泉草；35: 雪见草；36: 旋覆花；37: 假稻；38: 鸭跖草；40: 野老鹳草；41: 黄鹌菜；43: 簇生卷耳

4.4.2　滩地高差对植被分布的影响

前文分析表明，影响植被分布最显著的因子是滩地高差因子。因高差不同滩地草本植物出现频率存在较大差异。按照高差因子的不同，对典型滩地草本植物种类的株数进行组间连接、余弦度量标准的聚类分析（余弦值越大，说明变量之间的相似系数越大），滩地草本植物可以分为 9 类（表 4.9）。由表 4.9 可知，滩地草本植物中广布种和间接分布种最多，其次是内部分布种，而紧靠滩地外缘的物种种类较少，主要为水蓼、积雪草、沿阶草等喜湿型植被。

表 4.9　滩地草本植物空间分布类型

类别	种数	所占比例	发生规律	植物
I	8	13.56%	间接分布种、频率较大	通泉草、牛毛毡、鼠麴、小飞蓬、狗牙根、酸模、看麦娘、蔺草
II	15	25.42%	间接分布种、频率较大	野燕麦、大画眉草、旋覆花、野线麻、毛茛、细风轮菜、刺苋、猪殃殃、灰绿藜、芋头、小花糖芥、野胡萝卜、直立婆婆纳、细叶旱芹、杯苋根
III	13	22.03%	广布种、频率较大	棒头草、三叶鬼针草、酸模叶蓼、假稻、毛豆、鸭跖草、野老鹳草、黄鹌菜、苣荬菜、牛筋草、胜红蓟、狼把草、狗尾草
IV	4	6.78%	内缘间接分布种	艾草、野豌豆、北美车前、蚤缀
V	1	1.69%	滩地外缘少量分布	沿阶草
VI	5	8.47%	间接分布种、主要分布在阴湿地	毒芹、刺蓼、山大颜、野菊、阴石蕨
VII	3	5.08%	主要分布在滩地外缘	积雪草、水蓼、箭叶蓼
VIII	7	11.86%	滩地内缘少量出现	葎草、牛繁缕、野苋草、龙葵、苍耳、菟丝子、空心莲子草
IX	3	5.08%	滩地内缘少量出现	雪见草、圆叶牵牛、簇生卷耳

以上游溪口四桥滩地（L1）、中游周村滩地（L6）、下游高铁桥滩地（L10）以及河口彩虹桥滩地（L11）为例，说明不同区段滩地内，高差因子对植被分布的影响。在这 4 个滩地内，草本植物分布高差因子的空间分布如图 4.11～图 4.14 所示。由图可知，I、II、IV、VI、VIII、IX 类植被群落主要生长在高差较大的滩地上，可以满足其排水和向阳条件，III、V、VII 类植被群落主要生长在高差较小的临水边，可以满足其水分需求较高的特点。各类植被的分布特点也存在一定的差异性。

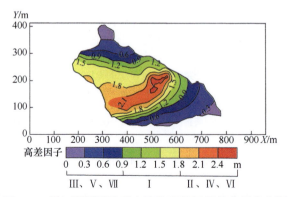

图 4.11　溪口四桥滩地草本植物高差因子的空间分布图

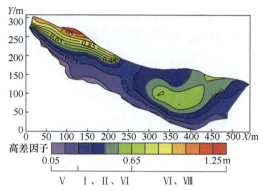

图 4.12　周村滩地草本植物高差因子的空间分布图

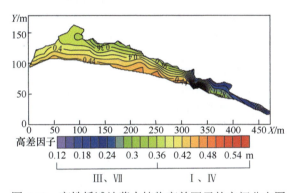

图 4.13　高铁桥滩地草本植物高差因子的空间分布图

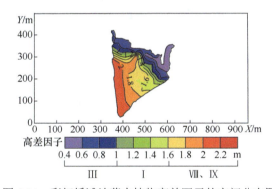

图 4.14　彩虹桥滩地草本植物高差因子的空间分布图

Ⅰ类草本植物（通泉草、牛毛毡、鼠麴草、小飞蓬和狗牙根等）广泛分布于高差为
0.25～1.2m 的位置，且易形成大片群落。主要是因为该区间内，土壤受水流作用，使得
土层松软，沙性明显，水分条件及排水状况较好，适宜Ⅰ类植被生长。

Ⅱ类草本植物（小花糖芥、细风轮菜和旋覆花等）广泛分布在高差>1.8m 的位置。

Ⅳ类草本植物（艾草、野豌豆和北美车前等）大多分布于高差为 1.8～2.1m 的位置，
少部分会出现在临水边 0.36～0.54m 的位置。

Ⅴ类和Ⅶ类草本植物（沿阶草、积雪草、水蓼等）主要分布于高差<0.9m 的临水边，
主要是因为积雪草叶片中的机械组织不发达，抗旱能力极差，属于阴生湿生植物，而蓼
科和莎草科等阳生湿生植被，根系不发达，没有根毛，但根与茎之间有通气的组织，以

保证取得充足的氧气，生活在阳光充足、土壤水分饱和的沼泽地区或湖边。

Ⅲ类草本植物（棒头草、假稻、鸭跖草和酸模叶蓼等）会与Ⅴ类和Ⅶ类草本植物集群分布。

Ⅵ类草本植物（刺蓼、阴石蕨和野菊等）主要分布于高差为 0.4～1.25m（刺蓼、九节和毒芹）、1.8～2.4m（阴石蕨和野菊）的位置。

Ⅷ类和Ⅸ类草本植物主要分布于高差为 1.8～2.0m 的位置，在滩地内缘有少量出现。

滩地外缘至内缘植被生物量变化如图 4.15 所示，不同相对水面高差对植被多样性的影响如图 4.16 所示。由图 4.15 和图 4.16 可知，滩地植被从外缘到内缘（高差从小到大），滩地植被的生物量逐渐增大，并且植被多样性也随着滩地相对水面高度的增加而增加，对应的植被扩散斑块（圆域面积）大小逐渐扩增。总体而言，地形高度可以作为植被种类的分界线，滩地植被从滩地外缘到滩地内缘的分布规律表现为：耐水性由强到弱，丰富性由低到高，生物量由小到大。

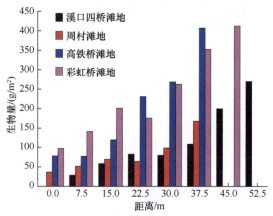

图 4.15　滩地外缘至内缘植被生物量变化

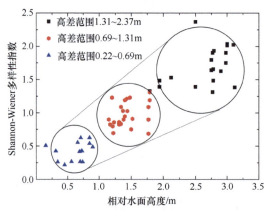

图 4.16　不同相对水面高差对植被多样性的影响

4.4.3　滩地形态指数对植被分布的影响

滩地形态变化是影响植被多样性的另外一个重要因素，稳定的滩地生境是植被分布特征得以优化以及发挥生态效益的重要保障。从图 4.11～图 4.14 亦可看出，短宽、窄长的滩地对等高线分布及滩地断面植被容纳量有明显的影响。选择滩地边缘发育系数 SDI（即 Richardson 所提出的紧凑度 C_0 的倒数，当 SDI=1 时，滩地形态近似圆形）以及滩地横纵径（短长轴）比值 Pe/Pa（以避免在 SDI 较大时，滩地出现过分窄长的情况），用以反映滩地形态的弯曲和狭长程度。植被多样性与 SDI 和 Pe/Pa 的响应关系分别如图 4.17 和图 4.18 所示。

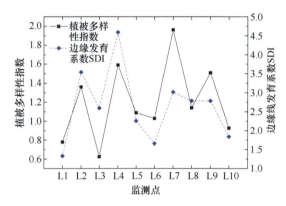

图 4.17　SDI 与植被多样性的响应关系图

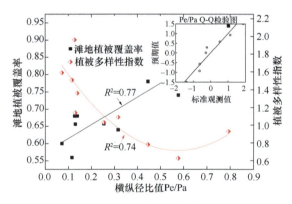

图 4.18　Pe/Pa 与植被多样性的响应关系

由图 4.17 可知，灵山港滩地 SDI>2 的区域占滩地总数的 70%，说明滩地紧凑度较小，岸线几何形状较为复杂。在自然情况下，滩地植被多样性随着 SDI 的变化而变化，两者呈现出同样的趋势效应，节点变化的同一性极高。当 SDI 值处于 2.0～4.0 时，滩地平均植被多样性指数>1 出现的频率占总体的 60% 以上。

由图 4.18 可知，随着滩地 Pe/Pa 指数的增大，植被覆盖率也随之增大。滩地植被多样性随着 Pe/Pa 的增大而减小。通过 Q-Q 检验可知，各点分布于直线附近，且 K-S 检验的渐近显著性系数为 0.580，大于 0.05。这表明灵山港滩地的形态特征服从正态分布规律，滩地整体形态稳定性较好。而且当 Pe/Pa 值在 0.12～0.3 时，植被多样性维持在 1.03～1.96 的次数出现了 6 次，即至少有 60% 的保证率使得 SDI 处于 2.0～4.0，且滩地狭长指数 Pe/Pa 值在 0.12～0.3 时，滩地植被多样性较高。

4.4.4　水文特性对植被分布的影响

由前文可知，水文特性也是影响植被分布的重要因子。植被空间变异性指数与离水距离的关系如图4.19所示。由图4.19可知，在离水距离小于10m的区域内，植被空间变异性指数的平均差异性 $\Delta r(h)$ 约为0.100，空间变异幅度较小，将这一区域称为低变幅区。这一区域由于滩地临水边缘的小区域受水流影响较大，植被物种差异性不明显，多为喜湿耐冲型植被。当离水距离10~25m时，植被空间变异性指数的平均差异性 $\Delta r(h)$ 达0.206，空间变异幅度较大，将这一区域称为高变幅区。这主要是由于微地貌发生变化，滩地被淹没所需水流深度增加。在这一因素的限制作用下，水力冲蚀削弱，主要生长中生型植被，植被种类丰富。而在离水距离>25m时，植被空间变异性指数的平均差异性 $\Delta r(h)$ 仅为0.052左右，无明显的空间变异性，将这一区域称为平稳区。这说明在该区域内，结构因子正在逐渐地替代水文特性成为主导因子。

可见，在离水距离25m的区域内植被分布的空间变异性大，主要是由水文特征的差异性所决定的。因此，25m带宽的区域是植物分布的关键带。在25m带宽关键带内，植被分布对水文特性的响应特征如表4.10所示。

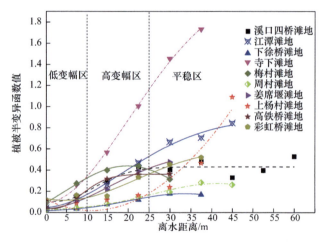

图4.19　植被空间变异性指数与离水距离的关系

表 4.10　植被分布对水文特性的响应特征

	L1	L2	L3	L4	L5	L6	L7	L8	L9	L10
低变幅区	壤质砂土	壤质砂土	壤质砂土	壤质砂土	砂质壤土	壤质砂土	壤质砂土	壤质砂土	壤质砂土	砂质黏壤土
高变幅区	砂质壤土	砂质壤土	砂质壤土	砂质壤土	砂质黏壤土	砂质壤土	砂质壤土	砂质黏壤土	砂质壤土	黏壤土
植被多样性指数	1.77	1.15	0.92	0.99	0.55	0.89	1.51	1.65	1.38	1.75
植被生物量	104.11	144.70	113.91	154.32	168.99	179.48	166.78	138.69	117.61	201.42
紊动能 E_ε	17.5	1.01	0.38	0.75	0.65	1.1	0.45	0.36	0.67	0.67
弗劳德数 Fr	5.44	1.57	2.1	1.48	1.66	1.28	0.42	0.95	0.87	0.54
主要植被类型	水蓼、箭叶蓼、狗牙根	狗牙根、假稻、棒头草	狗牙根、假稻、棒头草	阴石蕨、水蓼、菵草	水蓼、箭叶蓼、菵草	沿阶草、毒芹	箭叶蓼、水蓼	酸模叶蓼、猪殃殃、芋头	毒芹、棒头草、菵草、酸模叶蓼	棒头草、假稻

4.4.5　滩地基质组成对植被分布的影响

由表 4.9 和图 4.19 可以看出，低变幅区的土壤中砂粒质量分数比高变幅区大，壤质砂土出现频率较高，达到 80%。究其原因，主要是由于土壤颗粒组成受水文特性的影响极大，水流通过冲刷和淘蚀滩地岸线，致使土壤中的粉粒和黏粒等细粒物质大量流失，越靠近河流的淹没带，越容易受其影响，从而致使粉黏粒质量分数下降，砂粒质量分数增加。水流作用改变了植物根系与土壤之间物质交换特性，进而使得植被的空间分布也呈现出异质性。从植被形态可塑性角度来看，为了适应高流速、大紊动的水流条件，滩地外缘植被的叶片和杆茎均细柔且狭长，能够顺水流方向倾伏，以克服水流的拖拽力及紊动卷挟，从而保持在该条件下的生存能力。具体表现为，在滩地外缘 25m 带宽范围内，蓼科和棒头草出现的频率均占 40%，菵草和狗牙根出现的频率均占 30%，沿阶草出现的频率占 10%，这些均为喜湿耐冲型植物，与内缘植被相比差异性较高。从植物生长属性角度分析，灵山港滩地植被基本表现为上、下游区段多样性较高，而生物量较低，中游区段多样性较低，而生物量较高。这是由于上、下游水流存在一定的紊动和短期水位变动，为低多样性集群物种的存活创造了条件。滩地上除了主要植被类型外，还生长有细风轮菜、通泉草、小飞蓬、鼠麴草、小花糖芥、鸭跖草和积雪草等植被物种，使得植被带宽内多样性指数较大，但由于植物茎秆及根系较小，生物量相对较低。而中游区段，在集中的木本植被阻流缓冲和局地小气候效应影响下，植被带宽内水文效应较弱，滩地生境稳定，种类单一化明显，多为阴石蕨、沿阶草和毒芹等，使得植被多样性较小，但丰富的小块根使生物量较大。

4.4.6　植被数量波动的环境解释

滩地植被群落与环境因子的 CCA 排序结果如图 4.20 所示。由图 4.20 可以看出，在第 1 轴从左到右，相对水面高差逐渐增大。因受相对水面高差的影响，植被群落类型由湿生植被群落逐渐向中生植被群落演变，具体表现为由积雪草群落转为狗牙根+小飞蓬群落、棒头草群落，再转为看麦娘群落、酸模叶蓼群落，最后变为艾群落、枫杨+砖子苗群落。在第 2 轴从下到上，随着离水边距离逐渐增加，植被群落的变化没有在第 1 轴明显，表明相对水面高差对灵山港滩地植被群落空间分布所起的作用大于离水边距离的作用，第 1 轴能较好地解释滩地植被群落与环境之间的相互关系。尽管植被群落的空间分布及波动特征是多种环境因素综合作用的结果，但相对水面高差在灵山港滩地植被群落空间格局的形成中起着主导作用。

滩地植被在物种组成、群落结构、空间分布等方面均与森林或者水生植被群落存在差异，这是由于滩地不同植被对环境条件变化的响应有所不同。一般来说，滩地植被群落分布的主要影响因子相对水面高差和离水边距离呈正相关，水域区和水位变幅区植被生境受高频率、长时间的周期性洪水淹没的影响，并且土壤砂性明显，养分较低，严酷的环境条件不利于高大木本植物的生长（Capon，2005；童笑笑等，2018）。而低矮的草本植被具有较强的环境适应性，且生态幅较宽，成为水域区和水位变幅区的优势物种。

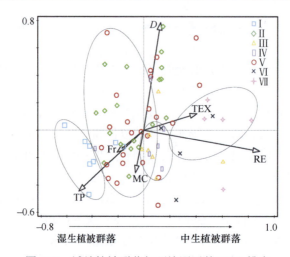

图 4.20　滩地植被群落与环境因子的 CCA 排序

Ⅰ：积雪草群落；Ⅱ：狗牙根+小飞蓬群落；Ⅲ：看麦娘群落；Ⅳ：酸模叶蓼群落；Ⅴ：棒头草群落；Ⅵ：艾群落；Ⅶ：枫杨+砖子苗群落；D：离水边距离；RE：相对水面高差；MC：土壤含水率；TEX：土壤质地；TP：土壤全磷含量；Fr：弗劳德数

由于远水区受水淹影响较小，土壤黏粒含量增加，养分含量也相对较多，所以大多数植被均能够适宜生长，同时也增强了物种间对光和土壤养分等资源的竞争。半灌木状草本植被和木本植被生物量较大，其竞争能力明显高于低矮的草本植被，因而滨岸远水区植被群落大多是灌草和乔灌草复层结构。这也进一步反映了河岸带滩地作为典型的生态过渡带，是生态系统中物质循环和能量流动的活跃地带，具有高度异质的生境条件、多样的生物群落以及复杂的生态过程。

4.5　本 章 小 结

中小河流滩地植被资源颇为丰富，菰、菖蒲、香蒲和芦苇等植物是分布于滩区的主要挺水植物，菹草则是常见的优势沉水植物。从科的组成上看，滩地植被物种组成表现为向禾本科和菊科等较大科集中、向少种科和单种科分散的态势，即呈现出大科少、小科多的特点。从属的组成上看，单种属相对占较大优势。从生活型的组成上看，草本植物较为发达，是构建植被群落的主要建群种。自然生长的植被大多表现为集群分布，人工栽培的植被多表现为均匀分布。优势植被种群波动较为明显，从生态学和统计学角度上初步构建了滩地植被波动率的计算公式，根据植被波动率，灵山港滩地植被主要存在波动上升型、波动下降型和复合波动型这 3 种类型。

相对水面高差和离水边距离是影响滩地植被群落空间分布的主导因素，随着相对水面高差和离水边距离的增大，植被群落由水生和湿生群落朝着中生群落过渡，群落结构由单一草本结构向灌草和乔灌草复层结构过渡。随着离水边距离的增加，植被多样性差异性显著（$P<0.05$），不同区域 Patrick 丰富度指数和 Shannon-Wiener 多样性指数的变化表现为水边缘区<水位变幅区≈远水区；不同区域 Simpson 优势度指数的变化表现为水边缘区>水位变幅区≈远水区。

第 5 章 滩地形态演变的水动力机理

5.1 研究方法与数据处理

5.1.1 模型试验方法

1. 试验装置设计

为了反映天然河道水流的特性，本研究设计了一种地表水与地下水双循环可控式河流滩地试验模型。试验装置包括模型水槽、水流循环系统和量测系统，模型试验装置俯视图和剖视图如图 5.1 和图 5.2 所示。

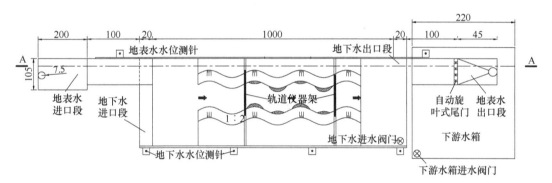

图 5.1 模型试验装置俯视图（单位：cm）

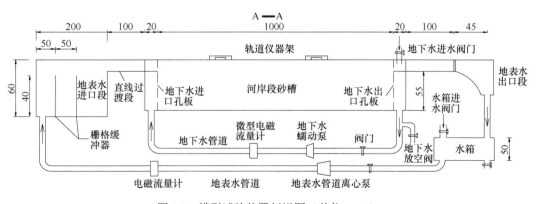

图 5.2 模型试验装置剖视图（单位：cm）

1）模型水槽

模型水槽主要由地表水进口段、砂槽段、地表水出口段及供水循环装置等部分组成。地表水进口段包括上游水箱（1.05m×2m×0.6m）、栅格缓冲器（1.05m×0.4m）及直线过渡段（1.0m）。砂槽段设有地下水进出口段（0.2m×2m×0.8m）、地下水进出口孔板（2m×0.8m）及砂槽（10m×2m×0.8m）。砂槽段是试验的主体部分，通过铺填特定粒径的基质塑造河岸、河床与滩地，河岸的形态概化为正弦曲线 $y=a\times\sin(2\pi x/\lambda)$，式中，$a$ 为河岸振幅；λ 为河岸波长，河岸铺设的高度为 15cm。河岸的边坡系数拟定为 1∶2。河床坡度可根据试验需求进行铺设，河床表面平整，河床坡降设置为 0.002，河床宽度为 40cm，河岸宽度为 144cm，河床距水槽顶为 25cm。地表水出口段包括直线过渡段（1.0m），自动旋叶尾门及下游水箱（2.2m×2.2m×0.5m）；供水循环装置包括地表水管道离心泵、LZB 玻璃转子流量计、地下水蠕动泵以及微型浮子流量计。

在完成河岸形态塑造的基础上，根据滩地的分布位置和分布方式在河道相应位置铺设滩地。分别在滩头、滩中、滩尾及两滩中间布置监测断面，从上游至下游共布置 15 个监测断面，分别记为 S_1、S_2、…、S_{15}。在每个监测断面上，从水边向岸边每间隔 10cm 布置 1 个监测点，本试验共布置 75 个监测点。

2）水流循环系统

水流循环系统包括地表水循环系统、地下水循环系统、开关系统以及流量控制系统。为降低河道地表水与地下水交换所产生的影响，通过水位测针控制地表水与地下水的水位相等，使其更好地模拟多边滩的河道水动力学特性。

3）量测系统

A. 流量量测设备

地表水流量量测采用 LZB 玻璃转子流量计进行量测（图 5.3），其测量范围为 30～85m³/h。LZB 玻璃转子流量计主要由锥形玻璃管和浮子两部分组成，其中玻璃管上大下小，并需垂直安装，浮子则安装在锥形玻璃管内。

图 5.3　LZB 玻璃转子流量计实物图

LZB 玻璃转子流量计的测量原理如图 5.4 所示。当水流自下而上流经锥形玻璃管时，浮子由于上下表面产生的压力差，可以在锥形玻璃管中上下浮动。当浮子受力平衡时，即浮子的重力与上升的力、浮子所受的浮力及黏性升力相等时，浮子将不再上下移动而是处于平衡位置。因此，流经玻璃转子流量计的水流流量与流量计的流通面积呈正相关的比例关系，通过体积换算可知浮子上升高度与水流流量存在正相关比例关系，因而浮子的位置高度可作为流量量度且具有较高的精度。

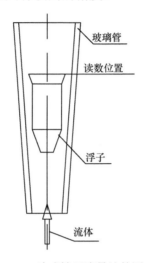

图 5.4 LZB 玻璃转子流量计的测量原理

B. 流速量测设备

地表水流速采用 ADV 声学多普勒超声波流速仪（简称 ADV 流速仪）进行量测，该流速仪属于高精度声学多普勒超声波点式流速仪，其声学传感器包括一个发射换能器和四个接收换能器，能够对试验过程中的数据进行实时监测。该仪器的采样点远离传感器，从而避免了仪器本身对水流的干扰，并具有强大的数据后处理软件 WinADV，可与Excel、MATLAB 及 Grapher 等数据处理软件兼容。

C. 水位和水深量测设备

水位采用水位测针进行量测。在模型进水口与出水口分别布置水位测针，测量地表水进出口的水位和地下水进出口的水位。水位测针安装位置如图 5.5 所示。水深的测量主要利用精度为 0.01mm 的水位测针来实现，同时将 ADV 流速仪自动记录的数据进行数据转换。为了验证水深测量数据的可靠性，将 ADV 流速仪在 S_1、S_2、…、S_{15} 断面分别记录的水深数据与水位测针测得的数据相互校核。

2. 滩地基质配置

第 3 章的研究结果表明，滩地的沉积物主要表现为上层为土壤性质和下层为砾石性质的二元沉积物层，河床沉积物以砾石为主且存在泥沙淤积。选用两种不同粒径的模型基质分别反映土壤沉积物及砾石沉积物，模型基质的粒径级配曲线如图 5.6 所示。其中，模型沙的特征粒径为 $d_{10}=0.53$mm，$d_{50}=0.78$mm，$d_{90}=1.5$mm，孔隙度为 0.45；模型砾石的特征粒径为 $d_{10}=8$mm，$d_{50}=15$mm，$d_{90}=32$mm，孔隙度为 0.53。为深入探究不同边滩

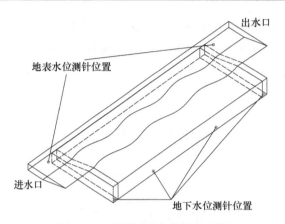

图 5.5　水位测针安装位置示意图

分布格局的水流特性，整个试验过程中，采用的模型基质铺设的河床及河岸形态均需要保证基本无几何变形。根据沙玉清（1965）提出的泥沙起动的流速公式，计算试验模型沙和模型砾石起动的平均流速分别为 10cm/s 和 60cm/s，因而采用小粒径的沙作为模型基质进行河岸形态的铺设，在经过放水试验 10min 后，河岸形态发生明显变形，河底也有明显的基质淤积，从而选用砾石作为试验的模型基质。为了达到试验要求，需要将原有铺设的河床表面在三维方向去除 10cm 厚的模型沙，并在其表面铺设砾石。砾石的选择根据河道平滩水深进行同比例的缩小，灵山港河道沿线的平均平滩水深为 1.5m，卵砾石的中值粒径为 150mm，模型河岸的铺设高度为 15cm，因此选择模型砾石中值粒径为 15mm 能够满足试验要求。

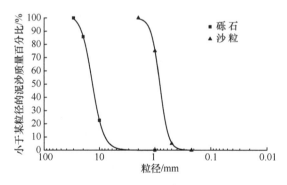

图 5.6　模型基质的粒径级配曲线

3. 试验工况

基于对灵山港滩地基本特征及其分布格局定性的分析，通过定床概化模型水槽试验研究多边滩分布的水流特性，探讨分析多边滩分布的水流流场、水位变化及 Fr 值的分布特征。

统计结果表明，灵山港上游和中游的弯曲度分别为 1.39 和 1.35，均属于蜿蜒型河岸，下游弯曲度为 1.10，可以近似看作顺直型河岸。灵山港上中游的滩地基本都分布于弯段处，且位于弯曲段呈轴对称。因而，本次物理模型试验选取的河岸振幅 a 为 22cm（弯曲度为 1.37），滩地分布设置为交错和并排两种方式。根据 Wiley（2006）提出的弯曲河道凹凸岸的不同，交错方式设凹岸交错和凸岸交错两种。因此，本次试验通过改变边滩的横纵径的方式改变滩地面积的大小，研究边滩对不同分布河道的水流特性影响，模型滩地的横纵径主要是由灵山港大型的滩地横纵径平均概化而来，模型滩地的高拟定 4cm。参考灵山港十年一遇的设计洪水位，根据前期预试验，模拟试验中水位为 10.5cm，对应的试验流量为 42m³/h。试验工况如表 5.1 所示。

表 5.1　试验工况

工况编号	分布方式	河岸振幅 a/cm	滩地纵径 x/cm	滩地横径 y/cm
R_1	凹岸交错	22	30	6
R_2	凹岸交错	22	40	6
R_3	凹岸交错	22	40	10
R_4	凸岸交错	22	30	6
R_5	凸岸交错	22	40	6
R_6	凸岸交错	22	40	10
R_7	并排	22	30	6
R_8	并排	22	40	6
R_9	并排	22	40	10
R_{10}	交错	0	30	6
R_{11}	交错	0	40	6
R_{12}	交错	0	40	10
R_{13}	并排	0	30	6
R_{14}	并排	0	40	6
R_{15}	并排	0	40	10

5.1.2　数值模拟方法

1. 水动力控制方程

连续方程：

$$\frac{\partial h}{\partial t} + \frac{\partial h\bar{u}}{\partial x} + \frac{\partial h\bar{v}}{\partial y} = hS \tag{5.1}$$

式中，t 为时间；h 为总水深（$h = \eta + d$）；$\bar{u}$ 和 $\bar{v}$ 为分别为 x、y 方向上的平均流速，其中，$h\bar{u} = \int_{-d}^{\eta} u\mathrm{d}z$，$h\bar{v} = \int_{-d}^{\eta} v\mathrm{d}z$；$S$ 为源项。

动量方程：

$$\frac{\partial h\bar{u}}{\partial t} + \frac{\partial h\overline{uu}}{\partial x} + \frac{\partial h\overline{uv}}{\partial y} = f\bar{v}h - gh\frac{\partial \eta}{\partial x} - \frac{h}{\rho_0}\frac{\partial p_a}{\partial x} - \frac{gh^2}{2\rho_0}\frac{\partial \rho}{\partial x} + \frac{\tau_{sx}}{\rho_0}$$
$$- \frac{\tau_{bx}}{\rho_0} - \frac{1}{\rho_0}(\frac{\partial s_{xx}}{\partial x} + \frac{\partial s_{xy}}{\partial y}) + \frac{\partial}{\partial x}(hT_{xx}) + \frac{\partial}{\partial y}(hT_{xy}) + hu_s S \qquad (5.2)$$

$$\frac{\partial h\bar{v}}{\partial t} + \frac{\partial h\overline{uv}}{\partial x} + \frac{\partial h\overline{vv}}{\partial y} = f\bar{u}h - gh\frac{\partial \eta}{\partial y} - \frac{h}{\rho_0}\frac{\partial p_a}{\partial y} - \frac{gh^2}{2\rho_0}\frac{\partial \rho}{\partial y} + \frac{\tau_{sy}}{\rho_0}$$
$$- \frac{\tau_{by}}{\rho_0} - \frac{1}{\rho_0}(\frac{\partial s_{yx}}{\partial x} + \frac{\partial s_{yy}}{\partial y}) + \frac{\partial}{\partial x}(hT_{yx}) + \frac{\partial}{\partial y}(hT_{yy}) + hv_s S \qquad (5.3)$$

式中，t 为时间；η 为水位；d 为静止水深；h 为总水深（$h = \eta + d$）；u 和 v 分别为 x、y 方向上的流速分量；$\bar{u}$ 和 $\bar{v}$ 分别为 x、y 方向上的平均流速；ρ 为水的密度；ρ_0 为参考水密度；g 为重力加速度；p_a 为当地大气压；f 为科氏力系数；T_{xx}、T_{xy}、T_{yx}、T_{yy} 为水平黏滞应力项，其中，$T_{xx} = 2A\frac{\partial \bar{u}}{\partial x}$，$T_{xy} = T_{yx} = A(\frac{\partial \bar{u}}{\partial y} + \frac{\partial \bar{v}}{\partial x})$，$T_{yy} = 2A\frac{\partial \bar{v}}{\partial y}$；$s_{xx}$、$s_{xy}$、$s_{yx}$、$s_{yy}$ 为辐射应力分量；S 为源项；u_s、v_s 为源项水流流速；τ_{bx}、τ_{by} 为底部剪切应力；τ_{sx}、τ_{sy} 为源项引起的剪切应力。

2. 边界条件

1）闭合边界

闭合边界又称陆地边界，所有垂直于闭合边界的水流运动变量为 0。沿着陆地边界的动量方程是稳定的。在本研究中，需要考虑模拟水位淹没范围，取护岸坡脚线作为闭合边界线。

2）开边界

开边界是指定流量、水位、流速等水力学参数变化过程的边界。闭合边界和开边界共同构建一个封闭的模型区域，对模型区域进行有限差分，区域才可以实现三角化。在本研究中，上游开边界值设定流量值，下游开边界值设定水位高程值。

3）干湿边界

若计算区域位于干湿边交替区域，那么为保证模型计算的稳定性，需设定干水深（h_{dry}）、淹没深度（h_{flood}）和湿水深（h_{wet}）。在模拟计算过程中，每一步均会对网格水深进行检测。干水深、淹没水深以及湿水深三者应满足式（5.4）的条件：

$$h_{dry} < h_{flood} < h_{wet} \qquad (5.4)$$

当水深小于干水深时，该网格单元将被冻结不再参与计算，直到再次被淹没为止。当水深大于淹没水深但小于湿水深时，该网格单元处仅计算连续方程，而不计算动量方程。如湿水深过小，则会导致出现不合实际的高流速，从而引起模型稳定性的问题。因此，应避免出现很小的湿水深。

3. 模型率定与验证

以灵山港高铁桥滩地为验证区域，通过分析实测数据与模型计算数据间的误差，对模型进行验证与率定。

1）计算区域

高铁桥滩地位于灵山港下游的龙游县白坂村，河段比降为 2.01‰，河道曲率为 1.32，属于中弯曲段边滩，该滩地长 973.45m，宽 79.45m，周长 2324.12m，面积 41754.01m²。高铁桥滩地的计算区域如图 5.7 所示。计算区域总长 1377m，计算区域的上游断面设置在距滩头 150m 的寺后狮子桥断面，其断面宽 121.13m；下游断面设置在距滩尾 230m 的下杨村断面，其断面宽 159.63m。

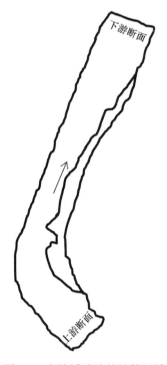

图 5.7　高铁桥滩地的计算区域

2）区域网格模型

依据山丘区中小河流具有坡降大、曲率高等特点，导入计算区域高程数据，采用三角形网格剖分计算区域。计算网格的大小与疏密程度沿边界变化不等。滩地水边缘较为曲折，因此对局部地形网格进行了加密处理。高铁桥滩地的区域数值模拟网格模型如图 5.8 所示。该模型中共有 820 个网格，1281 个网格节点，最大网格面积为 610m²，最小允许角度为 26°。

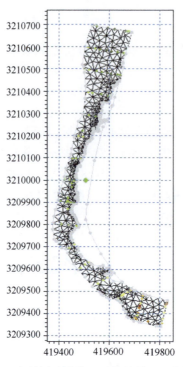

图 5.8　高铁桥滩地的区域数值模拟网格模型

3）边界控制条件

河道两岸护岸坡脚作为闭边界，其流速为零，上下游断面作为开边界，边界条件设定所依据的数据来源于 2016 年 10 月的实测数据，上游断面进口流量为 35m³/s，下游断面出口水位为 46.72m。

4）校核数据

在滩地边缘，从滩头起每隔 150m 共选取 7 个校核点，每个校核点距离滩地外边缘10m，分别编号为 T1～T7，校核点布置如图 5.9 所示，校核点位置信息如表 5.2 所示。

5）参数率定

模型参数率定是通过借助模拟结果与实测数据进行比较，来判断所选取的床底摩擦力是否与实际情况相符，通过修正床底摩擦力系数（曼宁系数或谢才系数），使模拟结果控制在允许误差范围以内。依据四分摩擦力定律可获得床底摩擦力 $\overline{\tau}_b$，如式（5.5）所示：

$$\frac{\overline{\tau}_b}{\rho_0} = c_f \overline{u}_b \left| \overline{u}_b \right| \tag{5.5}$$

式中，$\overline{\tau}_b$ 为床底摩擦力；c_f 为拖拽力；$\overline{u}_b$ 为近底床流速，对于二维计算来说，$\overline{u}_b$ 为深度方向上的平均流速；ρ_0 为水的密度。

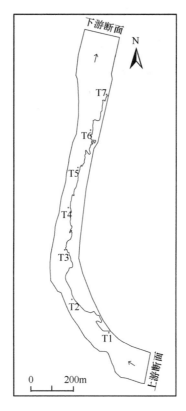

图 5.9　高铁桥滩地校核点布置图

表 5.2　高铁桥滩地校核点位置信息

校核点编号	距滩头（或右岸）的距离/m	X 坐标	Y 坐标
T1	150	419642.76	3209536.37
T2	300	419474.58	3209663.19
T3	450	419441.72	3209852.89
T4	600	419457.14	3210013.84
T5	750	419501.45	3210167.48
T6	900	419559.58	3210311.01
T7	1050	419631.38	3210447.03

c_f 可由谢才系数 C 或曼宁系数 M 来决定，分别如式（5.6）和式（5.7）所示：

$$c_f = \frac{g}{C^2} \tag{5.6}$$

$$c_f = \frac{g}{\left(Mh^{\frac{1}{6}}\right)^2} \tag{5.7}$$

式中，h 为总水深，m；g 为重力加速度，m/s²；C 为谢才系数，$\mathrm{m}^{\frac{1}{2}}/\mathrm{s}$；$M$ 为曼宁系数，

$m^{\frac{1}{3}}/s$。

通常，河道曼宁系数在 $20\sim40\,m^{\frac{1}{3}}/s$。通过调查当地河道粗糙度和查阅相关地形资料可知，灵山港河道主河槽曼宁系数为 $33\,m^{\frac{1}{3}}/s$，滩地曼宁系数在 $23\sim29\,m^{\frac{1}{3}}/s$。经多次模拟试算得到，最终取河道曼宁系数为 $32\,m^{\frac{1}{3}}/s$。

模型各个参数设定后，可进行模拟计算，获得模型内各个校核点处的流速与水深。高铁桥滩地附近的流场模拟计算结果如图 5.10 所示。

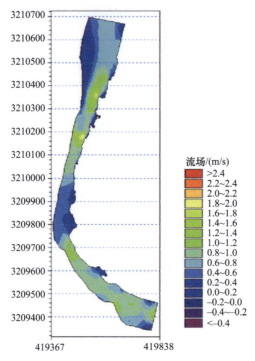

图 5.10　高铁桥滩地附近的流场模拟计算结果

6）水深验证

水深验证是采用模拟计算结果与实测数据对比进行验证。高铁桥滩地水深模拟的验证结果如表 5.3 所示。从表 5.3 可以看出，最大误差为 0.08m，最小误差为 0.02m，误差率控制在 0.10 以内。误差产生的主要原因是，该滩地下游建有高铁桥，受桥墩影响，水位变化较大，从而导致计算水深与实测水深间存在误差，但总体来看，模拟计算结果与实测数据是基本吻合的，表明模型较为适用。

7）流速验证

流速验证是通过模拟的瞬时流速与校核点实测的瞬时水流速度进行对比来验证。高铁桥滩地模拟流速的验证统计结果如表 5.4 所示。从表 5.4 可以看出，最大误差为

0.05m/s，最小误差为 0.01m/s，误差率控制在 0.10 以内。因此，模型模拟的水流流速大小与实际水流流速基本吻合，表明模型适用。

表 5.3　高铁桥滩地水深模拟的验证结果

校核点编号	X 坐标	Y 坐标	实测水深/m	模拟水深/m	差值/m	误差率
T1	419642.76	3209536.37	0.25	0.27	−0.02	0.08
T2	419474.58	3209663.19	0.64	0.68	−0.04	0.06
T3	419441.72	3209852.89	0.93	1.01	−0.08	0.09
T4	419457.14	3210013.84	0.99	1.03	−0.04	0.04
T5	419501.45	3210167.48	0.69	0.75	−0.06	0.09
T6	419559.58	3210311.01	0.86	0.94	−0.08	0.09
T7	419631.38	3210447.03	0.52	0.56	−0.04	0.08

表 5.4　高铁桥滩地模拟流速的验证统计结果

校核点编号	X 坐标	Y 坐标	实测流速/（m/s）	模拟流速/（m/s）	差值/（m/s）	误差率
T1	419642.76	3209536.37	0.35	0.37	−0.02	0.06
T2	419474.58	3209663.19	0.79	0.82	−0.03	0.04
T3	419441.72	3209852.89	0.29	0.28	0.01	0.03
T4	419457.14	3210013.84	0.56	0.53	0.03	0.05
T5	419501.45	3210167.48	0.89	0.94	−0.05	0.06
T6	419559.58	3210311.01	0.86	0.85	0.01	0.01
T7	419631.38	3210447.03	0.14	0.15	−0.01	0.07

5.2　滩地分布位置的水动力特性

基于室内物理模型试验，选取工况 R_3、R_6 和 R_{12} 分析边滩的分布位置对河道水深、流速和 Fr 值的影响规律，研究滩地分布位置的水动力特性。

5.2.1　顺直河岸边滩的水动力特性

1. 水深变化特征

工况 R_{12} 下沿程水深变化特征如图 5.11 所示。由图 5.11 可知，河道主槽区在进水口断面的平均水深为 6.53cm，出水口断面的平均水深为 9.05cm，平均水深增加了 2.52cm，其增幅达到 38.59%，水深沿程增加，即 dh>0，又由于河道坡降 ds=0.002>0，故 dh/ds>0，所以对于具有边滩的顺直河道，其水面曲线为壅水曲线，主槽水深最大值位于河道中心附近，向河岸两侧水深逐渐减小，横向水面呈现为上凸曲线。受边滩外边界的影响，水深变化总体呈现"S"形曲线的增加趋势。

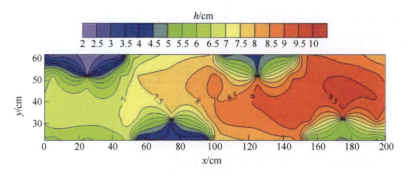

图 5.11　工况 R_{12} 下沿程水深变化特征

由图 5.11 可知，滩地边缘区的水深呈现先增后减的趋势，在滩中水深可达到最大值。四个滩地区的平均水深沿着主流方向逐渐增加，分别为 2.37cm、3.47cm、4.37cm 和 4.93cm，水深增加了 2.56cm，其增幅可达 108.02%。滩地区的平均水深随着河道主槽区水深增加而增加，滩地区水深变化趋势与主槽区水深变化趋势一致。

2. 流速分布特征

在工况 R_{12} 下，进水口 S_1 断面的平均流速为 38.14cm/s，出水口 S_{15} 断面的平均流速为 30.88cm/s，流速减小了 7.26cm/s，降幅为 19.04%。滩中断面的主槽区水流流速高于两侧水流流速。由此可见，从进水口断面至出水口断面，流速呈现沿程减小的趋势，滩地边缘区的水流流速明显小于主槽区流速，主槽区流速横向上变化较小。工况 R_{12} 下沿程流速分布特征如图 5.12 所示。由图 5.12 可以看出，顺直河岸边滩水流表面流速的方向大多与河道主槽方向保持一致。当水流流经滩地时，河道主槽区的水流会产生偏离滩地的横向流速。当水流流经下一个滩地时，滩地又会产生一个反向的横向流速，由于滩槽间的水流动量交换，水流流速会呈现"S"形曲线的减小趋势。

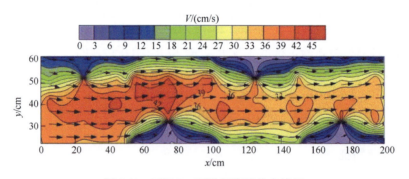

图 5.12　工况 R_{12} 下沿程流速分布特征

3. Fr 值变化特征

Fr 作为一个重要的水力学参数，主要用于判别水流流态。当 Fr<1 时，水流为缓流；当 Fr=1 时，水流为临界流；当 Fr>1 时，水流为急流。工况 R_{12} 下各断面水流 Fr 值变化特征如图 5.13 所示。由图 5.13 可知，顺直河岸边滩分布的水流 Fr 值在 0.35～0.49，小于 1，水流属于缓流，Fr 值呈现减小的趋势，河道水流流态变缓。

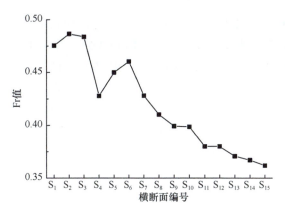

图 5.13　工况 R_{12} 下各断面水流 Fr 值变化特征

5.2.2　凹岸边滩的水动力特性

1. 水深变化特征

工况 R_3 下沿程水深变化特征如图 5.14 所示。由图 5.14 可知，由于弯道段水头损失较大，且受二次流以及滩槽间水流动量交换的影响，水深整体呈现下降的趋势，所以 $dh/ds<0$，即凹岸边滩的河道水面为跌水水面。当蜿蜒型河道两侧河岸没有滩地时，水流进入河道弯道呈现曲线运动，弯道水流受到离心惯性力作用，此时离心力的方向从凸岸指向凹岸，为平衡离心惯性力会产生一个横向的水面坡降，表现为凹岸横向水深大于凸岸。当蜿蜒型河道在凹岸弯顶处存在滩地时，水流会发生变化。例如，在工况 R_3 下，凹岸边滩的河道主槽区进水口 S_1 断面的平均水深为 10.05cm，在 S_7 断面的平均水深最大，为 10.68cm，出水口 S_{15} 断面的平均水深为 9.45cm。在主槽区，$S_1 \sim S_7$ 断面的水深增加 0.63cm，增幅为 6.27%，又由于模型区域的坡降为 0.002，$dh/ds>0$，水面曲线为壅水曲线；$S_7 \sim S_{15}$ 断面的水深降低了 1.23cm，降幅为 11.52%，$dh/ds<0$，水面线为跌水曲线。主槽区水深总体减小了 0.60cm，水深降幅为 5.97%，$dh/ds<0$，凹岸边滩河道的水面为跌水水面。

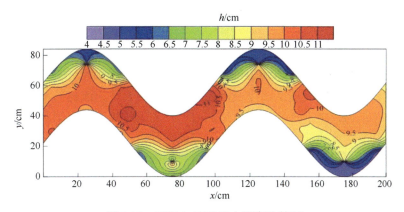

图 5.14　工况 R_3 下沿程水深变化特征

由图 5.14 可以看出，对于边滩在蜿蜒型河道凹岸位置的情况，沿着主流方向的前两个弯道水深逐渐增加（dh>0），模型的坡降为 0.002，所以 dh/ds>0，即在前两个弯道水面为壅水水面。后两个弯道水深逐渐减小（dh<0），所以 dh/ds<0，即在后两个弯道水面为跌水水面。水流进入河道弯道后，因弯道水流受离心惯性力作用而产生水面横比降。在洪水位条件下，河道主槽区水流运动趋于直线运动，水流受到凸岸的顶托作用，其横向水深表现为凸岸水深大于凹岸水深。从凹岸至凸岸，水深呈现线性增加的趋势，即横向水深表现为凹岸水深小于凸岸水深。对于凹岸边滩，单个弯道的水深呈现轴对称分布的特点，相邻两个弯道断面的水深横向分布的变化趋势具有显著的反对称特点。

因此，滩地边缘区的水深呈现先增后减的趋势，在滩中水深达到最大值。四个滩地上的平均水深沿着主流方向先增加后减小，分别为 6.10cm、6.13cm、5.20cm 和 4.47cm。滩地区水深的变化趋势与河道主槽区水深变化趋势一致，由于滩地的顶托作用，滩地区的水面曲线与主槽区的水面曲线近似。

2. 流速分布特征

在工况 R$_3$ 下，进水口 S$_1$ 断面的平均流速为 29.33cm/s，出水口 S$_{15}$ 断面的平均流速为 29.11cm/s。工况 R$_3$ 下沿程流速分布特征如图 5.15 所示。由图 5.15 可以看出，当水流从滩头流至滩中时，平均流速增加。当水流经过滩中流至下一个滩头时，平均流速减小，主槽区平均流速基本未发生变化。

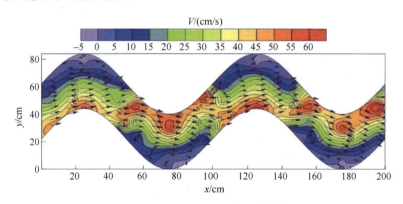

图 5.15　工况 R$_3$ 下沿程流速分布特征

由图 5.15 可以看出，河道水流表面流速沿河槽横向分布特征沿程会发生变化。当水流进入弯道时，河道表面流速从凹岸至凸岸逐渐增加，表现为流速的最大值位于凸岸附近，水流流出弯顶后，由于水流受到弯道离心惯性力的作用，凸岸附近的表面流速开始逐渐减小，同时凸岸流速的最大值逐渐偏移到河对岸附近。相邻两个弯道断面的纵向流速分布具有显著的反对称特点。上下游相邻两个弯顶之间的区域表面流速的最大值呈现先增加后减小的变化趋势，即弯顶附近表面流速的最大值会大于过渡段表面区域的流速最大值，由水流的连续性可判断，断面最大流速并不在水面，而是移向水面以下，这种情况说明，过渡段区域流速出现了"dip"现象。水流漫滩后，上层水流"大水趋直"的运动以及底层弯道作用,使得主流区偏向凹岸滩地,滩尾及滩尾附近河岸产生负向流速,水流发生逆流而上,在滩头附近水流又重新流至河道主槽,在滩地区的水流表面形成回流,使得主槽水流表面流速有所增加。从图 5.15 中的流场矢量线可以观察到,虽然水流表面流速在河道横向和纵向上均有显著的变化,但是河道表面流速的方向大多沿着弯道主槽的方向保持不变。

在滩地边缘区,水流沿着滩地边缘流动,在滩尾与河岸衔接处产生"碰撞",导致水流一部分沿主流向下,另一部分沿边界形成回流。凹岸边滩区流速很小,甚至出现较大的负向流速,即凹岸边滩流速与河道主槽的纵向流速方向相反,在滩地区形成回流后,水流又从滩头处流回主槽区,相当于起到了"束窄河宽"的作用,从而增加了河道主槽区的流速。

3. Fr 值变化特征

工况 R_3 下各断面水流 Fr 值变化特征如图 5.16 所示。由图 5.16 可知,凹岸边滩分布的水流 Fr 值在 0.28~0.35,Fr 值小于 1,水流属于缓流。当水流从滩头流向滩尾时,Fr 值减小;当水流从滩尾流向下一个边滩滩头时,Fr 值增加。在整个沿程中,Fr 值总体呈现增加的趋势,凹岸边滩分布的水流流态呈现变急的趋势。

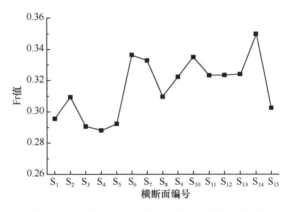

图 5.16 工况 R_3 下各断面水流 Fr 值变化特征

5.2.3 凸岸边滩的水动力特性

1. 水深变化特征

在工况 R_6 下,凸岸边滩的河道主槽区进水口 S_1 断面的平均水深为 10.30cm,在 S_7 断面的平均水深达到最大,为 10.95cm,出水口 S_{15} 断面的平均水深为 9.73cm。工况 R_6 下沿程水深变化特征如图 5.17 所示。由图 5.17 可以看出,由于模型坡降为 0.002,即在 S_1~S_7 断面,$dh/ds>0$,水面为壅水水面;在 S_7~S_{15} 断面,$dh/ds<0$,水面为跌水水面。主槽区的平均水深整体减小 0.57cm,平均水深降幅为 5.53%,凸岸边滩河道的水面为跌水曲线。当水流进入弯道后,因弯道水流受离心惯性力的作用而产生水面横比降;当凸岸存在边滩时,水深在中间位置较大,向两岸水深逐渐减小,横向水深呈现为上凸的趋势。

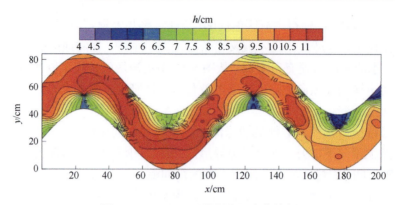

图 5.17　工况 R_6 下沿程水深变化特征

从图 5.17 可以看出，对于边滩分布于蜿蜒型河道的凸岸位置，沿着主流方向的前两个弯道水深逐渐增加（$dh>0$），由于模型的坡降为 0.002，所以 $dh/ds>0$，即在前两个弯道水面曲线为壅水曲线。后两个弯道水深逐渐减小（$dh>0$），由于模型的坡降为 0.002，所以 $dh/ds>0$，即在后两个弯道水面曲线为下凹曲线。由于弯道段的水头损失、二次流以及滩槽间水流动量交换等因素的影响，水深整体呈现下降的趋势，即凸岸边滩的河道水面曲线为跌水曲线。对于凸岸边滩的河道，其水深最大值位于河道主槽区中心附近，朝着河道两岸的水深减小，即横向的水面曲线表现为上凸曲线。单个弯道的水深总体呈现轴对称分布特点，相邻两个弯道断面的水深横向分布的变化趋势基本一致。

滩地边缘区的水深呈现先增后减的趋势，在滩中边缘区水深达到最大值。四个滩地上的平均水深沿着主流方向呈现先增加后减小的趋势，分别为 6.30cm、6.73cm、5.67cm 和 5.20cm。在纵向上，滩地区水深的变化趋势与河道主槽区水深的变化一致，由于滩地的顶托作用，滩地区水面曲线与主槽区的水面曲线近似。

2. 流速分布特征

工况 R_6 下沿程流速分布特征如图 5.18 所示。由图 5.18 可以看出，在工况 R_6 下，进水口 S_1 断面的平均流速为 27.43cm/s，出水口 S_{15} 断面的平均流速为 20.10cm/s，河道主槽区的平均流速整体呈现减小的趋势，减小了 7.33cm/s，减小幅度为 26.72%。当水流从滩头流至滩尾时，平均流速减小；当水流经过滩尾流至下一个滩头时，平均流速增加。

由图 5.18 可以看出，河道水流表面流速沿河槽横向的分布特征沿程变化显著，且在相邻两个弯道断面的纵向流速分布具有显著的反对称特点。水流进入弯道后，河道表面流速从主槽中心至河道两岸逐渐减小，表面流速的最大值位于主槽中心附近；水流流出上游弯顶后，流速的最大值逐渐偏移到左岸附近，甚至在下游弯道附近最大流速会向左岸移动，同时右岸区域的表面流速减小，尤其是在上下游弯道之间的过渡段，左岸区域的表面流速甚至出现与主流速相反的负值，从而在水流表面形成回流。相邻两个弯道断面的纵向流速分布情况具有显著的反对称特点。上下游相邻两弯顶之间的区域表面流速最大值呈现先增加后减小的变化趋势，即弯顶附近的表面流速最大值会大于过渡段表面区域的流速最大值，由水流的连续性可判断出断面最大流速并不在水面，而是移向水面

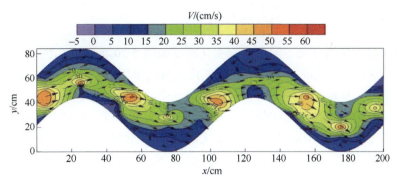

图 5.18　工况 R_6 下沿程流速分布特征

以下位置，这种情况说明过渡段区域流速出现了"dip"现象。从图 5.18 中的流场线可知，河道表面流速方向大多沿着弯道主槽的方向保持不变。受凸岸边滩的影响，滩地边缘区在滩地左侧的流速较大且具有较大的横向流速，在滩地右侧的流速较小甚至有负纵向流速，即凸岸边滩右侧流速与河道主槽的纵向流速方向正好相反。滩地区的表面流速明显小于主槽区的表面流速，同时也具有较大的横向流速。

3. Fr 值变化特征

工况 R_6 下各断面水流 Fr 值变化特征如图 5.19 所示。由图 5.19 可以看出，凸岸边滩分布的水流 Fr 值在 0.16～0.32，Fr 值小于 1，水流属于缓流。当水流从滩头流向滩尾时，Fr 值减小，水流从滩尾流向下一个边滩滩头时，Fr 值增加。总体而言，Fr 值呈现减小的趋势，凸岸边滩分布河道的水流流态逐渐减缓。

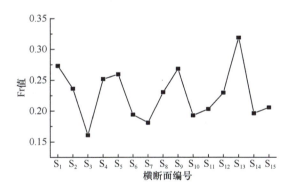

图 5.19　工况 R_6 下各断面水流 Fr 值变化特征

5.3　滩地分布方式的水动力特性

5.3.1　顺直河岸边滩分布的水动力特性

1. 边滩交错分布对水流特性的影响

选择 R_{10}、R_{11} 和 R_{12} 三组工况研究顺直河岸边滩的交错分布方式对水流特性的影响。

1）水深变化特征

顺直河岸边滩交错分布下河道水深变化特征如图 5.20 所示。由图 5.20 可以看出，在 R_{10}、R_{11} 和 R_{12} 三组工况下，河道水深变化趋势基本一致，从进水口断面到出水口断面水深沿程增加，呈现壅水趋势。当水流流经一个滩地时，河道水深近似增加了 1cm，河道横向水深的最大值在近边滩位置。就三组工况相比而言，在同一横断面上，河道平均水深大小顺序表现为：$R_{10}<R_{11}<R_{12}$。在上游，断面的平均水深相差较大，向下游，断面平均水深逐渐接近。在三组工况下，进水口 S_1 断面的平均水深大小顺序为：R_{10}（6.03cm）$<R_{11}$（6.08cm）$<R_{12}$（6.53cm），下游出水口 S_{15} 断面的平均水深大小顺序为：R_{10}（9.00cm）$<R_{11}$（9.03cm）$<R_{12}$（9.10cm），增幅分别为 49.25%、48.52% 和 39.36%。河道平均水深随着边滩面积的增加而增加，平均水深的增幅随着边滩面积的增加而减小。

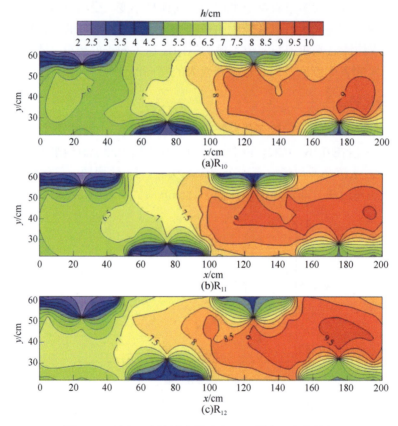

图 5.20　顺直河岸边滩交错分布下河道水深变化特征

顺直河岸边滩交错分布下河道平均水深与滩地平均淹没水深情况如表 5.5 所示。由表 5.5 可知，在 R_{10}、R_{11} 和 R_{12} 三组工况下，上游平均水深分别为 5.83cm、6.21cm 和 6.48cm，下游平均水深分别为 8.66cm、8.88cm 和 9.12cm，分别增加了 48.5%、43.0% 和 40.7%。滩地平均淹没水深变化趋势与河道水深的变化趋势基本一致。在上游，滩地平均淹没水深分别为 2.07cm、2.27cm、2.37cm，下游滩地平均淹没水深分别为 3.93cm、4.18cm、4.35cm，分别增加了 89.86%、84.14% 和 83.54%。

表 5.5　顺直河岸边滩交错分布下河道平均水深与滩地平均淹没水深　（单位：cm）

工况	河道平均水深				滩地平均淹没水深			
	H_1	H_2	H_3	H_4	h_1	h_2	h_3	h_4
R_{10}	5.83	7.01	8.39	8.66	2.07	2.67	3.85	3.93
R_{11}	6.21	7.30	8.55	8.88	2.27	2.82	3.90	4.18
R_{12}	6.48	7.46	8.61	9.12	2.37	3.00	3.97	4.35

2）流速分布特征

顺直河岸边滩交错分布下流速分布特征如图 5.21 所示。由图 5.21 可以看出，R_{10}、R_{11} 和 R_{12} 三组工况下流速分布基本相同。河道主槽流速从进水口断面至出水口断面沿程减小，主槽流速在横向上变化不明显，滩地上的水流流速明显小于主槽流速。当水流流经滩地时，河道主槽的水流会偏离滩地；当水流流经下一个滩地时，又会产生反向的横向流速，主槽流速呈现"S"形分布。当水流漫滩时，滩地区的流速比河道主槽流速小，从而产生滩槽水流的相互作用，在滩槽交界面会形成由主槽向滩地传递动量的立轴漩涡（隋斌，2017），而导致水流流动比较紊乱，能量损失增加，使流速沿程减小。为进一步比较 R_{10}、R_{11} 和 R_{12} 三组工况下断面平均流速的整体变化，经计算可得，

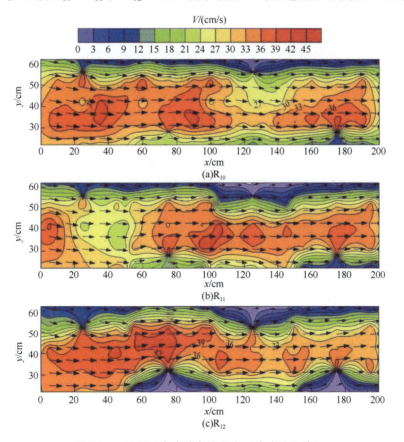

图 5.21　顺直河岸边滩交错分布下流速分布特征

在进水口 S_1 断面，三组工况下平均流速的大小顺序为：R_{10}（34.54cm/s）$< R_{11}$（35.84cm/s）$< R_{12}$（36.89cm/s），在出水口 S_{15} 断面，三组工况下平均流速的大小顺序为：R_{10}（28.95cm/s）$< R_{11}$（29.54cm/s）$< R_{12}$（29.87cm/s），三组工况下平均流速的降幅分别为 16.18%、17.58% 和 19.03%。

3）Fr 值变化特征

顺直河岸边滩交错分布下各断面水流 Fr 变化特征如图 5.22 所示。由图 5.22 可知，在 R_{10}、R_{11} 和 R_{12} 三组工况下，水流的 Fr 值在 0.28～0.48，河道各断面的 Fr 值均小于 1，水流属于缓流。并且在相应断面上，三组工况下水流 Fr 值的大小顺序为：$R_{10} < R_{11} < R_{12}$。在进水口 S_1 断面，三组工况下水流 Fr 值的大小顺序为：R_{10}（0.424）$< R_{11}$（0.438）$< R_{12}$（0.476）。在出水口 S_{15} 断面，三组工况下水流 Fr 值的大小顺序为：R_{10}（0.334）$< R_{11}$（0.342）$< R_{12}$（0.362），三组工况的 Fr 值降幅分别为 21.23%、21.92% 和 23.95%，即随着滩地面积的增加，Fr 值降幅增加。在河流纵向上，三组工况下水流 Fr 值变化趋势基本相同，均表现为沿程减小的趋势。由顺直河岸边滩交错分布河道水深与流速分布特征分析可知，三组工况下水深增幅的大小顺序为：$R_{10} > R_{11} > R_{12}$，流速降幅的大小顺序为：$R_{10} < R_{11} < R_{12}$，进一步计算可得，三组工况下，水流 Fr 值减幅的大小顺序为：$R_{10} < R_{11} < R_{12}$。

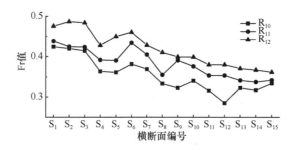

图 5.22　顺直河岸边滩交错分布下各断面水流 Fr 变化特征

2. 并排分布对水流特性的影响

选择 R_{13}、R_{14} 和 R_{15} 三组工况研究顺直河岸边滩的并排分布方式对水流特性的影响。

1）水深变化特征

顺直河岸边滩并排分布下河道水深变化特征如图 5.23 所示。由图 5.23 可以看出，河道水深从进水口断面到出水口断面沿程增加，水面呈现壅水状况，水深沿河道中心线轴对称。水流每经过一个滩地后，河道主槽与滩地的水深均有一定程度增加，河道水深最大值出现在河道主槽中心附近，向河道两侧，水深逐渐降低。在三组工况下，同一横断面上平均水深的大小顺序为：$R_{13} < R_{14} < R_{15}$，上游河道的平均水深相差最大约为 0.5cm；向下游，横断面的平均水深逐渐接近。R_{13}、R_{14} 和 R_{15} 三组工况相比，进水口 S_1 断面平均水深的大小顺序为：R_{13}（6.17cm）$< R_{14}$（6.70cm）$< R_{15}$（7.23cm），出水口 S_{15} 断面平均水深的大小顺序为：R_{13}（9.47cm）$< R_{14}$（10.13cm）$< R_{15}$（10.40cm），水深增幅分别

为：53.48%、51.19% 和 43.85%。边滩并排分布方式下，河道水深随着边滩面积的增加而增加，纵向水深增加的幅度会随着边滩面积的增加而减小。

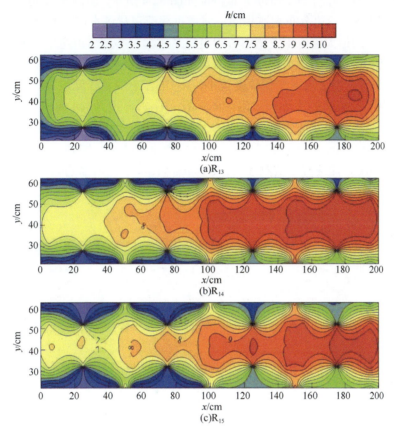

图 5.23　顺直河岸边滩并排分布下河道水深变化特征

顺直河岸边滩并排分布下主槽平均水深及滩地平均淹没水深如表 5.6 所示。由表 5.6 可知，在 R_{13}、R_{14} 和 R_{15} 三组工况下，河道水深在同一断面处的水深依次增加。在 R_{13}、R_{14} 和 R_{15} 三组工况下，上游平均水深分别为 6.54cm、6.76cm 和 7.16cm，下游平均水深分别为 9.52cm、9.71cm 和 9.93cm，主槽平均水深的增幅分别为 45.57%、43.64% 和 38.69%。上游滩地平均淹没水深分别为 2.62cm、2.82cm、2.93cm，下游滩地平均淹没水深分别为 4.57cm、4.62cm、4.78cm，滩地平均淹没水深的增幅分别为 74.43%、63.83% 和 63.14%。滩地淹没水深的变化趋势与主槽水深变化基本一致。

表 5.6　顺直河岸边滩并排分布下主槽平均水深及滩地平均淹没水深（单位：cm）

工况	主槽平均水深				滩地平均淹没水深			
	H_1	H_2	H_3	H_4	h_1	h_2	h_3	h_4
R_{13}	6.54	7.52	8.81	9.52	2.62	3.06	4.03	4.57
R_{14}	6.76	7.68	8.94	9.71	2.82	3.15	4.28	4.62
R_{15}	7.16	8.03	9.17	9.93	2.93	3.25	4.55	4.78

2）流速分布特征

顺直河岸边滩并排分布下流速分布特征如图 5.24 所示。由图 5.24 可知，在 R_{13}、R_{14} 和 R_{15} 三组工况下，流速分布大致相同。河道主槽流速从进水口断面至出水口断面沿程减小，主槽流速的最大值位于主槽中心附近，从主槽中心至河道两岸，流速逐渐减小。滩地上的水流流速明显小于主槽流速，滩地上流速在纵向上的变化幅度约为 5cm/s。三组工况相比，R_{13} 工况下流速变化幅度较小，R_{15} 的流速变化幅度最大。在三组工况下，进水口断面中平均流速的大小顺序为：$R_{13}<R_{14}<R_{15}$，分别为 38.58cm/s、39.68cm/s 和 40.77cm/s，而在出水口断面中平均流速的大小顺序为：$R_{13}>R_{14}>R_{15}$，分别为 31.76cm/s、30.81cm/s 和 30.75cm/s，三组工况下，河道平均流速降幅分别为：17.68%、22.35%和 24.58%。三组工况下流速降幅的顺序为：$R_{13}<R_{14}<R_{15}$，水深增幅的顺序为：$R_{13}>R_{14}>R_{15}$。

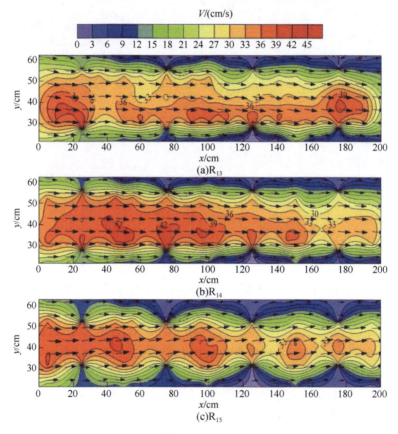

图 5.24　顺直河岸边滩并排分布下流速分布特征

3）Fr 值变化特征

顺直河岸边滩并排分布下各断面水流 Fr 值变化特征如图 5.25 所示。由图 5.25 可知，在 R_{13}、R_{14} 和 R_{15} 三种工况下，Fr 值在 0.3～0.5，各断面的 Fr 值均小于 1，且 Fr 值均自进水口 S_1 断面至出水口 S_{15} 断面沿程减小，河道水流均属于缓流。在河道的上游断面，Fr 值随着滩地横纵径增加而增大，其后 Fr 值随着滩地横纵径增加而减小。三组工况下，

进水口 S_1 断面 Fr 值的大小顺序为：R_{15}（0.484）>R_{14}（0.472）>R_{13}（0.466），出水口 S_{15} 断面 Fr 值的大小顺序为：R_{13}（0.330）>R_{14}（0.321）>R_{15}（0.310）。R_{15} 的 Fr 值在 S_2 断面之后的断面中均小于 R_{13} 与 R_{14} 的 Fr 值，R_{14} 的 Fr 值在 S_7 断面之后的断面中小于 R_{13} 的 Fr 值。

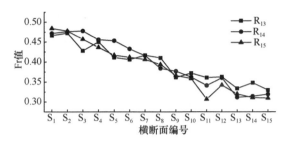

图 5.25　顺直河岸边滩并排分布下各断面水流 Fr 值变化特征

5.3.2　蜿蜒河岸边滩分布的水动力特性

1. 凹岸边滩交错分布对水流特性的影响

选择 R_1、R_2 和 R_3 三组工况研究蜿蜒凹岸边滩交错分布对水流特性的影响。

1）水深变化特征

凹岸边滩交错分布下河道水深变化特征如图 5.26 所示。由图 5.26 可知，R_1、R_2 和 R_3 三组工况下的水深变化趋势基本一致。对于凹岸交错分布的边滩，沿着主流方向的前两个弯道水深逐渐增加，dh>0，模型坡降为 0.002，所以 dh/ds>0，即在前两个弯道水面可见壅水现象。后两个弯道水深逐渐减小，dh>0，模型坡降为 0.002，所以 dh/ds>0，即在后两个弯道水面表现为跌水水面。由于弯道段的水头损失、二次流以及滩槽间水流动量交换的影响，水深整体呈现下降的趋势，即凹岸边滩的河道水面表现为跌水水面。对于无边滩的蜿蜒段，水流进入河道弯道呈现曲线运动，弯道水流受到离心惯性力的作用，且离心力的方向从凸岸指向凹岸，为平衡离心惯性力会产生一个横向的水面坡降，导致凹岸的横向水深大于凸岸。当凹岸分布有滩地时，受凹岸的影响，水深从凹岸至凸岸呈现线性增加的趋势，即凹岸水深小于凸岸水深。当凹岸边滩交错分布时，单个弯道的水深呈现轴对称分布的特点，相邻两个弯道断面水深分布的变化趋势具有明显的反对称特点。

随着凹岸边滩面积的增加，河道水深随之增加，即在 R_1、R_2 和 R_3 三组工况下，断面平均水深的大小顺序为：R_1<R_2<R_3。从进水口 S_1～S_7 断面，河道水深逐渐增加，水面为壅水水面；从 S_7～S_{15} 断面，河道水深逐渐降低，水面为跌水水面。因此，凹岸边滩分布的河道在前两个弯道断面水面会出现壅水现象，后两个弯道断面的水面会出现跌水现象。三组工况下，进水口 S_1 断面平均水深的大小顺序为：R_1（9.65cm）<R_2（9.85cm）<R_3（10.05cm），出水口 S_{15} 断面平均水深的大小顺序为：R_1（9.20cm）<R_2（9.32cm）<R_3（9.45cm），降幅分别为 4.66%、5.38% 和 5.97%。当凹岸边滩面积增加时，河道主

槽过流断面面积减小，导致河道沿程水深增加，水面线升高。随着边滩面积的增加，滩槽间水流动量交换增加，从而导致河道水深或水面线降幅增加。

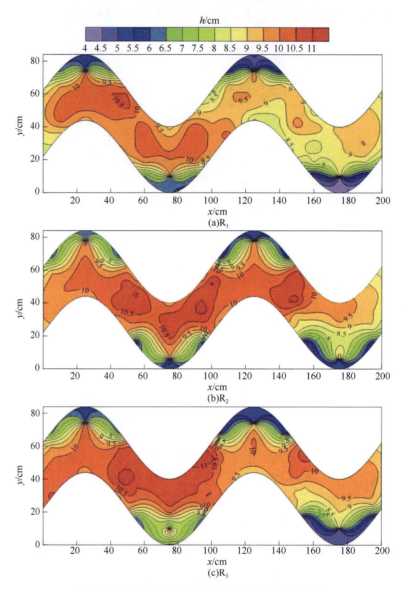

图 5.26　凹岸边滩交错分布下河道水深变化特征

为了进一步探究边滩分布下河道在各区段水深变化，沿着主流方向依次按 0.5λ 将河道分为四个河段，分别对主槽和滩地所测的水深数据进行平均计算。凹岸边滩交错分布下主槽平均水深及滩地平均淹没水深如表 5.7 所示。在 R_1、R_2 和 R_3 工况下，河道上游的平均水深分别为 9.91cm、9.98cm、10.21cm，下游的平均水深分别为 9.12cm、9.30cm、9.46cm，水深降幅分别为 7.97%、6.81%、7.35%。在流量相同的情况下，滩地的面积随着滩地横纵径的增大而增加，河道主槽过水断面面积减小，导致河道的过流能力减弱，河道主槽水深沿程增加，滩地上的水深随着主槽的水深增加而增加，反之则减小。在三组工况下，河道主槽水深最大值分别为 10.8cm、11cm、11.4cm，凹岸边滩面积的改变能够调节河道水深的变化。对比三组工况下河道主槽与滩地的水深可知，河道主槽水深增加的区域主要出现在前两个弯道，并且该弯道滩地水深随着滩地面积增加而增加，在后两个弯道中河道主槽水深有较为明显的降低，且后两个弯道的滩地水深随着滩地面积的增加而降低。

表 5.7　凹岸边滩交错分布下主槽平均水深及滩地平均淹没水深　　　　（单位：cm）

工况	主槽平均水深				滩地平均淹没水深			
	H_1	H_2	H_3	H_4	h_1	h_2	h_3	h_4
R_1	9.91	9.83	9.14	9.12	5.83	5.92	5.10	5.53
R_2	9.98	10.34	10.16	9.30	6.01	6.11	5.17	5.07
R_3	10.21	10.58	9.68	9.46	6.10	6.17	5.2	4.47

2）流速分布特征

凹岸边滩交错分布下流速分布特征如图 5.27 所示。由图 5.27 可以看出，R_1、R_2 和 R_3 三组工况下的表面流场分布具有相似的特征，河道水流表面流速沿河槽横向的分布特征沿程发生变化。当水流进入第一个弯道时，河道表面流速从凹岸至凸岸依次增加，流速最大值在右岸附近；当水流流出弯顶后，由于水流受到弯道离心力和水流惯性力的作用，凸岸附近的表面流速逐渐减小，凸岸流速的最大值逐渐偏移至河对岸附近，两个相邻弯顶断面的纵向流速分布具有显著的反对称特点。上下游相邻两个弯顶之间的区域表面流速最大值呈现先增加后减小的变化趋势，即弯顶附近的表面流速最大值会大于过渡段。由水流的连续性可判断，弯顶间的断面最大流速并不在水面，而是移向水面以下位置，说明过渡段流速出现了"dip"现象。

由图 5.27 可以看出，滩地边缘区的水流顺着滩地边缘流动，在滩尾与河岸衔接处产生分流，一部分水流沿主流而下，另一部分水流则沿边界在滩地区形成回流。凹岸边滩区流速很小，甚至出现较大的负纵向流速，即凹岸边滩流速与河道主槽的纵向流速方向相反，在滩地区形成回流，又从滩头处流回主槽区，从而增加了河道主槽区的流速。由图 5.27 中流线可以看出，水流的表面流速方向大多是沿着弯道走向的。

在凹岸边滩区所形成的回流能够增加河道主槽区的水流流速，随着滩地面积的增加，河道主槽区过水面积减小，凸岸位置局部流速明显增加，但横断面的平均流速仅有小幅度增加。由于弯道水流存在断面环流和滩槽交界处存在水平剪切层，河道横断面的平均流速会有所减小。在三组工况下，进水口断面 S_1 平均流速的大小顺序为：R_1（28.35cm/s）<R_2（28.54cm/s）< R_3（29.33cm/s），出水口断面 S_{15} 平均流速的大小顺序为：R_1（28.22cm/s）<R_2（28.37cm/s）< R_3（29.11cm/s）。由此可见，在三组工况下，横断面平均流速在纵向上略有减小，减小幅度在 5cm/s 以内。三组工况的河道断面平均流速整体降幅分别为 0.46%、0.60% 和 0.75%，随着滩地面积的持续增加，由滩槽水流交换产生的能力损失增加，导致断面平均流速的降幅上升。

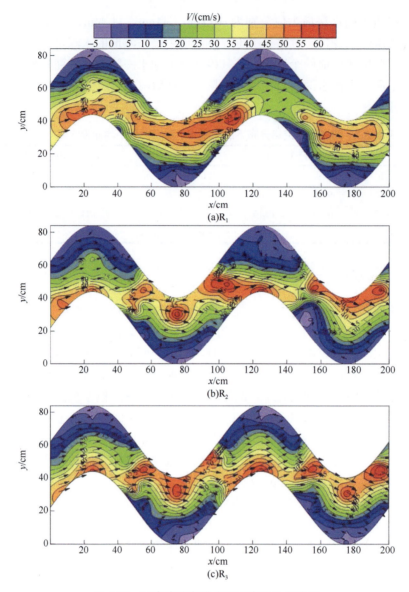

图 5.27　凹岸边滩交错分布下流速分布特征

3）Fr 值变化特征

凹岸边滩交错分布下各断面水流 Fr 值变化特征如图 5.28 所示。由图 5.28 可以看出，R_1、R_2 和 R_3 三组工况下，水流 Fr 值在 0.23～0.35，Fr 值均小于 1，表明水流属于缓流。当水流从滩头流向滩尾时，Fr 值呈现减小的趋势。当水流从滩尾流向下一个边滩滩头时，Fr 值总体呈现增加的趋势。由于在三组工况下，水深降幅的顺序为：$R_1 < R_2 < R_3$，流速降幅的顺序为：$R_1 < R_2 < R_3$，则 Fr 值的增幅顺序为：$R_1 > R_2 > R_3$。在三组工况下，进水口 S_1 断面 Fr 值的大小顺序为：R_1（0.292）$< R_2$（0.294）$< R_3$（0.296），出水口 S_{15} 断面 Fr 值的大小顺序为：R_1（0.328）$> R_2$（0.317）$> R_3$（0.303），Fr 值的增加幅度分别为 12.33%、7.82% 和 2.36%。进一步比较凹岸边滩交错分布河道水深降幅（4.66%～5.97%）和河道水流表面流速降幅（0.46%～0.75%）可知，凹岸边滩交错分布下河道水深降低幅度大于水流表面流速的降低幅度，水流总体呈现变急的趋势，其水流流态在滩地面积增加时主要受到水深影响较大，受到流速的影响较小。

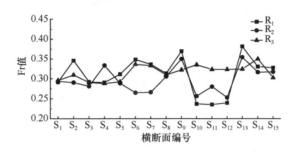

图 5.28　凹岸边滩交错分布下各断面水流 Fr 值变化特征

2. 凸岸边滩交错分布对水流特性的影响

选择 R_4、R_5 和 R_6 三组工况研究凸岸边滩交错分布对河道水流特性的影响。

1）水深变化特征

凸岸边滩交错分布下水深变化特征如图 5.29 所示。由图 5.29 可知，R_4、R_5 和 R_6 三组工况下水深变化的特征基本相似。当水流进入弯道时，沿着主流方向的前两个弯道水深逐渐增加（$dh>0$），由于模型坡降为 0.002，所以 $dh/ds>0$，即在前两个弯道水面表现为壅水状态。后两个弯道水深逐渐减小（$dh<0$），所以 $dh/ds<0$，即在后两个弯道水面曲线为下降。由于弯道段的水头损失较大和受二次流的影响，从进水口 S_1 断面至出水口 S_{15} 断面河道水深整体减小。相邻两个弯道在弯顶凹岸至下一个弯顶凸岸的水深呈现出增加的趋势。当水流进入弯道后，弯道水流受离心惯性力作用而产生水面横比降，同时又受到凸岸边滩边界对河道水流的顶托作用，使得主槽水深的最大值出现在凸岸附近。在凸岸边滩交错分布方式下，其水深最大值出现在河道主槽中心附近，向两岸方向水深减小。对于凸岸边滩交错分布的河道，单个弯道的水深总体呈现轴对称分布的特点，相邻两个弯道断面的水深横向分布的变化趋势基本一致。滩地水深受主槽水深影响，滩地水深的变化趋势与主槽水深变化一致，由于滩地顶托作用，滩地的水面线与主槽的水面线近似相平。

由图 5.29 可知，R_4、R_5 和 R_6 三组工况下横断面平均水深的变化趋势与凹岸边滩分布的情况基本相似，即在前两个弯道呈现壅水趋势，后两个弯道呈现跌水趋势。对于凸岸边滩交错分布的河道，随着滩地面积的增加，三组工况下河道横断面的平均水深大小顺序为 ：$R_4<R_5<R_6$。进水口 S_1 断面平均水深大小顺序为：R_4（9.88cm）$<R_5$（10.12cm）$<R_6$（10.30cm），且在 S_7 断面的平均水深最大，大小顺序为：R_4（10.18cm）$<R_5$（10.38cm）$<R_6$（10.68cm），出水口 S_{15} 断面的平均水深大小顺序为：R_4（9.45cm）$<R_5$（9.63cm）$<R_6$（9.73cm），河道断面水深整体降幅分别为 4.35%、4.84%和 5.53%。对于凸岸边滩交错分布的河道，河道水深和水深降幅均随着滩地面积的增加而增加。

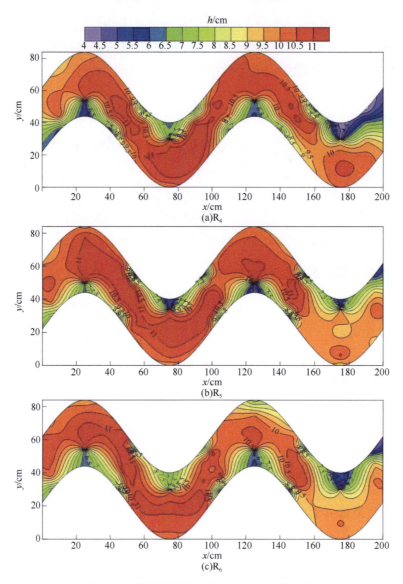

图5.29 凸岸边滩交错分布下水深变化特征

　　凸岸边滩交错分布下主槽平均水深及滩地平均淹没水深如表5.8所示。由表5.8可知，在 R₄、R₅ 和 R₆ 三组工况下，上游河道主槽平均水深分别为 10.26cm、10.60cm、10.43cm，下游的平均水深分别为 9.69cm、9.73cm、9.69cm，三组工况下平均水深分别下降了 5.56%、8.21%、7.09%，河道的最大水深分别为 11.6cm、11.8cm 和 12.0cm。其中，在各工况下，滩地上平均水深均沿程降低，滩地水深随滩地面积的增大而增加。对比 R₁、R₂ 与 R₃ 的水深与 R₄、R₅ 和 R₆ 的水深可以发现，凸岸边滩分布的河道各弯段处的平均水深与最大水深的测量值分别大于同横纵径凹岸边滩分布的各弯段的平均水深与最大水深。比较 R₃ 与 R₄ 的水深可以看出，在 R₄ 工况下各弯段处的平均水深与最大水深的测量值也分别大于 R₃ 工况，说明河道水深变化受凸岸边滩的影响比较大。

表 5.8　凸岸边滩交错分布下主槽平均水深及滩地平均淹没水深　（单位：cm）

工况	主槽平均水深				滩地平均淹没水深			
	H_1	H_2	H_3	H_4	h_1	h_2	h_3	h_4
R_4	10.26	10.63	9.92	9.69	5.93	6.11	5.37	5.23
R_5	10.60	10.67	10.27	9.73	6.01	6.15	5.53	5.30
R_6	10.43	10.69	10.39	9.69	6.11	6.22	5.40	5.20

２）流速分布特征

凸岸边滩交错分布下流速分布特征如图 5.30 所示。由图 5.30 可以看出，在 R_4、R_5 和 R_6 三组工况下，流速横向分布基本一致。水流进入第一个弯段后，水流流速的较大

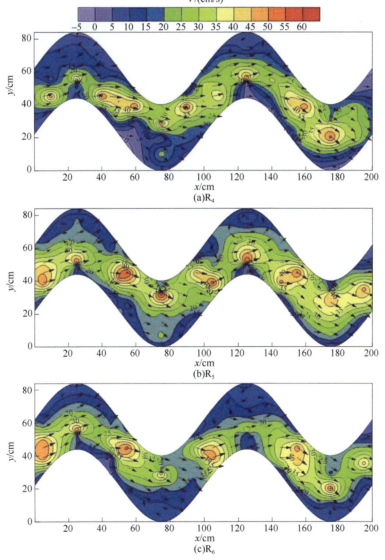

图 5.30　凸岸边滩交错分布下流速分布特征

值出现在偏向凸岸的滩地附近，而且滩地流速小于主槽。可见，在凸岸铺设滩地，会导致河道主槽向凹岸偏移，流速的最大值也向凹岸偏移，漫滩水流在凸岸滩地的流速明显小于主槽流速，但与凹岸弯道处的流速近似相等。当水流流出弯顶后，凸岸边滩和河岸边界对水流的作用逐渐减弱，由于河道凹岸的顶托作用而产生逆时针环流结构。从图 5.30 可以看出，河道表面流速的方向大多沿着蜿蜒河道主槽的方向保持不变。

三组工况下进水口断面 S_1 平均流速大小顺序为：R_4（27.23cm/s）$<R_5$（27.37cm/s）$<R_6$（27.43cm/s），出水口断面 S_{15} 平均流速大小顺序为：R_4（20.76cm/s）$>R_5$（20.44cm/s）$>R_6$（20.09cm/s）；三组工况下的平均流速在纵向上有所降低，其流速降幅分别为 23.76%、25.32%和 26.76%。

对比可知，凸岸边滩河道表面流速的分布特征与凹岸边滩表面流速的分布特存在一定的相似性。相比于凹岸边滩的河道表面流速，凸岸边滩的河道表面流速明显减小，主要是由于弯道水流的纵向流速偏向凸岸附近，当凹岸与凸岸间分别存在滩地时，凸岸滩槽间水流的相互作用将比凹岸滩槽间水流的相互作用更强，凸岸边滩河道水流的能量损失更大，其表现为河道表面流速减小，河道水深增加。

3）Fr 值变化特征

凸岸边滩交错分布下河道各断面水流 Fr 值变化特征如图 5.31 所示。由图 5.31 可以看出，总体而言，水流 Fr 值在 0.15~0.3，水流属于缓流。在三组工况下，Fr 值的变化趋势相同，总体呈现减小趋势。当水流从滩头流至滩尾时，Fr 值呈现减小的趋势；当水流从滩尾流向下一个边滩滩头时，Fr 值总体呈现增加的趋势。由凸岸边滩交错分布河道水深与流速的变化特征可以看出，在三组工况下，水深降幅大小顺序为：$R_4<R_5<R_6$，流速降幅大小顺序为：$R_4<R_5<R_6$，Fr 值降幅大小顺序为：$R_4<R_5<R_6$。在水流漫滩进水口 S_1 断面时，Fr 值大小顺序为：R_4（0.277）$>R_5$（0.275）$>R_6$（0.273）；在出水口 S_{15} 断面，Fr 值大小顺序为：R_4（0.219）$>R_5$（0.211）$>R_6$（0.206），其降幅分别为 20.94%、23.27%和 24.54%。滩槽交界面的动量交换增加了水流的能量损失，导致河道主槽流速减小，同时边滩的存在也会导致河道主槽水面壅高，进而使得 Fr 值减小。在洪水条件下，边滩表现为上冲下淤的态势，滩地顺流向下发育，即在滩头及滩头上游河岸易发生冲刷，因而有必要对滩头及滩头上游河岸进行稳固防护。

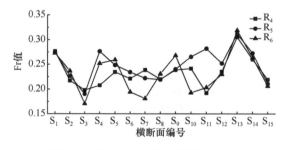

图 5.31　凸岸边滩交错分布下河道各断面水流 Fr 值变化特征

3. 凸岸边滩并排分布对水流特性的影响

选择 R_7、R_8 和 R_9 三组工况研究凸岸边滩并排分布对水流特性的影响。

1）水深变化特征

凸岸边滩并排分布下水深变化特征如图 5.32 所示。由图 5.32 可知，在 R_7、R_8 和 R_9 三组工况下，水深变化基本一致。当河道水流进入弯道时，其由弯顶凹岸流向弯顶凸岸，水深先增加再减小；水流由弯顶凸岸进入下一个弯道的弯顶凹岸时，水深先增加再减小。由于弯道段的水头损失比较大以及受二次流的影响，在边滩并排分布的情况下，水深自进水口断面至出水口断面减小，即水面呈现跌水水面。横向水深的最大值出现在

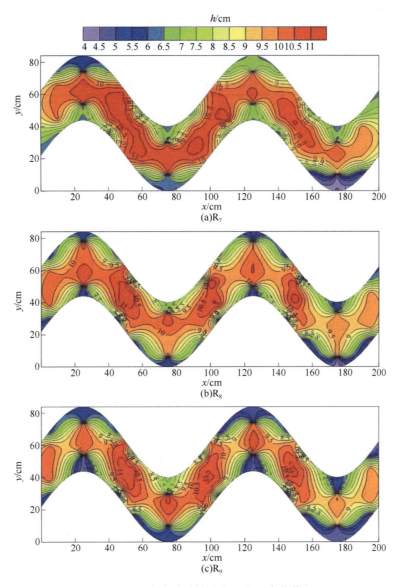

图 5.32　凸岸边滩并排分布下水深变化特征

河道主槽中心附近,向河岸两侧水深略有减小。滩地区的水深相对较小,由于滩地的顶托作用,边滩水面线与主槽区近似相平。在 R_7、R_8 和 R_9 三组工况下,河道水深变化与凹岸边滩分布方式下基本相似,即在前两个弯道水面呈现壅水趋势,后两个弯道水面呈现跌水趋势。河道水深随着滩地面积的增大而增加,水深降幅则随着滩地面积的增大而减小。

凸岸边滩并排分布下主槽平均水深及滩地平均淹没水深如表 5.9 所示。由表 5.9 可知,在 R_7、R_8 和 R_9 三组工况下,河道上游的平均水深分别为 10.45cm、10.47cm 和 10.53cm,下游的平均水深分别为 9.96cm、9.97cm 和 9.98cm,上下游的平均水深分别下降了 4.69%、4.78% 和 5.22%,河道的最大水深分别为 12cm、12.2cm 和 12.4cm。随着边滩横纵径的增加,河道主槽及边滩的水深均有一定程度的增加。比较表明,在凸岸边滩并排分布下,河道四个弯段的主槽平均水深比在凹岸边滩交错分布下增加了 0.62cm,比在凸岸边滩交错分布下增加了 0.18cm。由此可见,凸岸边滩比凹岸边滩对河道水深的影响更大。

表 5.9　凸岸边滩并排分布下主槽平均水深及滩地平均淹没水深　　（单位：cm）

工况	主槽平均水深				滩地平均淹没水深			
	H_1	H_2	H_3	H_4	h_1	h_2	h_3	h_4
R_7	10.45	10.71	10.33	9.96	6.15	6.18	5.53	5.48
R_8	10.47	10.76	10.39	9.97	6.21	6.27	5.72	5.37
R_9	10.53	10.83	10.51	9.98	6.30	6.42	5.84	5.33

2）流速分布特征

凸岸边滩并排分布下流速分布特征如图 5.33 所示。由图 5.33 可知,R_7、R_8 和 R_9 三组工况下的流速分布大致相同。当水流进入第一个弯道时,表面流速的最大值出现在河道主槽中心偏凸岸的附近,由于水流流出弯顶后,弯道水流受弯道离心力和水流惯性力的作用,流速最大的位置偏移至左侧凸岸附近,两个弯顶断面的纵向流速分布具有显著的反对称特点。在上下游相邻两个弯道之间的过渡区域,表面流速的最大值较上下游弯顶之间的区域最大表面流速均有明显的减小。虽然表面流速的大小及沿河槽横向分布特征沿程发生变化,但是表面流速的方向大多是沿着弯道主槽的方向保持不变。

三组工况下,进水口断面平均流速的大小顺序为：$R_7 < R_8 < R_9$,分别为 33.11cm/s、33.56cm/s 和 34.05cm/s,出水口断面平均流速的大小顺序为：$R_7 > R_8 > R_9$,分别为 32.48cm/s、32.46cm/s 和 31.41cm/s,三组工况下河道平均流速降幅分别为 1.9%、3.3% 和 7.8%。随着滩地面积的增加,河道主槽的水流表面流速的最大值呈现先增加后减小的趋势,而河道的平均流速和平均流速降幅则随着滩地面积的增加而增加。

3）Fr 值变化特征

凸岸边滩并排分布下各断面水流 Fr 值变化特征如图 5.34 所示。由图 5.34 可知,在 R_7、R_8 和 R_9 三组工况下,水流 Fr 值在 0.25～0.4,各断面的 Fr 值均小于 1,水流属于

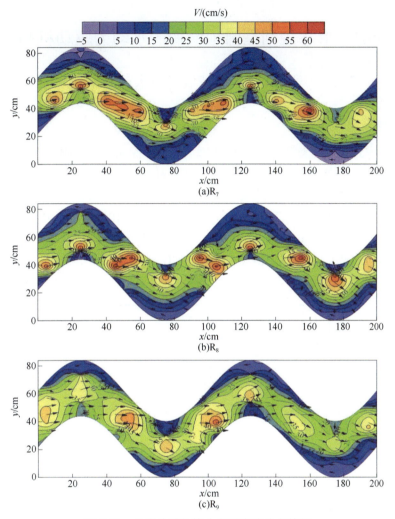

图 5.33　凸岸边滩并排分布下流速分布特征

缓流。在三组工况下，Fr 值的变化趋势相同，水流从滩头至滩尾，Fr 值增加，由滩尾至下一个滩头时，Fr 值减小。在三组工况下，进水口 S_1 断面的 Fr 值大小顺序为：R_7（0.357）<R_8（0.365）<R_9（0.377），出水口 S_{15} 断面的 Fr 值大小顺序为：R_7（0.329）>R_8（0.304）>R_9（0.278）。由此可见，凹岸边滩滩尾及其下游河岸更容易发生冲刷，凸岸滩头及其上游河岸更容易发生冲刷，因而需要对河道易冲刷处进行边坡稳固防护。

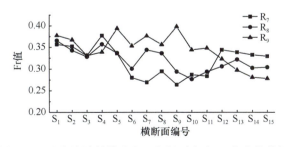

图 5.34　凸岸边滩并排分布下各断面水流 Fr 值变化特征

5.4　形态规则型滩地演变的水动力驱动机制

5.4.1　短宽规则型滩地演变的水动力驱动机制

1. 滩地网格模型的建立

选取寺后滩地为短宽规则型滩地的典型案例地，探究短宽规则型滩地的边缘区水流特性。寺后滩地位于龙洲街道寺后村，河段比降为2.01‰，河道曲率为1.53，属于高弯曲段边滩。寺后滩地为人工改造滩地，改造后的寺后滩地边缘形态较为规整，滩地上植被丰富多样。寺后滩地长464.76m，宽115.90m，周长1007.24m，面积为37378.26m²。寺后滩地的计算区域上游断面位于上杨村，断面宽149.79m，距滩头180m；下游断面位于下溪滩，断面宽136.78m，距滩尾200m，河段总长845.84m。寺后滩地模拟计算区域如图5.35所示。

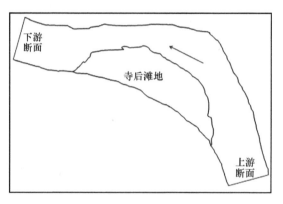

图5.35　寺后滩地模拟计算区域

采用三角形网格建立计算区域模型，为达到较好的模拟效果，在滩地边缘进行网格加密处理。模拟计算河段网格数共730个，网格节点1321个，最大网格面积为200m²，最小允许角度26°。寺后滩地数值计算网格模型如图5.36所示。

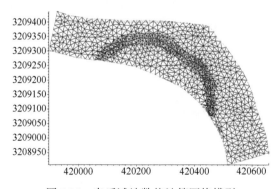

图5.36　寺后滩地数值计算网格模型

2. 边界条件

根据《防洪标准》(GB 50201—2014)，确定流域内乡村防护区等级为Ⅳ级，其防洪标准为十年一遇至二十年一遇。综合灵山港综合治理规划及设计报告，选择十年一遇洪水的防洪标准，设定相应的流量与水深。常水位条件下的计算数据采用 2016 年 10 月龙游县灵山港的实测水深与流速数据。根据各个主要断面流量与河道坡降特点，可通过插值获得各个模拟区域在十年一遇洪水条件下，上游断面及下游断面的设计洪峰流量；进一步查询灵山港河道流量–水位对应表，可获得下游断面设计洪峰流量对应的水位值。在十年一遇洪水条件下，各个主要控制断面设计洪峰流量及洪水位见表 5.10。经计算，在洪水位及常水位条件下，计算区域上游边界上流量分别为 797.5m³/s 和 34.85m³/s；下游边界上水位分别为 51.5m 和 48.83m。

表 5.10　十年一遇洪水条件下各个主要控制断面设计洪峰流量及洪水位

断面	主要控制断面设计洪峰流量/（m³/s）	主要控制断面设计洪水位/m
下杨	801	51.07
官村	792	58.67
石角	745	82.83
溪口	618	112.20
沐尘	505	131.48

3. 常水位条件下滩地边缘区水流特征

在常水位条件下，寺后滩地边缘区的水流特性主要根据模拟计算结果，从水深和流速两个方面进行分析。

1）水深变化特征

寺后滩地滩头与滩中水深变化分别如图 5.37 和图 5.38 所示。由图 5.37 和图 5.38 可知，在滩头与滩中部位水深较小，局部最大水深为 0.7m，与滩尾处的最大水深相差约 0.5m。在常水位条件下，流量较小，滩地各部分的过水断面宽度相近，因而流速大时水深较小。

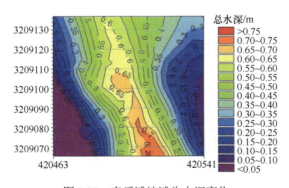

图 5.37　寺后滩地滩头水深变化

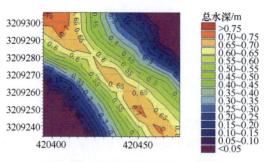

图 5.38　寺后滩地滩中水深变化

2）流速分布特征

流量为 34.85m³/s 工况下，寺后滩地附近流场分布情况如图 5.39 所示。图 5.39 中无水流通过的区域为其他滩地或堤防，黑色区域则为寺后滩地。由图 5.39 可以看出，模拟区域内水流平缓，水流经过滩头时流速较大，而后减小，经过滩中时又增大，越过滩中弯段后，流速减小。主要是由于滩地的淤积致使河道主槽变窄，过流断面面积减小，从而导致流速增大。通过放大局部流场，可以看出局部位置的流速变化细部特征。寺后滩地滩头和滩中流场细部特征分别如图 5.40、图 5.41 所示。由图 5.40、图 5.41 可以看出，虽然滩头处流速较大，但水流流态却较为稳定，未出现漩涡或主流流速方向突然改变等情况。滩中部位的情况与此基本相同。虽然在滩头与滩中的局部出现了流速增大的情况，但与整个河道流速平均值相比差距不大，约为 0.5m/s，且寺后滩地属短宽规则型滩地，滩地外缘边界线光滑，起伏较小，这使水流流经滩地边缘时，流速方向与滩地边界走向相同，减少对滩地边界的冲刷。

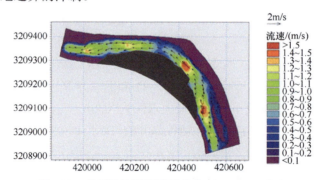

图 5.39　寺后滩地附近流场分布（Q=34.85m³/s）

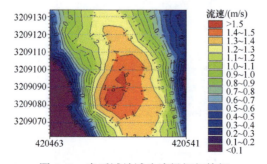

图 5.40　寺后滩地滩头流场细部特征

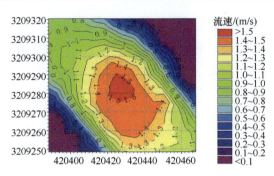

图 5.41　寺后滩地滩中流场细部特征

4. 洪水位条件下滩地边缘区水流特征

1）水位变化特征

为研究模拟区域内的水流情况，在计算区河道中心线上设置 7 个观测点（S1～S7），以便于观测各点的流速、水深等水流参数的变化。其中，S2、S3、S4、S5、S6 各两点间的距离相等，均为 120m，S2 位于滩头，S4 位于滩中，S6 位于滩尾。S1 与上游断面中点的距离为 107m，S7 与下游断面中点的距离为 103m，各个观测点分布情况如图 5.42 所示，各个观测点的位置等信息如表 5.11 所示。经过模拟计算，能够得出 S1～S7 各点的水位与河底高程。流量为 797.5m³/s 时，寺后滩地 S1～S7 点的流速、水位、河底高程、Fr 值的计算结果见表 5.11。根据 S1～S7 各点的高程值绘制水面线与河底坡降线，如图 5.43 所示。由图 5.43 可以看出，从上游至下游，水位沿程增加，水面比降为–0.38‰，而河底比降为 3.26‰。此结果表明，该研究区域内水面线为壅水曲线。由于寺后滩地对水流的作用，河道在洪水位条件下不能正常行洪，出现了滞洪现象。出现这种情况的主要原因是：寺后滩地为短宽规则型滩地，形状短宽，横径值相对较大，水流流经滩地时河道过水断面宽度减小，因此水位抬高。寺后滩地影响了河道的正常行洪，可能对下游居民正常的生产生活造成威胁。

表 5.11　寺后滩地 S1～S7 各点的位置、流速、水位、河底高程、Fr 值（Q=797.5m³/s）

观测点	X坐标	Y坐标	流速/（m/s）	水位/m	河底高程/m	Fr 值
S1	420562.11	3209034.40	2.67	53.24	50.33	0.49
S2	420526.27	3209116.10	1.53	53.29	49.41	0.25
S3	420434.25	3209237.52	1.58	53.34	49.06	0.24
S4	420336.07	3209305.03	1.33	53.43	49.51	0.21
S5	420224.04	3209348.94	1.52	53.46	49.13	0.23
S6	420088.98	3209269.13	1.90	53.48	49.53	0.31
S7	420011.36	3209345.11	1.52	53.49	48.19	0.21

2）流速分布特征

流量为 797.5m³/s 工况下，寺后滩地附近水流流场分布特征如图 5.44 所示。由图 5.44 可以看出，寺后滩地大部分被洪水淹没，河道内水流平顺，流速方向与河道走向基本相同，

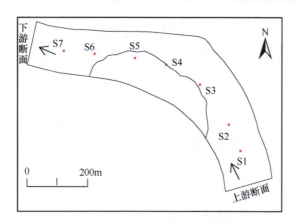

图 5.42　寺后滩地观测点分布情况

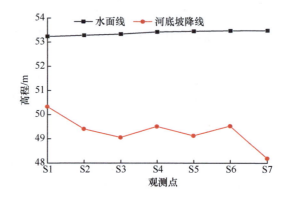

图 5.43　寺后滩地观测点水面线与河底坡降线比较

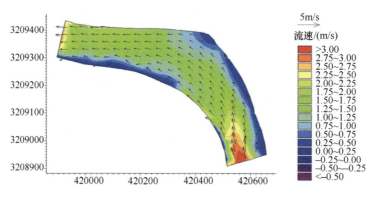

图 5.44　寺后滩地附近水流流场分布特征（$Q=797.5\text{m}^3/\text{s}$）

未出现流态紊乱的现象。寺后滩地的高程较河道高程高，水流流经滩地时水深较浅，流速较小，单宽流量不大。S1~S7 各点的流速见表 5.11。由表 5.11 可得，滩头（S2）处流速较大，达 1.53m/s；水流流经滩中（S4）时，河道宽度增加，流速降低；越过滩脊到达滩尾（S6）时，河道宽度减小，流速增加。流速整体呈现先减少后增大的趋势，这主要与河道过水断面的大小相关。由于寺后滩地处于高弯曲河段，河道曲率较大，河道凹岸受到离心惯性力的作用，在过水断面产生横向水面坡度或者称为横向超高 Δh，水流在断面内形成横向环流，从而加剧了泥沙在横断面上的输移，如图 5.45 所示。横向环流的存在使凹岸不断冲刷，凸岸不断淤积，滩地横径不断增大，形状更加短宽，导致河道宽度增大，河型更加弯曲。

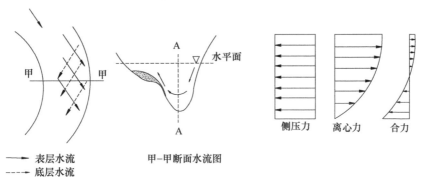

图 5.45　弯道横向输沙示意图

3）Fr 值变化特征

由 S1～S7 各点处的水位、河底高程及流速值能够计算各点的 Fr 值，计算结果见表 5.11。由表 5.11 可知，S1～S7 各点的 Fr 值均小于 1，据此可以判断水流为缓流，流态稳定。而寺后滩地的河底坡降线呈下降趋势，属于负坡，则河道水面线向下游将以水平线为渐近线。Fr 值的大小也进一步表明河道出现了壅水现象。在十年一遇的洪水情况下，洪峰流量过大，河道内的水流不能顺利通过，水面被不断抬高，存在漫堤的危险。

在常水位条件下，河道流量较小，未出现漫滩的现象。寺后滩地属于规则型滩地，其边界较为规则，水流平缓，流态较为稳定。在洪水位条件下，寺后滩地模拟计算区域出现了壅水情况，从而影响了行洪。由于河道内不存在其他挡水建筑物，因而需要考虑滩地的阻水作用。寺后滩地属于短宽型滩地，横纵径比值较大，形状较为短宽，在河道宽度处于一定范围内的情况下，过大的滩地横径致使滩地主槽的过水断面面积减小，在洪水发生时，无法及时泄洪，对下游产生影响。

5.4.2　窄长规则型滩地演变的水动力驱动机制

1. 滩地网格模型的建立

选取上杨村滩地作为窄长规则型滩地的典型案例地。上杨村滩地位于龙游县上杨村，河段比降为 2.01‰，河道曲率为 1.53，属于高弯曲段边滩。上杨村滩地形状狭长，滩地内由于水流的作用形成沟壑，但滩地形态上仍保持得相对完整，且边缘形态也比较规整。上杨村滩地长 626.51m，宽 60.93m，周长为 1279.66m，面积为 24176.14m²。上杨村滩地的网格计算模型的上游断面位于上杨村采砂场，断面宽 168.84m，距滩头 125m；下游断面位于下溪滩，断面宽 161.05m，距滩尾 220m。河道模型总长 870.76m。上杨村滩地模拟计算区域如图 5.46 所示。

图 5.46　上杨村滩地模拟计算区域

采用三角形网格剖分上杨村滩地计算区域，为达到较好的模拟效果，在滩地边缘进行网格加密处理。模拟计算河段网格数共 640 个，网格节点 1149 个，最大网格面积为 220m²，最小允许角度 26°。上杨村滩地数值计算网格模型如图 5.47 所示。

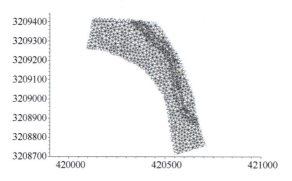

图 5.47　上杨村滩地数值计算网格模型

2. 边界条件

根据灵山港地形并结合表 5.10 进行插值计算可得，在十年一遇洪水条件下，上杨村滩地模拟计算区域上游断面流量为 796m³/s，下游断面水位为 52.1m。该条件下上游断面的流量与下游断面的水位分别被设定为洪水位条件下模型的进口流量与出口水位。此外，根据 2016 年 10 月实测的灵山港流速与水深数据计算流量与水位，将 34.78m³/s 与 49.21m 分别作为常水位条件下模型的进口流量与出口水位。

3. 常水位条件下滩地边缘区水流特征

1）水深变化特征

上杨村滩地滩尾水深变化特征如图 5.48 所示。由图 5.48 可知，水深在滩尾部位较小，最大流速处对应的水深仅 0.3m，与滩头处的最大水深相差近 0.7m。由于滩尾处水深较浅且断面宽度较窄，因而流速较大。

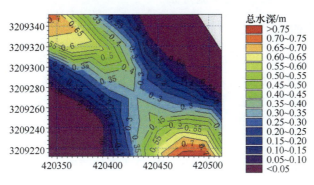

图 5.48　上杨村滩地滩尾水深变化特征

2）流速分布特征

流量为 34.78m³/s 工况下，上杨村滩地附近流场分布情况如图 5.49 所示，图 5.49 中无水流通过的区域为其他滩地或堤防，黑色区域则为上杨村滩地。由图 5.49 可以看出，水流较为平缓，水流流经滩尾时流速增大，越过滩尾后，流速减小。出现这种状况的原因主要是由于上杨村滩尾处主槽较窄，过流断面面积减小，所以流速增大。将滩尾处模拟结果放大，滩尾流速分布特征如图 5.50 所示。由图 5.50 可以看出，虽然滩尾处流速较大，但水流流态却较为稳定，并未出现漩涡或主流流速方向突然改变等情况。上杨村滩地属窄长规则型滩地，滩地外缘平顺流畅，水流流经滩地边缘时，流速方向与滩地边界走向相同。

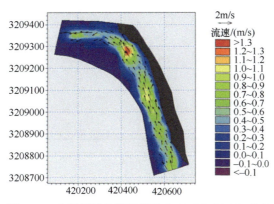

图 5.49　上杨村滩地附近流场分布（Q=34.78m³/s）

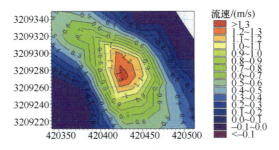

图 5.50　上杨村滩地滩尾流速分布特征

4. 洪水位条件下滩地边缘区水流特征

1）水位变化特征

为研究模拟区域内的水流情况，在计算区河道中心线上设置 7 个观测点（Y1～Y7），以便于观测各点的流速、水深等水流参数。其中，Y2、Y3、Y4、Y5、Y6 各两点间的距离相等，均为 130m，Y2 位于滩头，Y4 位于滩中，Y6 位于滩尾。Y1 与上游断面中点的距离为 64m，Y7 与下游断面中点的距离为 118m，观测点分布情况如图 5.51 所示，各个观测点位置等信息如表 5.12 所示。经过模拟计算，能够得出 Y1～Y7 各点水位与河底高程。流量为 796m³/s 时，上杨村滩地 Y1～Y7 点的流速、水位、河底高程、Fr 值计算结果见表 5.12。根据 Y1～Y7 各点的高程值绘制水面线与河底坡降线，如图 5.52 所示。由图 5.52 可以看出，从上游到下游，水面高程沿程降低，河底高程呈现先增后减的趋势。通过表 5.12 中的水位和河底高程数据计算得出，水面比降为 1.92‰，河底比降为 1.19‰。此结果表明该研究区域内水面线为跌水水面。由图 5.52 可以看出，水流经过滩头后，水面线与河底坡降线基本平行，因而洪水可以正常通过。上杨村滩地形状狭长，横径较小，在滩地参与形成的复式河床内主槽依然很大，所以当发生十年一遇的洪水时，基本不会出现壅水现象，滩地并不影响行洪。

表 5.12　上杨村滩地 Y1～Y7 各点的位置、流速、水位、河底高程、Fr 值（Q=796m³/s）

观测点	X 坐标	Y 坐标	流速/（m/s）	水位/m	河底高程/m	Fr 值
Y1	420613.98	3208795.51	2.28	53.73	49.84	0.37
Y2	420670.24	3208874.55	2.41	53.63	50.50	0.43
Y3	420563.78	3209005.15	3.03	53.03	49.92	0.55
Y4	420536.84	3209154.81	2.43	52.77	49.69	0.44
Y5	420447.88	3209293.55	1.73	52.67	49.45	0.31
Y6	420339.06	3209400.80	1.93	52.57	49.33	0.34
Y7	420226.89	3209328.28	2.30	52.39	49.01	0.40

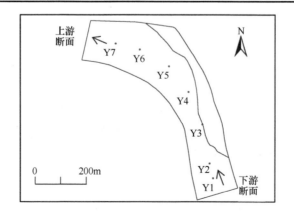

图 5.51　上杨村滩地观测点分布情况

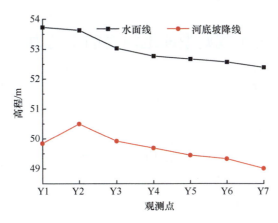

图 5.52 上杨树滩地观测点水面线与河底坡降线比较

2）流速分布特征

流量为 796m³/s 时，上杨村滩地附近水流流场分布特征如图 5.53 所示。由图 5.53 可以看出，上杨村滩地几乎全部被洪水淹没，模拟区域内水流相对平顺，流速方向基本与河流走向相同。由表 5.12 可以看出，上杨村滩地滩中部分流速较大，滩尾部分流速较小且水深较浅，单宽流量较小。出现这种现象的主要原因是滩中部分的河道较窄，过水断面面积较小，所以流速增大。滩尾处为河道弯曲段，河宽较宽，所以流速减小。

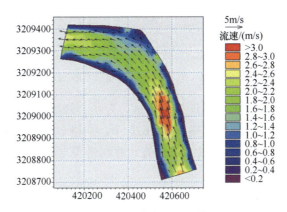

图 5.53 上杨村滩地附近水流流场分布特征（Q=796m³/s）

3）Fr 值变化特征

由 Y1～Y7 各点处的水位、河底高程及流速值能够计算各点的 Fr 值，计算结果见表 5.12。由表 5.12 可知，Y1～Y7 各点的 Fr 值均小于 1，水流为缓流，沿程水流流态并未发生改变。上杨村滩地所在河段的河槽宽度变化不大，河底高程变化平缓，未出现跌水现象。在常水位条件下，由于上杨村滩地为规则型滩地，边界形态规则，因此流态较为稳定。在洪水位条件下，由于上杨村滩地为窄长型滩地，横纵径比值较小，形状比较狭长，河道内主槽宽度依然很大，所以当发生十年一遇的洪水时，该滩地不会影响河道的泄洪能力。

5.5 形态不规则型滩地演变的水动力驱动机制

5.5.1 窄长不规则型滩地演变的水动力驱动机制

1. 滩地网格模型的建立

选取姜席堰滩地作为窄长不规则型滩地的典型案例地。姜席堰滩地位于姜席堰下游，河段比降为 2.01‰，河道曲率为 1.53，属于高弯曲段边滩。姜席堰滩地受人工干扰程度严重，滩地内存在沟壑与深坑，边缘曲折，水流波动剧烈。姜席堰滩地长 861.92m，宽 81.87m，周长为 2356.27m，面积为 53080.33m²。姜席堰滩地的网格计算模型的上游断面位于马溪畈，断面宽 225.22m，距离滩头 115m；下游断面位于后田铺村，断面宽 140.01m，距离滩尾 180m。河道模型总长 1213.34m，姜席堰滩地模拟计算区域如图 5.54 所示。

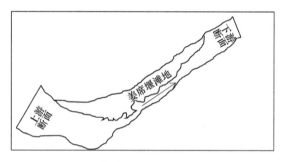

图 5.54 姜席堰滩地模拟计算区域

采用三角形网格剖分姜席堰滩地计算区域，为达到较好的模拟效果，在滩地边缘进行网格加密处理。模拟计算河段网格数共 2620 个，网格节点 5064 个，最大网格面积为 300m²，最小允许角度 15°。姜席堰滩地数值计算网格模型如图 5.55 所示。

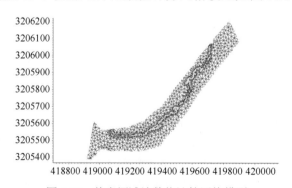

图 5.55 姜席堰滩地数值计算网格模型

2. 边界条件

根据灵山港地形，并结合表 5.10 进行插值计算可得，在十年一遇洪水条件下，姜席堰滩地模拟计算区域的上游断面流量为 790m³/s，下游断面水位为 61m。该条件下上游断面的流量与下游断面的水位分别被设定为洪水位条件下模型的进口流量与出口水位。此外，根据 2016 年 10 月实测的灵山港流速与水深数据计算得出的流量与水位，将 34.52m³/s 与 57.64m 分别作为常水位条件下模型的进口流量与出口水位。

3. 常水位条件下滩地边缘区水流特征

1）水深变化特征

姜席堰滩地滩头附近水深变化特征如图 5.56 所示。由图 5.56 可以看出，滩头部位的水深较小，最大流速处对应的水深仅 0.425m，与模拟区域内的最大水深相差约 2.5m。由于滩头处水深较浅而且过水断面宽度较窄，因而流速较大。

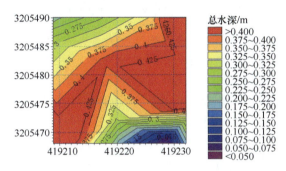

图 5.56　姜席堰滩地滩头附近水深变化特征

2）流速分布特征

姜席堰滩地滩头附近流场分布特征如图 5.57 所示。图 5.57 中无水流通过的区域为其他滩地或堤防，而黑色区域为姜席堰滩地。由图 5.57 可以看出，姜席堰滩地附近水流流态紊乱，流速方向变化较剧烈，流速大小分布不均，出现多个流速加速区与减速区。其中，滩头部位的流速变化最大，将此处的流速模拟结果图放大，如图 5.58 所示。由图 5.58 可以看出，滩头最大流速可达 3m/s，与滩中处和滩尾处流速值相差较大。

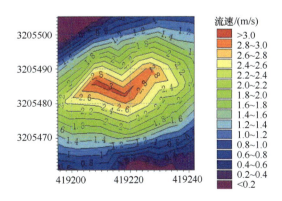

图 5.57　姜席堰滩地滩头附近流场分布特征

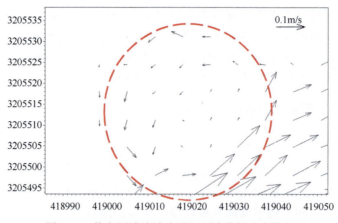

图 5.58　姜席堰滩地滩头附近环流流场分布特征

　　滩地边缘部位的水流结构复杂，水流流经滩头时形成环流淘刷滩头部位，使滩头不稳，姜席堰滩地弯道环流流场分布特征如图 5.59 所示。当水流流经河道转弯处时，河道断面收缩，形成一个流速的加速区，出现弯道环流在两个弯曲段间运行的现象。由于上下两个弯曲段产生的环流方向相反，所以两弯段间过渡段的环流稳定性较差。如果过渡段较短，则环流相对较强；如果过渡段较长，则环流相对较弱。姜席堰滩地下一弯段产生的反向环流流场分布特征如图 5.60 所示。环流的横向流速分量会引发沙石的横向运输和边缘的淘刷，进而引起滩地边缘呈锯齿状分布，形成类似于姜席堰滩地的窄长不规则型滩地，而锯齿状的滩地边缘形态会导致水流漩涡加剧，形成一个正反馈，最终形成洲滩零乱、流路分散的多块滩地组合。

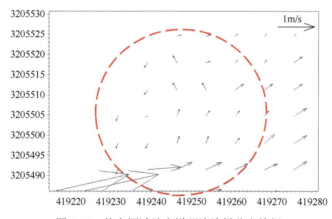

图 5.59　姜席堰滩地弯道环流流场分布特征

　　姜席堰滩地模拟区域内的环流中心点坐标、半径、面积及单位质量环流动能如表 5.13 所示。由表 5.13 可知，计算区域内共生成了 5 个环流。其中，环流 1 为滩头处产生的环流，环流 2、环流 3、环流 4 与环流 5 为滩中处产生的环流。环流 1 的作用范围最大，面积为 2123.71m²；环流 4 的作用范围最小，面积为 314.16 m²。环流 2 所产生的动能最大，为 0.016J；环流 4 产生的动能最小，为 0.00018J。虽然环流 1 的作用范围最大，但滩头处由于滩地边界突然起伏，因此水流流经此处时与边界分离，进而产生了

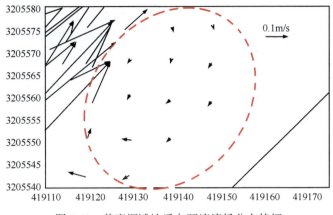

图 5.60 姜席堰滩地反向环流流场分布特征

漩涡。在姜席堰滩地的滩中部位，因为滩地边界不规则，突起严重，水流流经突起时产生了分流，一部分水流流入突起内部，再从突起流出，因而形成环流。姜席堰滩地边缘区形成了多个漩涡，致使流态紊乱，对滩地造成冲刷，在长时间作用下将会改变滩地形态，影响滩地的稳定性。

表 5.13 姜席堰滩地模拟区域内的环流中心点坐标、半径、面积及单位质量环流动能

名称	环流中心点坐标	环流区域半径/m	环流区域面积/m²	单位质量环流动能/J
环流 1	（419020.70，3205515.91）	26	2123.71	0.00032
环流 2	（4192234.07，3205511.24）	15	706.86	0.016
环流 3	（419339.98，3205540.21）	20	1256.64	0.0085
环流 4	（419517.44，3205755.13）	10	314.16	0.00018
环流 5	（419596.55，3205847.43）	20	1256.64	0.011

4. 洪水位条件下滩地边缘区水流特征

1）水位变化特征

为掌握模拟区域内的水流情况，在模拟区域河道中心线上设置 7 个观测点（J1～J7），以便于观测各点的流速、水深等水流参数。其中，J2、J3、J4、J5、J6 各两点间的距离相等，均为 210m，J2 位于滩头，J4 位于滩中，J6 位于滩尾。J1 与上游断面中点的距离为 44m，J7 与下游断面中点的距离为 72m，观测点分布情况如图 5.61 所示，各个观测点的位置等信息如表 5.14 所示。经过模拟计算，能够获得 J1～J7 各点水位与河底高程，计算结果如表 5.14 所示。根据 J1～J7 各点的高程绘制水面线与河底坡降线，如图 5.62 所示。由图 5.62 可以看出，从上游至下游，水面高程沿程降低，河底高程整体呈下降的趋势，但在滩中部位（J4）处波动较剧烈，这主要是因为点 J4 位于姜席堰滩地边缘，因此高程较高。通过表 5.14 中的水位和河底高程数据计算得出，水面比降为 2.36‰，河底比降为 4.43‰。这表明该研究区域内水面为跌水水面。由图 5.62 可以看出，水流经过滩头后，水面线呈现出明显的下降趋势，但水面比降比河底比降要小，并未产生跌水。姜席堰滩地为窄长不规则型滩地，滩地的横径较小，且当遭遇十年一遇的洪水时，滩地基本被淹没，并不会影响河道正常行洪。

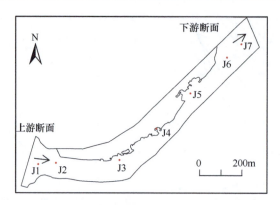

图 5.61　姜席堰滩地观测点分布情况

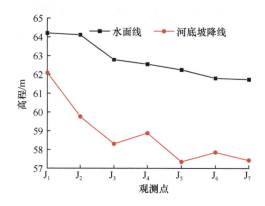

图 5.62　姜席堰滩地观测点水面线与河底坡降线比较

表 5.14　姜席堰滩地 J1~J7 各点的位置、流速、水位、河底高程、Fr 值（Q=790m³/s）

观测点	X 坐标	Y 坐标	流速/（m/s）	水位/m	河底高程/m	Fr 值
J1	418893.04	3205535.14	2.09	64.20	62.07	0.46
J2	418972.40	3205594.26	2.12	64.11	59.76	0.32
J3	419240.21	3205566.44	1.68	62.78	58.30	0.25
J4	419410.33	3205690.41	1.85	62.54	58.87	0.31
J5	419546.04	3205855.16	1.84	62.24	57.35	0.27
J6	419677.37	3206044.61	2.64	61.79	57.85	0.42
J7	419777.30	3206057.94	2.43	61.73	57.43	0.37

2）流速分布特征

流量为 790m³/s 时，姜席堰滩地流场分布特征如图 5.63 所示。由图 5.63 可以看出，姜席堰滩地靠近堤岸处高程较高，未被洪水淹没，而朝着河道中心方向，滩地高程逐渐降低，滩地逐渐被淹没。由表 5.14 可以看出，河道内的流速大小变化不大，在滩中部位流速较小，在滩头与滩尾部位流速较大。出现这种现象的主要原因是滩中各点位置相对靠近主槽边缘，处于滩地与主槽的过渡带，因此流速较小。

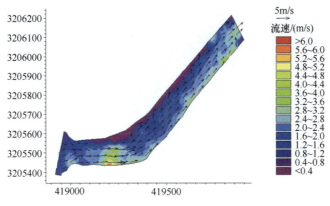

图 5.63　姜席堰滩地流场分布特征（Q=790m³/s）

3）Fr 值变化特征

由 J1～J7 各点处的水位、河底高程及流速值可计算得出各点的 Fr 值，计算结果见表 5.14。由表 5.14 可知，J1～J7 各点处的 Fr 值均小于 1，沿程水流属于缓流。

在洪水条件下，由于姜席堰滩地属于窄长型滩地，其横径较短，且边缘高程较低，洪水漫滩。计算发现，这时滩地并不影响行洪。在常水位条件下，由于姜席堰滩地为不规则型滩地，其边缘形态不规则，滩地边缘凹凸不平，存在较多凸起以及人为扰动形成的深坑，因此流态紊乱，流速分布不均，产生了滩地边缘环流。环流的出现加大了水流对滩地的冲刷，使滩地结构不稳，甚至破碎分散，增加了滩地的破碎化程度，从而影响了滩地的完整性，导致河道水流流路分散。

5.5.2　短宽不规则型滩地演变的水动力驱动机制

1. 滩地网格模型的建立

选取溪口四桥滩地作为短宽不规则型滩地的典型案例地。溪口四桥滩地邻近龙游县溪口四桥，河段比降为 3.66‰，河道曲率为 1.18，属于低弯曲段心滩。溪口四桥滩地形态短宽，边缘区水流湍急，并且地势较高，一般不被淹没。溪口四桥滩地长 164.74m，宽 68.24m，周长为 441.95m，面积为 8043.57m²。溪口四桥滩地的网格计算模型的上游断面位于拦溪堰，断面宽 149.12m，距滩头 180m；下游断面位于桥头村，断面宽 243.49m，距滩尾 230m。模拟计算河段总长 599.19m，溪口四桥滩地模拟计算区域如图 5.64 所示。

采用三角形网格剖分溪口四桥滩地计算区域，为达到较好的模拟效果，需要在滩地边缘进行网格加密处理。模拟计算河段网格数共 964 个，网格节点 1798 个，最大网格面积为 150m²，最小允许角度 10°。溪口四桥滩地模拟计算区域网格模型如图 5.65 所示。

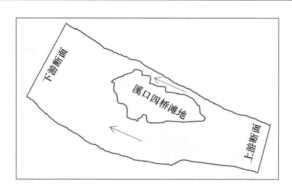

图 5.64　溪口四桥滩地模拟计算区域

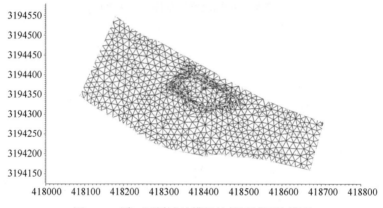

图 5.65　溪口四桥滩地模拟计算区域网格模型

2. 边界条件

溪口四桥滩地位于溪口村与沐尘村之间，根据灵山港地形插值的计算结果，将上游断面流量 639m³/s 与下游断面水位为 61m 分别设定为洪水位条件下模型的进口流量与出口水位。根据 2016 年 10 月实测的灵山港流速与水深数据计算得出的流量与水位，将 27.92m³/s 与 107.52m 分别作为常水位条件下模型的进口流量与出口水位。

3. 常水位条件下滩地边缘区水流特征

1）水深变化特征

溪口四桥滩地滩头与滩中附近的水深变化特征分别如图 5.66 和图 5.67 所示。由图 5.66 和图 5.67 可知，在滩头与滩中部位水深均相对较小，局部最大水深约 0.48m，与滩尾处的最大水深之间相差近 0.45m。滩头与滩中处水深较小，且断面宽度较窄，因而流速较大。

2）流速分布特征

经过模拟计算，溪口四桥滩地附近流场分布特征如图 5.68 所示。图 5.68 中无水流通过的区域为其他滩地或堤防，黑色区域为溪口四桥滩地。由图 5.68 可以看出，在模拟区域内，水流在流经溪口四桥滩地时产生了分流。流量计算结果表明（以断面 1-1

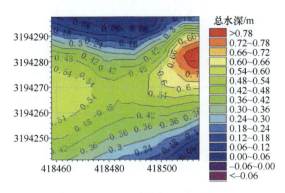

图 5.66　溪口四桥滩地滩头附近水深变化特征

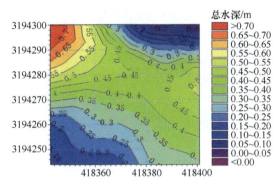

图 5.67　溪口四桥滩地滩中附近水深变化特征

为例），左侧主河槽部分通过的流量较大，流量为 27.92m³/s；右侧部分的流量较小，流量为 0.45m³/s。主槽一侧的水流在流过滩头和滩中时流速增大，越过滩脊后流速减小。这主要是因为靠近右岸高程较高，且河槽狭窄，因此过流能力较弱。在水流流经滩头时，受其他滩地的作用出现了河道断面的收缩，流速增大，沿滩地边缘流经滩中时流速进一步增大，经过滩脊后流速逐渐减小。将滩头与滩中处的模拟结果放大，如图 5.69 和图 5.70 所示。虽然在滩头与滩中的局部出现了流速的增大，但与整个河段内的流速平均值相比相差不大，约为 0.6m/s，虽然溪口四桥滩地属于短宽不规则型滩地，水流流经滩地边缘时，流向发生了改变，流态较为紊乱，但未出现漩涡。

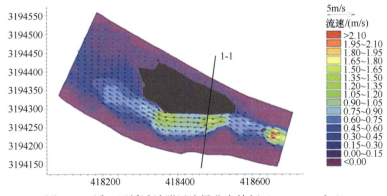

图 5.68　溪口四桥滩地附近流场分布特征（Q=27.92m³/s）

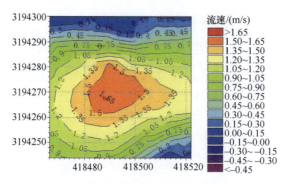

图 5.69 溪口四桥滩地滩头附近流场分布特征

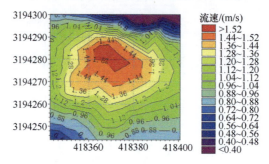

图 5.70 溪口四桥滩地滩中附近流场分布特征

4. 洪水位条件下滩地边缘区水流特征

1）水位变化特征

为掌握模拟区域内的水流特点，在计算区河道中心线上设置 7 个观测点（X1～X7），以便用于观测各点流速、水深等水流参数。其中，X2、X3、X4、X5、X6 各两点间的距离相等，均为 45m，X2 位于滩头，X4 位于滩中，X6 位于滩尾。X1 与上游断面中点的距离为 100m，X7 与下游断面中点的距离为 101m，观测点分布情况如图 5.71 所示，各个观测点的位置等信息如表 5.15 所示。经过模拟计算，可获得 X1～X7 各个观测点的水位与河底高程。流量为 639m³/s 时，溪口四桥滩地上 X1～X7 点的流速、水位、河底高程、Fr 值见表 5.15。根据 X1～X7 各个观测点的高程值绘制水面线与河底坡降线，如图 5.72 所示。由图 5.72 可以看出，从上游至下游，水面高程沿程降低，河底高程呈现先增后减再增再减的趋势，但河底高程的总体变化不大。通过表 5.15 中的水位和河底高程数据计算得出，水面比降为 2.66‰，河底比降为 0.025‰。这表明该研究区域内的水面线为跌水曲线。由图 5.72 可以看出，河底高程起伏不定，但水面高程沿程降低，水深在滩中处较小。溪口四桥滩地属于短宽不规则型滩地，形状短宽，但溪口四桥滩地也属于心滩，所在河段河宽较宽，滩地横径约为河宽的 1/4，且该河段属于低弯曲河段，水流对两岸的冲刷与淤积作用较弱，不易形成浅滩，所以当遭遇洪水时，该滩地不会影响行洪。

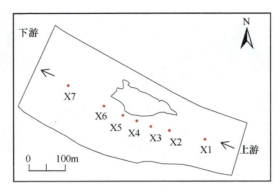

图 5.71　溪口四桥滩地观测点分布情况

表 5.15　溪口四桥滩地上 X1～X7 各点的位置、流速、水位、河底高程、Fr 值（Q=639m³/s）

观测点	X 坐标	Y 坐标	流速/（m/s）	水位/m	河底高程/m	Fr 值
X1	418594.25	3194246.04	2.42	111.38	107.71	0.40
X2	418516.15	3194307.10	2.26	110.91	108.75	0.49
X3	418463.02	3194311.37	3.05	110.68	108.26	0.63
X4	418412.34	3194306.11	2.61	110.67	108.6	0.58
X5	418371.56	3194319.96	3.94	110.56	108.79	0.95
X6	418335.65	3194358.56	1.78	110.59	108.21	0.37
X7	418219.33	3194393.41	1.27	110.33	107.70	0.25

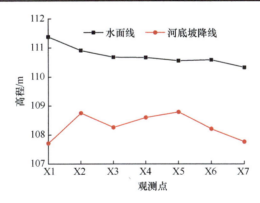

图 5.72　溪口四桥滩地观测点水面线与河底坡降线比较

2）流速分布特征

流量为 639m³/s 时，溪口四桥滩地附近水流流场分布特征如图 5.73 所示。由图 5.73 可以看出，溪口四桥滩地由于高程较高尚未被全部淹没，因此出现了分流又汇合的情况。在模拟区域内，水流相对较为平缓，仅在水流经过滩地时流速方向发生改变，将未淹没处模拟结果放大如图 5.74 所示。由图 5.74 可以看出，水面以上的滩地面积较小，且被滩地分流的水流并未出现流态紊乱的情况，因此水流流速方向与河道走向基本一致。

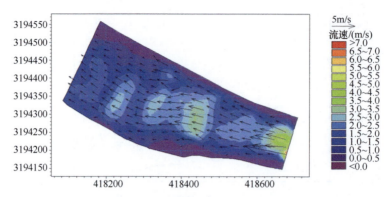

图 5.73 溪口四桥滩地附近水流流场分布特征（Q=639m³/s）

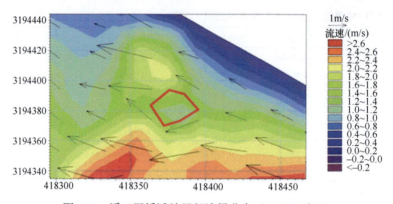

图 5.74 溪口四桥滩地局部流场分布（Q=639m³/s）

3）Fr 值变化特征

由 X1～X7 各点处的水位、河底高程及流速值能够计算出各点的 Fr 值，计算结果见表 5.15。由表 5.15 可知，X1～X7 各点处的 Fr 值均小于 1，水流属于缓流，但在 X5处 Fr 值接近 1，呈现出由缓流向急流转变的趋势，主要是水流在越过滩脊后断面扩大，导致流线弯曲，但总体上对水流的影响不大。滩尾处的 Fr 值再次下降，与滩头处的 Fr值接近。

在洪水位条件下，虽然溪口四桥滩地为短宽型滩地，形状短宽，但溪口四桥滩地所在河段河宽较宽，主槽过水断面面积较大，所以当遭遇洪水时，并不会影响行洪。在常水位条件下，溪口四桥滩地属于不规则型滩地，但滩地边缘突起较小，当水流流经滩地边缘时，流向虽然会发生改变，但并不会导致流态紊乱。

5.6　本　章　小　结

根据中小河流的水文特征及滩地分布特征等，本章利用室内物理模型水槽，模拟凹岸边滩、凸岸边滩以及顺直边滩三类边滩不同分布方式下的水流特性。选取不同工况组合，通过改变边滩的横纵径以改变边滩的面积，分析在边滩不同分布位置、不同面积大小条件下，水流水深、流速以及 Fr 值的分布特征和沿程变化特征。试验结果表明：在五种不同边滩分布的河道中，随着滩地面积的增加，会增大河道主槽区的流速，同时也会导致从上游至下游河道水深增加，滩地面积过大将会影响河道的行洪安全和滩地边缘的结构稳定性。

通过数值模拟，本章模拟分析了不同滩地类型分布的水动力学特性。计算结果表明：在常水位条件下，以寺后滩地为典型的短宽规则型滩地边缘区的水流平缓，流态较为稳定；在洪水位条件下，由于短宽规则型滩地横径较大，主槽的过水断面面积减小，从而产生了壅水的情况，影响了行洪。在常水位条件下，以上杨村滩地为典型的窄长规则型滩地的边缘区流态较为稳定，流速变化不大；在洪水位条件下，由于窄长规则型滩地形状窄长，横径较小，不影响河流泄洪能力。在常水位条件下，以姜席堰滩地为典型的窄长不规则型滩地边缘凹凸不平，从而在滩地边缘产生了环流，环流会导致流态紊乱，流速分布不均，并且加大了对滩地的冲刷，使得滩地结构不稳定；在洪水位条件下，窄长不规则型滩地虽然仍有部分滩地裸露出水面，但未对行洪造成影响。在常水位条件下，以溪口四桥滩地为典型的短宽不规则型滩地由于其边缘突起较小，当水流流经滩地边缘时，并未产生环流，紊动不明显；在洪水位条件下，短宽不规则滩地由于形状短宽，滩地所在河段河宽较宽、过水断面面积较大，未产生壅水。

第6章 滩地基质演变的水动力机理

6.1 数值模拟方法

6.1.1 控制方程与数值解法

1. 水动力控制方程

水动力控制方程见 5.1.2 节的式（5.1）～式（5.3）。

2. 泥沙输运方程

泥沙输运模型是在水动力模型的基础上，叠加泥沙传输扩散方程耦合而成，如式（6.1）所示：

$$\frac{\partial \bar{C}}{\partial t} + u\frac{\partial \bar{C}}{\partial x} + v\frac{\partial \bar{C}}{\partial y} = \frac{1}{h}\frac{\partial}{\partial x}\left(hD_x\frac{\partial \bar{C}}{\partial x}\right) + \frac{1}{h}\frac{\partial}{\partial y}\left(hD_y\frac{\partial \bar{C}}{\partial y}\right) + Q_L C_L \frac{1}{h} - S \tag{6.1}$$

式中，$\bar{C}$ 为泥沙的平均浓度，g/m^3；t 为时间，s；u、v 分别为 x、y 方向上的平均流速，m/s；h 为水深，m；D_x、D_y 分别为 x、y 方向上的分散系数，m^2/s；Q_L 为单位水平区域点源排放量，$m^3/(s \cdot m^2)$；C_L 为点源排放浓度，g/m^3；S 为沉积或侵蚀的源汇项，$g/(m^3 \cdot s)$。

泥沙在输运过程中，其会处于悬浮或沉积的状态。悬浮的泥沙沉积到河床时，即为泥沙的淤积。泥沙脱离河床开始运动，则为泥沙侵蚀。当床面剪切应力大于泥沙临界侵蚀剪切应力时，泥沙处于侵蚀状态，当床面剪切应力小于泥沙临界淤积剪切应力时，泥沙处于淤积状态。通常采用侵蚀速率和沉积速率分别反映泥沙的侵蚀与沉积特点。

1）侵蚀速率

对于柔软或部分固结的河床，泥沙侵蚀速率的计算公式如式（6.2）所示：

$$S_E = E\left(\frac{\tau_b}{\tau_{ce}} - 1\right)^n, \quad \tau_b > \tau_{ce} \tag{6.2}$$

对于密实或固结的河床，泥沙侵蚀速率的计算公式如式（6.3）所示：

$$S_E = E^{\alpha(\tau_b - \tau_{ce})^{0.5}}, \quad \tau_b > \tau_{ce} \tag{6.3}$$

式中，S_E 为侵蚀速率，$kg/(m^2 \cdot s)$；E 为河床侵蚀系数，$kg/(m^2 \cdot s)$；τ_b 为床面剪切应力，N/m^2；τ_{ce} 为泥沙临界侵蚀剪切应力，其取值范围如表 6.1 所示，N/m^2；α 为系数，取值范围一般在 4～26。

表 6.1　泥沙临界侵蚀剪切应力取值

泥沙类型	密度/(kg/m³)	τ_{ce}/(N/m²)
流动浮泥	180	0.05~0.1
部分固结泥沙	450	0.2~0.4
固结泥沙	600	0.6~2.0

2）沉积速率

泥沙沉积速率的计算公式如式（6.4）所示：

$$S_D = W_s C_b \left(1 - \frac{\tau_b}{\tau_{cd}}\right), \quad \tau_b < \tau_{cd} \tag{6.4}$$

式中，S_D 为沉积速率，kg/(m²·s)；W_s 为沉降速度，m/s；C_b 为靠近底床的泥沙浓度，kg/m³；τ_b 为床面剪切应力，N/m²；τ_{cd} 为泥沙临界淤积剪切应力，N/m²。

采用前差分格式对时间偏导数进行离散，采用显示格式对空间偏导数进行离散，进而可得显式差分格式方程。已知初始条件和边界条件的情况下，可从初始状态计算出下一个时刻的情况。采用有限体积法对空间进行离散，将模拟区域重新划分为互不重叠的新三角形单元，沿着单元中心中的外法向方向建立水动力模型，并通过求解二维黎曼问题而得到。运用 Roe's 近似黎曼解法求解黎曼问题，即控制单元界面上的非黏性流体。为避免出现数值震荡，可采用二阶总变差衰减（total variation diminishing，TVD）限制器，其一般格式如式（6.5）所示：

$$\frac{\partial U}{\partial t} = G(U) \tag{6.5}$$

式中，U 为水动力物理变量；$G(U)$ 为水动力物理变量的函数关系；t 为时间。

时间积分的解法分为高阶解法和低阶解法，其中，低阶解法采用的是欧拉法，如式（6.6）所示：

$$U_{n+1} = U_n + \Delta t G(U_n) \tag{6.6}$$

高阶解法采用的是龙格库塔法，如式（6.7）和式（6.8）所示：

$$U_{n+\frac{1}{2}} = U_n + \frac{1}{2}\Delta t G(U_n) \tag{6.7}$$

$$U_{n+1} = U_n + \Delta t G(U_{n+\frac{1}{2}}) \tag{6.8}$$

6.1.2　计算区域与网格模型

选取姜席堰滩地上游 200m 至高铁桥滩地下游 200m 处为数值模拟计算区段，该模拟计算区段长约为 6km，河道比降为 2.01‰。该区段无支流汇入，不存在其他支流泥沙的输入与输出情况，并且该河段流经人口较为密集的村庄，此次模拟结果能够为下游村庄防洪决策提供一定的参考依据。

模型建立过程中，需要对区域的开边界和闭合边界条件进行设定。

1. 闭合边界

闭合边界即为陆地边界，垂直于该边界的流速都为0。本研究将灵山港监测区域的河道护岸坡脚线和滩地边界线作为河道的陆地边界，其中，河道边界从灵山港地形图（2008年）中获得，滩地边界从现场采用便携式GPS测得的滩地形状图中获得。应用AutoCAD，通过Dxf2xyz插件，提取 xyz 格式的边界条件数据，并设定闭合边界的属性值。

2. 开边界

开边界是指流速、水深等水流条件不断变化的边界。其中，上边界为河道流量，模型根据流场中的曼宁摩擦力大小分配水量，下边界为河道水位。常水位和五年一遇洪水位条件下的数据来自实测的灵山港流速和水深数据，十年一遇洪水位条件下的数据来自灵山港的规划及设计报告。

3. 网格模型

由于FM（flexible model）剖分法对图形边界的拟合度较高，故本章采用基本单元为三角形的FM剖分法进行网格剖分。进行网格剖分之前，对各边界进行均匀处理，将陆地边界各顶点之间的间距设为10m，滩地边界各顶点之间的间距设为5m。生成网格之后，对网格进行光滑处理。模拟计算区域的网格模型如图6.1所示，其中图6.1（a）为整个

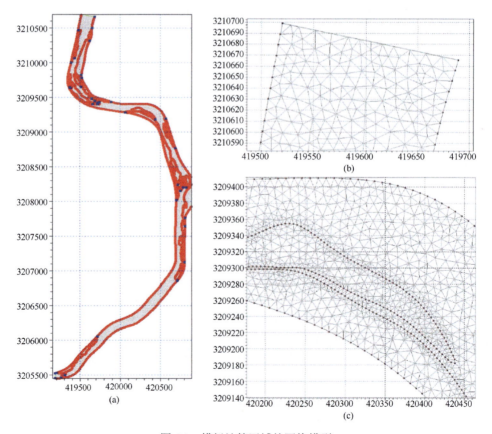

图6.1　模拟计算区域的网格模型

研究区段网格剖分图，图 6.1（b）为研究区段下游边界处的网格剖分情况，图 6.1（c）为寺后滩地的网格剖分情况。研究区段的最大网格面积为 100m²，最小允许角度为 30°，共生成 30549 个网格，16120 个节点，46668 个面。

6.1.3 模型的验证与率定

选用常水位条件下，灵山港下游河段的水位、流速数据对模型进行验证，保证模型的可靠性。在常水位条件下，实测平均水深为 0.19m，通过应用式（6.9）、式（6.10）进行计算，可得模拟区域的上游边界的流量为 30.00m³/s。由于下游边界处河底高程平均值为 46.64m，平均水深为 0.92m，故下游边界的水位设定为 47.56m，上游边界处河底高程平均值为 57.69m，初始条件以 57.88m 作为初始水位。通过模拟计算可以获得整个计算区域的静水深、总水深、流速大小和方向、水位等。

$$H_0 = H + \frac{\alpha_0 v_0^2}{2g} \tag{6.9}$$

$$Q = \varepsilon \sigma m B \sqrt{2g} H_0^{\frac{3}{2}} \tag{6.10}$$

式中，H_0 为堰上总水头，m；H 为堰上水头，m；α_0 为动能校正系数，本研究取 1；v_0 为流速，m/s；g 为重力加速度，m/s²，本研究取值 9.80 m/s²；Q 为河道过流流量，m³/s；ε 为侧向收缩系数，因无测量收缩，故本研究取 1；σ 为淹没系数，因自由出流，故本研究取 1；m 为流量系数，本研究取 0.8；B 为堰流宽度，m，根据实际测量，取 107.32m。

在姜席堰、寺后、上杨村、高铁桥滩地的滩头、滩中和滩尾临水边缘处分别选择 1 个校核点。在常水位条件下，各校核点水深、流速的模拟值与实测值的对比情况如表 6.2 所示。

表 6.2 常水位条件下各校核点的模拟值与实测值

校核点	实测水深/m	模拟水深/m	水深误差率/%	实测流速/（m/s）	模拟流速/（m/s）	流速误差率/%
S_1	0.35	0.35	0.00	0.05	0.05	0.00
S_2	1.10	1.13	2.73	0.23	0.22	−4.35
S_3	1.06	1.03	−2.83	0.45	0.46	2.22
S_4	0.44	0.42	−4.55	0.93	0.95	2.15
S_5	0.11	0.11	0.00	0.13	0.13	0.00
S_6	0.30	0.30	0.00	0.41	0.42	2.44
S_7	0.44	0.45	2.27	0.75	0.76	1.33
S_8	0.20	0.21	5.00	0.27	0.26	−3.70
S_9	0.20	0.19	−5.00	0.26	0.25	−3.85
S_{10}	0.77	0.80	3.90	0.47	0.45	−4.26
S_{11}	0.60	0.61	1.67	0.75	0.78	4.00
S_{12}	0.56	0.58	3.57	0.08	0.08	0.00

由实测资料和模拟的对比结果可以看出，水深和流速的相对误差都不超过 5%，处于误差的控制范围内，拟合精度较高。这表明模型的参数值设置合理，模型的可靠性强，适合运用于该研究区域的数值模拟。

6.2 关键影响因子识别

6.2.1 主要影响因素及其影响方式

1. 主要影响因素

随着当地气候、地形、水文条件、漫滩水流水深、流速、植被覆盖、滩地形态、微地形形态、人为干扰等因素的变化，滩地淤积物会产生不同的响应，形成不同的空间分布规律。在较大尺度上，滩地淤积物的空间分布主要受到气候、地形、水文条件等因素的影响；在小尺度上，滩地淤积物的空间分布则主要受到水流条件、微地形、植被覆盖、人为因素等因素的影响（赵明月等，2015）。

灵山港滩地主要分布于河道两侧，受到洪、枯季节交替变化的影响，河道中的水深和流速变化较大，尤其是在洪水发生时，灵山港两岸出露的滩地面积急剧缩减，淤积物受到强烈的冲刷作用，随床质沉积或向下游运移，导致整个滩地呈窄长化、破碎化的发展态势（伊紫函，2017）。

现场勘测发现，灵山港滩地地形起伏较大，在与水面高差较小的滩地，往往长期淹没在水中。该地淤积物颗粒较为细小，而在与水面高差较大的位置，由于滩地淹没在水中的时间较短，该地的淤积物颗粒粒径通常较大。另外，根据伊紫函（2017）的研究，灵山港滩地横纵径比不同，滩地边缘区的水流条件也存在较大差异。例如，横径较大的寺后滩地，在常水位条件下水流较为平稳、流畅，但在洪水期间，如果滩地较宽，则会束窄河道，影响行洪，从而造成壅水现象。而对于较窄的滩地而言，在常水位条件下滩地周围的流速变化不大，在洪水期间水流下泄也较为通畅。

在未禁止采砂以前，灵山港流域内的各个河段均受到了不同程度的采砂影响。河道采砂直接造成滩地淤积物的组成和配比失常，进而影响了滩地的稳定性。近年来，灵山港流域内修建了溢流堰、短丁坝等水工建筑物。这些水工建筑物一方面发挥了较好的水量调节功能，另一方面由于堰坝的修建，抬高了堰坝上游水位，加大了堰坝上下游水位落差，从而对堰坝附近的滩地淤积物组成与分布造成了一定的扰动。另外，由于堰坝建设工程实施后，部分建筑用料未能及时清理而存留在滩地上，也影响了滩地淤积物的组成和分布。

因此，水流条件、滩地形态和人为因素均对滩地淤积物的空间分布造成一定程度的影响。

1）水流条件

水流条件主要用流速 v 和水深 h 表示，流速和水深均测量于滩地临水边缘区（向河道主槽方向离滩地水边缘的 5m 内）。各滩地边缘区流速与水深如表 6.3 所示。由表 6.3

可知，滩地边缘区的流速在 4.00～93.75cm/s，变异系数为 0.85，离散程度较大。滩地边缘区的水深在 20.17～65.00m，变异系数为 0.39。上、中游滩地边缘区水流弗劳德数 Fr 均大于 1，属于急流，下游仅姜席堰滩地边缘区水流弗劳德数 Fr 大于 1，其余滩地所处河段的弗劳德数 Fr 均小于 1，属于缓流。灵山港地处山丘区，河道蜿蜒起伏，比降变化大，又受到堰坝、河床基质等因素的影响，滩地边缘流速、水深易发生突变，从而导致滩地边缘流速和水深变化幅度较大。

表 6.3　各滩地边缘区流速与水深

	L1	L2	L3	L4	L5	L6	L7	L8	L9	L10	L11	L12
v/（cm/s）	29.53	93.75	28.60	36.16	25.81	24.86	17.85	53.32	2.83	16.47	13.44	4.00
h/cm	37.50	30.30	33.80	20.17	31.15	22.81	19.80	65.00	26.13	30.58	24.26	31.00
Fr	1.54	5.44	1.57	2.57	1.48	1.66	1.28	2.11	0.18	0.95	0.87	0.23

注：滩地编号 L1～L12 代表的滩地同第 3 章。

2）滩地形态

滩地形态主要采用滩地高差 H 以及滩地横纵径比 q 进行表示。其中，由于滩地高差主要用于反映滩地的起伏变化（即滩地微地形），滩地高差以常水位水面为基准，水面与滩地采样点平面的高度差即为滩地高差。各滩地高差变化如图 6.2～图 6.13 所示，由图 6.2～图 6.13 可知，各滩地均存在不同程度的微地形变化。滩地横纵径比 q 是指滩地横径 a 与滩地纵径 b 的比值，其中滩地横径是指从滩头至滩尾的最长轴长度，滩地纵径是指滩地中从滩地边缘到堤脚连线垂直于横径的最长轴线长度（图 6.14），滩地的横纵径均在影像图上进行测量，其统计结果如表 6.4 所示。

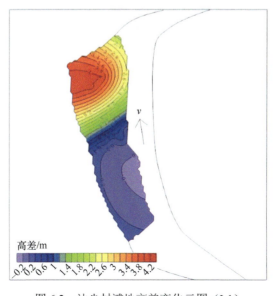

图 6.2　沐尘村滩地高差变化云图（L1）

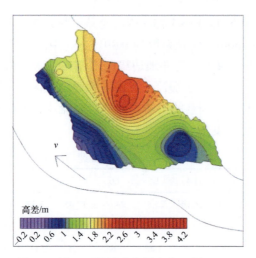

图 6.3　溪口四桥滩地高差变化云图（L2）

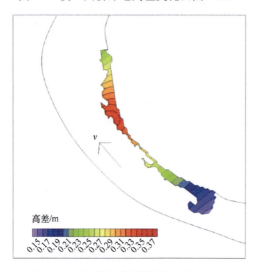

图 6.4　江潭滩地高差变化云图（L3）

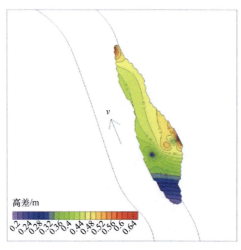

图 6.5　下徐桥滩地高差变化云图（L4）

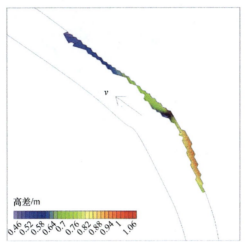

图 6.6　寺下滩地高差变化云图（L5）

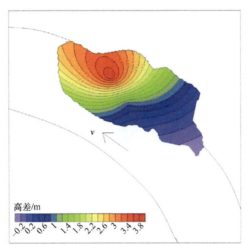

图 6.7　梅村滩地高差变化云图（L6）

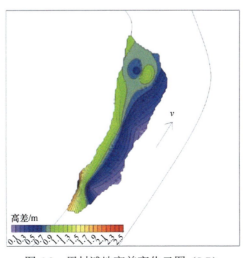

图 6.8　周村滩地高差变化云图（L7）

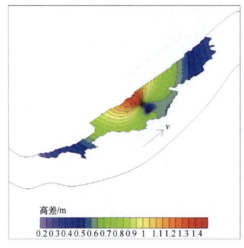

图 6.9　姜席堰滩地高差变化云图（L8）

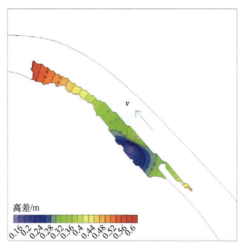

图 6.10　寺后滩地高差变化云图（L9）

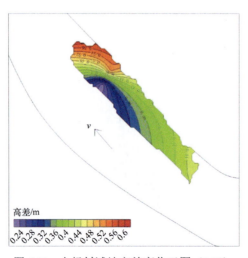

图 6.11　上杨村滩地高差变化云图（L10）

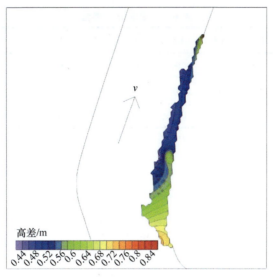

图 6.12　高铁桥滩地高差变化云图（L11）

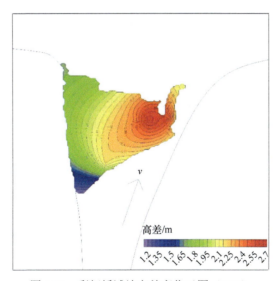

图 6.13　彩虹桥滩地高差变化云图（L12）

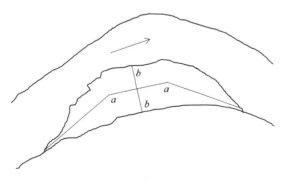

图 6.14　滩地横纵径示意图

表 6.4　滩地形态参数

	L1	L2	L3	L4	L5	L6	L7	L8	L9	L10	L11	L12
a/m	460	164	196	124	191	130	235	860	467	628	976	450
b/m	164	70	24	58	30	67	55	82	114	60	79	335
q	2.80	2.34	8.17	2.14	6.37	1.94	4.27	10.49	4.10	10.47	12.35	1.34

3）人为因素

人为因素主要采用河道采砂的影响程度 c 和堰坝的影响程度 w 进行表示。由于采砂会形成一定的采砂坑，采砂坑的形状特征反映了采砂的影响程度。根据毛野（2000）的研究结论，采砂坑可以分为点状、线状和面状（图 6.15）三种类型。其中，点状采砂坑横纵径均比较小，对水流影响也较小；线状采砂坑其中一个方向的直径明显大于垂直于该方向的直径，它主要影响纵向水流，对横向次生流影响有限；面状采砂坑横纵径均比较大，而且横纵径的大小相差不大，具有明显的面状特征。根据灵山港实际情况，本章仅考虑各方向直径都比较大的面状采砂坑的影响。综合考虑过往采砂量、采砂频率，将采砂的影响程度 c 分为没有影响、轻微影响、中度影响和重度影响四个影响等级，分别用数字 0、1、2、3 表示。由于灵山港的水工建筑物主要为堰坝，故本章主要探讨堰坝对淤积物的影响。根据堰坝与滩地的距离将堰坝的影响程度 w 进行等级划分，其中滩地上游没有堰坝定为没有影响，上游堰坝距滩地超过 1000m 界定为轻微影响，上游堰坝与滩地的距离在 500~1000m 界定为中度影响，上游堰坝与滩地的距离小于 500m 界定为重度影响，各影响等级分别用数字 0、1、2、3 表示。各滩地人为因素的影响等级统计结果见表 6.5。

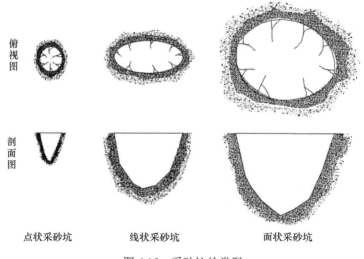

图 6.15　采砂坑的类型

表 6.5　各滩地人为因素的影响等级统计结果

	L1	L2	L3	L4	L5	L6	L7	L8	L9	L10	L11	L12
c	1	1	2	3	2	2	1	2	2	0	0	0
w	3	2	0	3	0	0	0	3	1	1	0	2

2. 各因素对淤积物空间分布的影响方式

1）水流条件

从现场观测结果来看，灵山港滩地淤积物的空间分布受水流条件的影响较大，究其原因，上游来流具有较大的流速和水深，将河道中的泥沙颗粒冲至滩地，在漫滩水流退去时，静水停留时间足够长导致淤积物淤积在滩地上（Arnott，2015）。水深和流速的增加，会对细颗粒产生强烈的冲刷作用，但当水流流过滩地时，由于滩地的粗糙度较大，水流流速降低，水流挟带大颗粒的能力减弱，造成大颗粒发生沉积，淤积物分形维数减小（张琦等，2019）。Owens 等（1999）研究认为，当河道长时间处于小流量的状态时，流速和水深均较小，细颗粒的储存量会在大流量水流来临之前达到峰值，并且在大流量期间得到释放，导致在流速和水深较大时细颗粒大量流失。

2）滩地形态

根据现场勘测的结果，在滩地与水面高差较大的位置，通常细颗粒的含量较多，而在滩地与水面高差较小的位置，则粗颗粒含量较多。对比溪口四桥滩地土壤分形维数空间分布（图 3.10）和溪口四桥滩地高差变化云图（图 6.3）能够发现，当高差>1.8m 时，分形维数高于 2.48；当高差<1.8m 时，分形维数低于 2.48。对比周村滩地土壤分形维数空间分布（图 3.11）和周村滩地高差变化云图（图 6.8）能够发现，在滩地高差等高线的山脊位置，土壤分形维数呈现由四周向中间递增的趋势；在滩地高差等高线的山谷位置，土壤分形维数呈现由四周向中间递减的趋势。对比高铁桥滩地土壤分形维数空间分布（图 3.12）和高铁桥滩地高差变化云图（图 6.12）能够发现，高铁桥滩地高差由滩头向滩尾递减，土壤分形维数也呈现由滩头向滩尾递减的趋势。由此进一步表明，土壤分形维数随着滩地高差的增大而增大，随着滩地高差的减小而减小。究其原因，主要是由于随着高差的变化，土壤颗粒的体积分数也会发生变化，如图 6.16 所示。由图 6.16 可以看出，随着滩地高差的不断增大，砂粒体积分数逐渐下降，黏粒体积分数逐渐上升；随着滩地高差的减小，砂粒体积分数逐渐上升，黏粒体积分数逐渐下降。

滩地横纵径比对淤积物颗粒组成也会产生一定的影响。根据现场观察，滩地越窄长，即滩地横纵径比越大，滩地上的细颗粒越多，粗颗粒越少。以彩虹桥滩地（L12）为例，该滩地为短宽型滩地，滩地横纵径比与<0.2mm 颗粒体积分数的响应关系如图 6.17 所示。由图 6.17 可知，<0.2mm 颗粒体积分数随滩地横纵径比的变化而变化。由于彩虹桥滩地滩中横径较大，河槽束窄，过流断面面积减小，当洪水来临时，水流更容易漫滩，漫滩水流水深也随之增大。

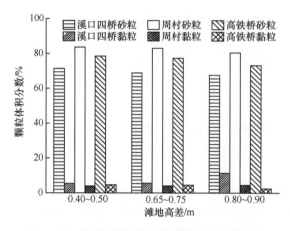

图 6.16　不同高差滩地土壤颗粒体积分数变化

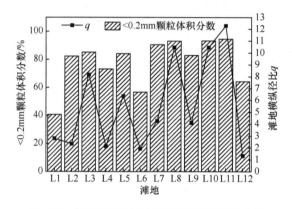

图 6.17　横纵径比与土壤颗粒体积分数的关系

3）人为因素

在灵山港采砂未被禁止前，超量采砂造成上游来沙量减少，河床明显下切，滩地面积持续缩减，由采砂前的 208.3 万 m² 降到 2013 年的 120.9 万 m²（王金平等，2018），增加了行洪断面的宽度和河道边缘的不规则性，河床坡度增大，河道水位降低，洪水漫滩频率下降。以梅村滩地为例，由于受到该河段内采砂的影响，河床下切，水流对滩地的冲刷深度增大，局部地区出现深坑，从而造成梅村滩地从一块完整的滩地碎裂成三块滩地。

堰坝的修建会抬升上游河道水位，上游的泥沙会淤积在堰坝前，抬升原有河床位置，导致洪水期间堰坝下游洪峰削减，水流输沙能力减弱，大颗粒物质难以被冲刷进入滩地，因此形成了堰坝上游滩地大颗粒较少、下游滩地大颗粒较多的纵向分布特征。此外，由于淤积物颗粒在垂向上运移的主要驱动力是水流（王冬冬等，2016），而洪峰削减和洪水流量的减小缩短了滩地被淹没的时间，致使洪峰过后，静水停留时间缩短，淤积物颗粒向下运移的时间变短，从而形成淤积物颗粒在垂向上呈现分层分布的特征。例如，沐尘村滩地的上游约 500m 处建有沐尘堰，在沐尘堰兴建之前，沐尘村滩地为短宽型滩地，并且滩地边缘较为规则。而在 2013 年后，沐尘堰的兴建，滩地边缘的水流紊动性增强，滩地的侵蚀强度增强，导致沐尘村滩地逐渐变得窄长，并且边缘的不规则程度不断增加。

6.2.2　影响土壤空间分布的关键因子识别

1. 土壤分形维数与影响因素的相关性分析

土壤分形维数与影响因素的相关性如表 6.6 所示。由表 6.6 可知，土壤分形维数（D）与流速（v）（$r=-0.599$）和水深（h）（$r=-0.584$）呈现出显著负相关性，与滩地横纵径比（q）（$r=0.598$）、滩地高差（H）（$r=0.607$）和堰坝（w）（$r=0.671$）呈现出显著正相关性，而与采砂（c）（$r=0.421$）相关性较弱。由此可以发现，除了采砂外，其余各影响因素与土壤分形维数之间存在相互影响和相互作用。这表明流速、水深、滩地横纵径比、滩地高差和堰坝对土壤空间分布具有较大的影响，因此，这些因素可以作为评价淤积物颗粒空间分布的指标。

表 6.6　土壤分形维数与影响因素的相关性

	v	h	q	H	c	w
D	−0.599*	−0.584*	0.598*	0.607*	0.421	0.671*
v		0.395	−0.266	−0.271	−0.349	−0.236
h			−0.122	−0.056	−0.448	−0.232
q				−0.391	0.181	0.552
H					0.295	0.311
c						0.344

*相关性显著（$P<0.05$）。

2. 土壤空间分布的关键影响因素确定

对土壤特性（选用各粒级颗粒体积分数、分形维数两个指标）与影响因素（选用水流流速、水深、滩地高差、滩地横纵径比和堰坝 5 项影响因素）进行 DCA，结果如表 6.7 所示。由表 6.7 可知，第一排序轴的梯度长度为 1.21，小于 3，故可采用线性模型中的 RDA 方法进行分析。RDA 结果如表 6.8 所示。由表 6.8 可知，第一、第二排序轴的累积贡献率可高达 99.52%，因此这两轴可以较好地反映土壤与这 5 项影响因素之间的关系。

表 6.7　土壤及其影响因素的 DCA 结果

项目	第一排序轴	第二排序轴	第三排序轴	第四排序轴
特征值	0.2437	0.0064	0.0022	0.0012
累积解释变量/%	87.72	90.03	90.82	91.27
梯度长度	1.21	0.78	0.67	0.75

表 6.8　土壤及其影响因素的 RDA 结果

项目	第一排序轴	第二排序轴	第三排序轴	第四排序轴
特征值	0.0750	0.0175	0.0004	0.0000
淤积物–影响因素相关系数	0.9525	0.9632	0.4612	0.5194
淤积物累积贡献率/%	72.37	89.25	89.66	89.67
淤积物与影响因素的累积贡献率/%	80.70	99.52	99.97	99.99

土壤及其影响因素的 RDA 排序图如图 6.18 所示。由图 6.18 可知,水深、流速、滩地高差、滩地横纵径比和堰坝对土壤空间分布的影响程度排序依次为:水深(55.8%)>流速(31.8%)>滩地高差(7.8%)>滩地横纵径比(4.4%)>堰坝(0.2%)。其中,水深和流速的贡献率最大,累积贡献率高达 87.6%,且两者的假设检验 P 值分别为 0.001 和 0.002,显著性水平较高。因此,从贡献率方面来看,影响土壤空间分布的关键影响因素为水深和流速。

由图 6.18 可知,水深、流速和滩地高差在<0.002mm 和 0.002~0.02mm 颗粒箭头上的投影(或投影延长线)长度最长,表明<0.002mm 和 0.002~0.02mm 的颗粒受水深和流速的负面影响最为显著,受滩地高差的正面影响最为显著。此外,<0.002mm 和 0.002~0.02mm 颗粒受滩地横纵径比的影响也较大。根据投影的长度能够推断,灵山港滩地黏粒和粉粒的关键影响因子为水深。堰坝在 0.02~0.2mm 颗粒箭头上的投影长度最长,意味着 0.02~0.2mm 的颗粒受堰坝的正面影响最大,表明灵山港滩地砂粒中粒径较小的颗粒主要受到人为因素的正向作用,其关键影响因素为堰坝。水深、流速和滩地高差在 0.2~2 mm 颗粒箭头上的投影长度(或投影延长线)最长,表明 0.2~2mm 的颗粒受水深和流速的正面影响最显著。此外,0.2~2mm 颗粒还受滩地横纵径比 q 的负面影响较大。根据投影的长度可知,灵山港滩地砂粒中粒径较大的颗粒的关键影响因素为水深。

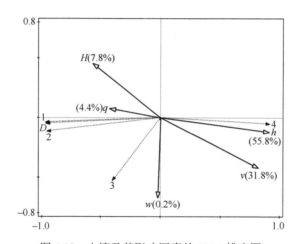

图 6.18　土壤及其影响因素的 RDA 排序图

图中虚线箭头表示土壤颗粒组成,其中 1~4 分别表示<0.002mm、0.002~0.02mm、
0.02~0.2mm、0.2~2mm;D 表示土壤颗粒的分形维数。实线箭头表示影响因素

由图 6.18 可知,对于用以描述土壤整体特征的分形维数而言,水深和流速在其箭头延长线上的投影长度最长,滩地高差在其箭头上的投影长度最长,表明土壤分形维数受水深和流速的负面影响最显著。此外,滩地横纵径比、堰坝在土壤分形维数箭头上的投影长度依次减小,影响程度依次降低,并且这两项影响因素对土壤分形维数的影响均呈现出正相关性,即随着这些影响的增大或程度加深,在滩地土壤分形维数中,小颗粒的体积分数增加,大颗粒的体积分数减少。根据投影的长度可知,土壤分形维数的关键影响因素为水深。

综上分析,从贡献率和投影长度的角度来看,滩地土壤空间分布的关键因素为水深。

6.2.3　影响砾石空间分布的关键因子识别

1. 砾石分形维数与影响因素的相关性分析

砾石分形维数与影响因素的相关性关系如表 6.9 所示。由表 6.9 可知，砾石分形维数与流速（$r=-0.661$）和水深（$r=-0.588$）均呈现出显著的负相关关系，与滩地高差（$r=0.729$）、采砂（$r=0.584$）和滩地横纵径比（$r=0.584$）均呈现出显著的正相关关系，而与堰坝（$r=0.457$）的相关性较弱。

根据砾石与各个影响因素的相关性分析结果发现，除堰坝外，其他各个影响因素与分形维数之间存在相互影响和相互作用，表明流速、水深、滩地横纵径比、滩地高差和采砂对砾石空间分布具有较大程度的影响，因此这些因子可以作为评价砾石空间分布特征的指标。

表 6.9　砾石分形维数与影响因素的相关性

	v	h	q	H	c	w
D	-0.661^*	-0.588^*	0.584^*	0.729^*	0.584^*	0.457
v		0.395	-0.266	-0.271	-0.349	-0.236
h			-0.122	-0.056	-0.448	-0.232
q				-0.391	0.181	0.552
H					0.295	0.311
c						0.344

*相关性显著（$P<0.05$）。

2. 砾石空间分布的关键影响因素确定

对砾石各粒级颗粒体积分数、分形维数与流速、水深、滩地高差、滩地横纵径比和采砂这 5 项影响因素进行 DCA，分析结果如表 6.10 所示。由表 6.10 可知，第一排序轴的梯度长度为 1.34，小于 3，因此可采用 RDA 方法进行排序分析。RDA 结果如表 6.11 所示。由表 6.11 可知，第一、第二排序轴的累积贡献率可高达 99.13%，表明这两轴可以较好地反映砾石与这 5 项影响因素之间的关系。

表 6.10　砾石及其影响因素的 DCA 结果

项目	第一排序轴	第二排序轴	第三排序轴
特征值	0.2350	0.0023	0.0002
累积解释变量/%	98.84	99.80	99.88
梯度长度	1.34	1.31	1.28

表 6.11　砾石及其影响因素的 RDA 结果

项目	第一排序轴	第二排序轴	第三排序轴	第四排序轴
特征值	0.5894	0.0772	0.0058	0.0000
淤积物-影响因素相关系数	0.8669	0.6189	0.6448	0.6132
淤积物累积贡献率/%	58.94	66.66	67.24	67.25
淤积物与影响因素的累积贡献率/%	87.65	99.13	100.00	100.00

砾石及其影响因素的 RDA 排序图如图 6.19 所示。由图 6.19 可知，水深、流速、滩地高差、滩地横纵径比和采砂对砾石空间分布的影响程度排序为：水深（61.9%）＞流速（25.2%）＞采砂（6.9%）＞滩地高差（5.4%）＞滩地横纵径比（0.6%）。其中，水深和流速的贡献率最大，累积解释率可高达 87.1%。因此，从贡献率来看，影响砾石空间分布的关键影响因素为水深和流速。

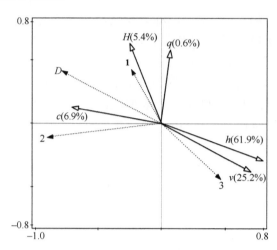

图 6.19　砾石及其影响因素的 RDA 排序图

图中虚线箭头表示砾石颗粒组成，其中 1～3 分别表示 2～20mm、20～100mm、>100mm；D 表示砾石的分形维数。实线箭头表示影响因素

由图 6.19 可知，水深、流速在 2～20mm 颗粒箭头上的投影长度最长，滩地高差在 2～20 mm 颗粒箭头延长线上的投影长度最长。这就表明 2～20mm 颗粒受水深、流速的负面影响最大，受滩地高差的正面影响最大。此外，2～20mm 颗粒还受到人为采砂的较大影响，根据投影的长度可知，2～20mm 颗粒的关键影响因素为水深。水深和流速在 20～100mm 颗粒箭头延长线上的投影长度最长，采砂在 20～100mm 颗粒箭头上的投影长度最长，表明 20～100mm 颗粒受到水深和流速的负面影响最大，受到采砂的正面影响最大，根据投影长度的大小可知，20～100mm 颗粒的关键影响因素为水深。水深和流速在>100mm 颗粒箭头上的投影长度最长，滩地高差和采砂在>100mm 颗粒箭头延长线上的投影长度最长，表明>100 mm 颗粒受到水深和流速的正面影响最大，受到滩地高差和采砂的负面影响最大，根据投影长度的大小可知，>100mm 颗粒的关键影响因素为水深。

对于砾石分形维数而言，水深和流速在其箭头延长线上的投影长度最长，表明其受水深和流速的负面影响最大，采砂和滩地高差在其箭头上的投影长度最长，表明其受采砂和滩地高差的正面影响最大。滩地横纵径比在砾石分形维数箭头上的投影长度较短，即其对砾石分形维数具有较低的正影响。根据投影的长度可知，砾石分形维数的关键影响因素为水深。综上分析，从贡献率和投影长度的角度来看，砾石空间分布的关键影响因素为水深。

相比于土壤空间分布的结果，砾石的空间分布受到人为因素（采砂）的影响较大。

由于采砂造成河床下切，河床比降变大，水流流速加快，进而对采砂河段形成溯源冲刷，在洪水期间，较小的砾石受到自身重力和水流的冲刷作用沉积在采砂坑内，同时次生螺旋流不断淘刷采砂坑边缘，促使其横断面不断扩宽，加剧了小砾石的聚集，从而影响了砾石的空间分布。

6.2.4　影响淤积物空间分布的关键因子识别

1. 淤积物分形维数与影响因素的相关性分析

淤积物分形维数与影响因素的相关性如表 6.12 所示。由表 6.12 可知，淤积物分形维数与水深（$r=-0.783$）呈极显著的负相关关系，与流速（$r=-0.629$）呈显著的负相关关系，与采砂（$r=0.613$）、堰坝（$r=0.629$）和滩地横纵径比（$r=0.594$）呈显著的正相关关系，而与滩地高差（$r=0.283$）的相关性较弱。

根据砾石与各影响因素的相关性分析结果可以发现，除滩地高差外，其他各个影响因素与分形维数之间均存在相互影响及相互作用关系，表明流速、水深、滩地横纵径比、堰坝和采砂对淤积物的空间分布具有较大程度的影响，因此这些因素可以作为评价其空间分布特征的指标。

表 6.12　淤积物分形维数与影响因素的相关性

	v	h	q	H	c	w
D	-0.629^*	-0.783^{**}	0.594^*	0.283	0.613^*	0.629^*
v		0.395	-0.266	-0.271	-0.349	-0.236
h			-0.122	-0.056	-0.448	-0.232
q				-0.391	0.181	0.552
H					0.295	0.311
c						0.344

*相关性显著（$P<0.05$）；
**相关性极显著（$P<0.01$）。

2. 淤积物空间分布的关键影响因素确定

对淤积物各粒级颗粒体积分数、分形维数与水流流速、水深、滩地横纵径比、堰坝和采砂这 5 项影响因素进行 DCA，分析结果如表 6.13 所示。由表 6.13 可知，第一排序轴的梯度长度为 1.61，小于 3，因此可采用线性模型中的 RDA 方法进行排序分析，RDA结果如表 6.14 所示。由表 6.14 可知，第一、第二排序轴的累积贡献率为 91.43%，由此可以说明，这两个排序轴可以较好地反映淤积物与这 5 项影响因素之间的关系。

表 6.13　淤积物及其影响因素的 DCA 结果

项目	第一排序轴	第二排序轴	第三排序轴	第四排序轴
特征值	0.1722	0.0258	0.0025	0.0004
累积解释变量/%	73.02	83.96	85.02	85.18
梯度长度	1.61	0.67	0.69	0.65

表 6.14　淤积物及其影响因素的 RDA 结果

项目	第一排序轴	第二排序轴	第三排序轴	第四排序轴
特征值	0.2998	0.0934	0.0286	0.0045
淤积物–影响因素相关系数	0.6476	0.8244	0.4862	0.7181
淤积物累积贡献率/%	29.98	39.32	42.18	42.64
淤积物影响因素的累积贡献率/%	69.72	91.43	98.09	99.14

　　淤积物及其影响因素的 RDA 排序图如图 6.20 所示。由图 6.20 可知，水深、流速、滩地横纵径比、堰坝和采砂对砾石空间分布的影响程度排序为：流速（55.5%）>水深（29.9%）>堰坝（8.5%）>采砂（5.8%）>滩地横纵径比（0.3%）。其中，流速和水深的贡献率最大，累积解释率为 85.4%。因此，从贡献率方面来看，影响砾石空间分布的关键影响因素为流速和水深。

　　由图 6.20 可知，流速和水深分别在<0.002mm、0.002～0.02mm 和 0.02～0.2mm 颗粒箭头延长线上的投影长度最长，滩地横纵径比和堰坝分别在<0.002mm、0.002～0.02mm 和 0.02～0.2mm 颗粒箭头上的投影长度最长，表明黏粒、粉粒以及粒径较小的砂粒受流速和水深的负面影响最大，受滩地横纵径比和堰坝的正面影响最大。根据投影长度的大小可以发现，<0.002mm、0.002～0.02mm 和 0.02～0.2mm 颗粒的关键影响因素均为流速。流速在 0.2～2mm 颗粒箭头上的投影长度最长，滩地横纵径比在 0.2～2mm 颗粒箭头延长线上的投影长度最长，表明粒径较大的砂粒受流速的正面影响最大，而受滩地横纵径比的负面影响最大，根据投影的长度可知，0.2～2mm 颗粒的关键影响因素为流速。水深在 2～20 mm、20～100mm 颗粒箭头上的投影长度最长，堰坝在 2～20mm、20～100mm 颗粒箭头延长线上的投影长度最长，表明 2～20mm、20～100mm 颗粒受到水深的正面影响最大，受到堰坝的负面影响最大，根据投影长度的大小可以发现，2～20mm、20～100mm 颗粒的关键影响因素均为水深。流速和水深在>100mm 颗粒箭头上的投影长度最长，滩地横纵径比和堰坝在>100mm 颗粒箭头延长线上的投影长度最长，表明>100mm 颗粒受流速和水深的正面影响最大，受滩地横纵径比和堰坝的负面影响最大，根据投影长度的大小可以发现，>100mm 颗粒的关键影响因素为流速。对于淤积物分形维数而言，水深和流速在其箭头延长线上的投影长度最长，表明其受水深和流速的负面影响最大。堰坝、滩地横纵径比在淤积物分形维数箭头上的投影长度依次减小，影响程度依次降低，并且这两项因素对分形维数的影响均表现为正面影响，即随着这些因素的增加或程度的加深，滩地淤积物颗粒中小颗粒的体积分数增加，大颗粒的体积分数减少，采砂箭头与淤积物分形维数的箭头夹角呈 90°，表明采砂对淤积物分形维数几乎没有影响。根据投影长度大小可知，淤积物分形维数的关键影响因素为水深。综上所述，从贡献率和投影长度来看，影响灵山港滩地淤积物空间分布的关键影响因素为水深和流速。

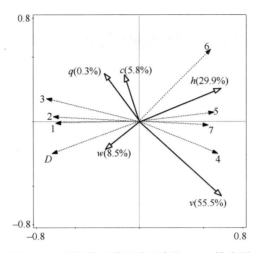

图 6.20　淤积物及其影响因素的 RDA 排序图

图中虚线箭头表示淤积物颗粒组成，其中 1～7 分别表示<0.002mm、0.002～0.02mm、0.02～0.2mm、
0.2～2mm、2～20mm、20～100mm、>100mm；D 表示淤积物的分形维数。实线箭头表示影响因素

根据前文分析结果可知，灵山港滩地淤积物不同粒级颗粒在空间分布方面受到不同关键影响因素的影响，具体情况如表 6.15 所示。由表 6.15 可知，土壤颗粒（<2mm）在土壤范围内的关键影响因素主要是水深，而在淤积物范围内，其关键影响因素则为流速；砾石颗粒（>2mm）在砾石范围内的关键影响因素均为水深，在淤积物范围内，>100mm 颗粒的关键影响因素为流速。这主要是由于同一粒级的颗粒在土壤或砾石范围内和在淤积物范围内的体积分数存在差异。例如，对于 0.2～2mm 的砂粒而言，其在土壤范围内的体积分数较大，但在淤积物范围内，相比于砾石颗粒，它所占的体积分数就显得微不足道，因此其影响因素也会有所变化。总体而言，无论是处于哪个范围内的淤积物颗粒，都主要受到水流条件因子的影响。因此，灵山港滩地淤积物空间分布的关键影响因素为流速和水深。

表 6.15　影响淤积物分布的关键影响因素

项目	影响土壤的关键影响因素	影响砾石的关键影响因素	影响淤积物的关键影响因素
<0.002mm	水深	—	流速
0.002～0.02mm	水深	—	流速
0.02～0.2mm	堰坝	—	流速
0.2～2mm	水深	—	流速
2～20mm	—	水深	水深
20～100mm	—	水深	水深
>100mm	—	水深	流速
土壤分形维数	水深	—	—
砾石分形维数	—	水深	—
淤积物分形维数	—	—	水深

6.3 土壤空间分布演变的水动力驱动机理

6.3.1 五年一遇洪水条件下土壤分布的响应变化

根据现场监测数据进行分析，模拟计算区段内的土壤粒径级配曲线如图6.21所示。由图6.21可知，模型区土壤黏粒、粉粒和砂粒的中值粒径分别为0.001mm、0.01mm和0.4mm。因此，设定三种模拟工况，即泥沙中值粒径分别为0.001mm、0.01mm和0.4mm。

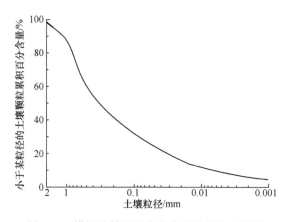

图6.21 模拟计算区段内的土壤粒径级配曲线

1. 边界条件

2017年4月13日现场取样时，恰逢灵山港五年一遇的洪水。模型上游边界河底高程的平均值为57.69m，平均水深为0.71m，初始水位为58.40m，上游边界的平均流速为1.10m/s，代入式（6.9）和式（6.10），求得上游边界的流量为67.72m³/s，下游边界的水位为47.71m。

2. 模拟结果

在五年一遇洪水的条件下，模拟计算区段内各粒级土壤厚度变化情况如图6.22所示。由图6.22可知，由于灵山港河底高程起伏相对较大，河床断面并非完整的"U"形，并且河道流速较小，故河床厚度变化呈现冲淤交替趋势。当土壤中值粒径为0.001mm时，冲刷面积为37514m²，淤积面积为24881m²；当土壤中值粒径为0.01mm（即砂粒）时，冲刷面积为33456m²，淤积面积为22048m²，冲淤面积均略有缩小；当土壤中值粒径为0.4mm时，冲淤面积均明显减小，冲刷深度和淤积厚度也有明显的减小。

以中值粒径为0.001mm的情况为例，四个典型滩地土壤厚度的变化情况如图6.23所示。由图6.23可知，姜席堰滩地形状为窄长形，给主河槽留有充足的行洪空间，其滩头厚度几乎没有发生变化，滩中边缘处发生少量淤积，滩尾较大面积受到水流的冲刷。

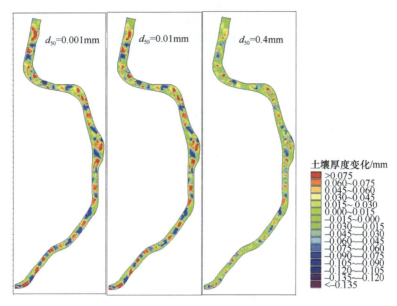

图 6.22　五年一遇洪水条件下滩地各粒级土壤厚度变化

由于该处滩地具有足够的淹没水深，流速最高达 2.08m/s，给黏粒的运移创造了良好的条件，进而造成较大面积的冲刷。当洪水行至上杨村滩地处，进入滩地的水流较少，漫滩水流流速较小，洪水传播较慢，但上杨村滩头水位较高，且土壤颗粒较小，故颗粒仍能受到较大的冲刷。然而，随着水位的降低，水流挟带的颗粒逐渐开始淤积，使得滩头冲刷的颗粒逐渐在滩中和滩尾淤积。寺后滩地的滩头和滩尾处发生水流漫滩，且均具有较大的流速，但滩头水深相对较小，造成土壤颗粒淤积，而滩尾水深较大，给颗粒运输提供良好的通道，因此寺后滩地滩尾形成大面积冲刷。由于洪水每经过一个河湾，滩地和主河槽就会进行一次水沙交换，因此位于河湾段的上杨村滩地和寺后滩地水沙交换比较激烈。高铁桥滩地先从滩头发生冲刷，随着洪水规模的增大，冲刷位置发生下移，泥沙颗粒随着洪水向下游移动，由于滩尾束窄，行洪宽度增大，流速减小，因此滩尾更加容易发生淤积。由此可以看出，灵山港滩地土壤颗粒的分布是由洪水的水动力和颗粒条件共同决定的。虽然土壤颗粒较小，但是只要有充足的水深，就能给颗粒提供良好的运输条件。当水位开始下降时，土壤颗粒也逐渐沉积。

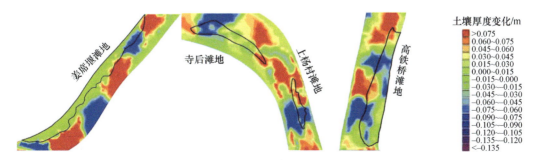

图 6.23　五年一遇洪水下四个典型滩地土壤厚度变化

6.3.2　十年一遇洪水条件下土壤分布的响应变化

1. 边界条件

根据龙游县水文资料，当发生十年一遇洪水时，模拟计算区段的上游边界的水深在 1.5～2.0m，流速在 2.0～3.0m/s，下游边界的水深在 3.0～4.0m。本章研究中，上游边界水深设定为 1.8m，初始水位设定为 59.10m，并根据水位和河道监测区段 CAD 图，确定过水断面面积，设上游边界处流速为 2.5m/s，进而求得上游边界流量为 300m³/s，下游边界的水位为 50.80m。

2. 模拟结果

在十年一遇洪水的条件下，不同中值粒径的土壤受到冲刷或淤积的厚度变化情况如图 6.24 所示。由图 6.24 可以看出，中值粒径越小，受水流影响的范围越大，即当中值粒径为 0.4mm 时，高铁桥滩地下游淤积物受到水流的影响程度较轻。而当中值粒径为 0.001mm 时，模型下边界处受到的影响程度相对较大。

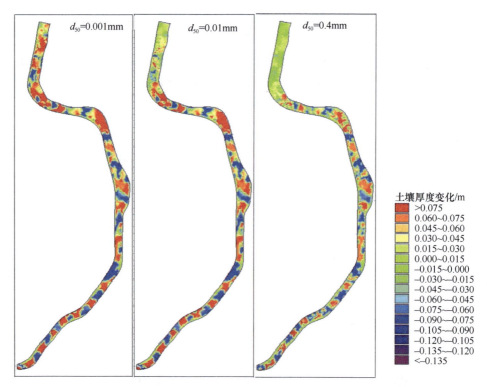

图 6.24　十年一遇洪水条件下滩地各粒级土壤厚度变化

以中值粒径为 0.001mm 的情况为例，四个典型滩地土壤厚度的变化情况如图 6.25 所示。对比图 6.23 和图 6.25 可知，在两种洪水条件下，各滩地发生冲淤的位置变化不大，只有冲淤面积存在差异，表明灵山港滩地土壤颗粒的空间分布主要受到洪水规模大小的影响。由图 6.25 可知,当河床主要由土壤颗粒组成时,颗粒的启动流速相对较小,颗粒易被冲刷,也易发生淤积。这些小颗粒在十年一遇洪水的条件下,易发生大冲大淤,因此四个滩地均出现了较大幅度的冲淤。姜席堰滩地滩头和滩中边缘水深超过 2m,但其流速小于 1m/s,土壤颗粒因此淤积,滩尾流速超过 2m/s,土壤颗粒被大量冲刷。由此可见,在十年一遇洪水条件下,流速小、水深大是颗粒淤积的主要原因。在上杨村滩地附近,十年一遇洪水条件下的情况与五年一遇类似,但由于洪水流量增大,滩地的淤积厚度也随之增大。这表明洪水流量越大,进入滩地的洪水量也就越大,从而带入滩地的沙量也越多,在滩地上淤积的颗粒也越多。与此同时,沙在滩地上落淤越多,当洪水回到主河槽时,含沙量会越低,从而导致主河槽冲刷越剧烈。寺后滩地的滩头和滩中表现为淤积,滩尾表现为冲刷,这是由于寺后滩地被淹没,水深超过 1m,在滩头和滩中位置的流速较小,而滩尾大部分位置的流速已超过 2m/s。这再次表明,在该水流条件下,流速小、水深大是土壤颗粒落淤的必要条件。高铁桥滩地受水流的影响较大,在滩头近水边缘和滩中内侧发生了冲刷,其他位置则以淤积为主。高铁桥滩地的滩头、滩中和滩尾均淤积了较大面积的土壤颗粒,并且淤积厚度较为一致,均在 0.045m 以上。而在五年一遇洪水条件下,淤积厚度不均匀。这是由于高铁桥滩地位于河道下游,当洪水流量越大时,进入滩地的水量越大,漫滩水流流速越大,土壤颗粒越容易被带到下游滩区,滩地上的淤积分布越均匀。由此可以看出,在十年一遇洪水条件下,流速小、水深大是土壤颗粒淤积的必要条件。

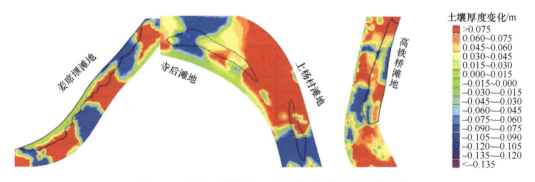

图 6.25　十年一遇洪水下四个典型滩地土壤厚度变化

6.4　砾石空间分布演变的水动力驱动机理

6.4.1　五年一遇洪水条件下砾石分布的响应变化

根据现场监测数据进行分析,模拟计算区段内的砾石粒径级配曲线如图 6.26 所示。由图 6.26 可知,模拟区段的砾石 2~20mm、20~100mm 和>100mm 颗粒对应的中值粒径分别为 10mm、46mm 和 183mm。因此,在模拟过程中设定了三组工况,砾石中值粒径分别为 10mm、46mm 和 183mm。

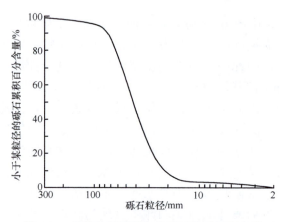

图 6.26　模拟计算区段内的砾石粒径级配曲线

在五年一遇洪水条件下，中值粒径分别为 2～20mm、20～100mm 和>100mm 的砾石厚度变化情况如图 6.27 所示。由图 6.27 可以看出，五年一遇洪水对三组中值粒径砾石滩地淤积物迁移的影响程度要远小于对土壤的影响程度。当中值粒径为 10mm 时，滩地受到冲淤的面积相较于土壤三种情况明显缩小。当中值粒径为 46mm 时，下游段受到冲淤影响较大，砾石的冲淤面积、厚度和深度都小于土壤颗粒。当中值粒径为 183mm 时，滩地河床厚度均未出现明显变化。由此可以看出，在五年一遇洪水条件下，若滩地中的颗粒均为砾石颗粒，水流对滩地颗粒的冲刷和淤积作用较为有限，尤其是当中值粒径为 183mm 时，该水流条件难以对滩地淤积物产生影响。

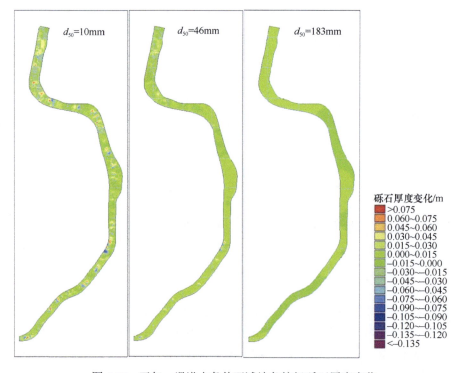

图 6.27　五年一遇洪水条件下滩地各粒级砾石厚度变化

以中值粒径为 10mm 的情况为例，四个滩地中砾石厚度的变化如图 6.28 所示。由图 6.28 可知，姜席堰滩地为窄长型，对行洪的影响较小，因此水流对滩地砾石的影响同样较小，但在滩尾淤积有较厚的砾石。虽然该处流速超过 1m/s，但由于滩地高程较高，淹没水深较小，故砾石仍能落淤。上杨村滩地淤积严重，减少了河道中的泥沙，造成水流输沙能力不饱和，因此会对寺后滩地造成冲刷，以补充主槽中的泥沙。寺后滩地将水流分成两股，束窄了主槽宽度，致使流速增加，近水边缘形成冲刷坑。又由于该河段曲率较大，水流在断面内形成横向环流，加速了寺后滩地砾石的冲刷。相较于土壤，高铁桥滩地砾石冲淤面积和厚度的变化均减小，这是由于高铁桥滩地的淹没水深和流速相较于土壤都有所减小，而砾石粒径较大，其冲淤需要消耗更大的能量。由此可以看出，在五年一遇洪水条件下，需要更大的流速和水深，砾石颗粒才能启动，在流速达 1m/s、淹没水深较小时，砾石颗粒仍能落淤。

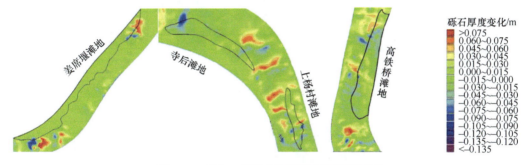

图 6.28　五年一遇洪水下滩地砾石厚度变化

6.4.2　十年一遇洪水条件下砾石分布的响应变化

在十年一遇洪水条件下，粒径在 2～20mm、20～100mm 和>100mm 的砾石厚度变化情况如图 6.29 所示。从图 6.29 可以看出，砾石所对应的中值粒径越小，其受洪水影响越大。当中值粒径为 10mm 时，高铁桥滩地会出现大面积淤积；当中值粒径为 46mm 时，洪水对砾石的冲刷主要集中在上游段；而当中值粒径为 183mm 时，各滩地的砾石厚度几乎没有变化。

以中值粒径 10mm 的情况为例，四个滩地中砾石厚度变化如图 6.30 所示。由图 6.30 可知，由于姜席堰滩地的滩尾位置水深超过 1m，流速超过 2m/s，为砾石的冲刷创造了良好的条件。上杨村滩地与五年一遇洪水条件不同的是，砾石淤积厚度虽然有所增加，但其主要受到冲刷作用。此现象表明，不同的水流条件不仅会改变砾石的冲淤程度，也能改变它的冲淤状态。寺后滩地与五年一遇洪水条件类似，水流在寺后滩地所在断面上形成横向环流，从而加剧了砾石在横断面上的输移，因此寺后滩地的滩头和滩尾位置都形成了不同程度的冲刷坑。相比于其他滩地，高铁桥滩地受到的影响较小，甚至小于五年一遇洪水条件下的情形。在十年一遇洪水条件下，水流对模拟区上游滩地的作用更为显著，而这种显著作用使得河道的行洪能力有所损失，进而导致洪水对下游的高铁桥滩地影响较小。

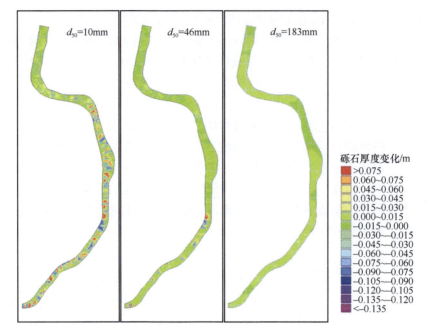

图 6.29　十年一遇洪水条件下滩地各粒级砾石厚度变化

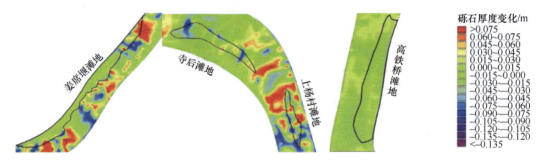

图 6.30　十年一遇洪水下四个滩地砾石厚度变化

6.5　淤积物空间分布演变的水动力驱动机理

6.5.1　五年一遇洪水条件下淤积物分布的响应变化

根据现场监测数据分析，模拟计算区段内的淤积物粒径级配曲线如图 6.31 所示。由图 6.31 可知，模型区淤积物中值粒径为 100mm。因此，模拟过程中将泥沙颗粒的中值粒径设为 100mm。

在五年一遇洪水条件下，淤积物中值粒径为 100mm 的颗粒冲淤变化情况如图 6.32 所示。从图 6.32 可以看出，模拟区内淤积物的总体厚度变化较小。姜席堰滩地和寺后滩地淤积物厚度几乎没有发生变化。上杨村滩地和寺后滩地位于河湾段，水动力较为活跃，因此淤积物冲淤变化较大。上杨村滩地的滩头和滩中都发生了不同程度的变化，滩尾由于流速几乎为 0，所以淤积物厚度几乎没有变化。但寺后滩地由于与水面高差较大，洪水漫滩所需能量较大,故而滩地淤积物颗粒受到洪水影响较小。高铁桥滩头和滩中受淹处水流几乎呈静水状态,仅滩尾受到一定影响。滩尾 A 区域淹没水深超过 1m,流速在 0.65m/s以上,从而形成了局部冲刷。滩尾 B 区域淹没水深与 A 区域相当,但流速较小,因此形成了淤积。由此可以看出,在五年一遇洪水条件下,水深大、流速快,则易形成冲刷;水深大、流速小,则易形成淤积。也就是说,较大的水深是淤积物冲淤的必要条件。

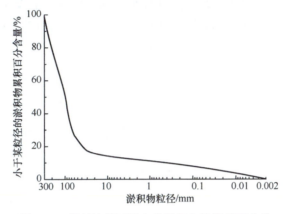

图 6.31　模拟计算区段内的淤积物粒径级配曲线

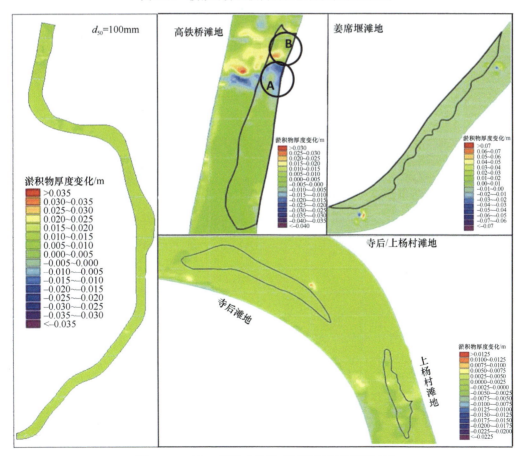

图 6.32　五年一遇洪水条件下滩地淤积物厚度变化

6.5.2 十年一遇洪水条件下淤积物分布的响应变化

在十年一遇洪水条件下，淤积物中值粒径为 100mm 颗粒冲淤变化情况如图 6.33 所示。从图 6.33 可以看出，模拟区淤积物的总体厚度变化较小，但其变化幅度大于五年一遇洪水条件。相较于五年一遇洪水条件，姜席堰滩地滩尾位置的流速和水深有明显增加，但达不到淤积物的启动流速，因此有小面积淤积发生。上杨村滩地的淤积面积超过冲刷面积，滩头受冲刷的颗粒随水流移动至滩尾，滩区水流经过滩尾后归槽，水深和流速降低，致使淤积物落淤。寺后滩地在十年一遇洪水的情况与五年一遇洪水相似，未发生明显的变化。高铁桥滩地的冲淤位置与五年一遇洪水的情况基本一致，但冲淤面积更大，冲淤厚度变化更小，主要是由于十年一遇洪水流量大，模拟区上游段的冲淤强度要高于五年一遇洪水的情况，因此减弱行洪能力，导致高铁桥滩地漫滩水流能量减小，冲淤效果减弱。虽然高铁桥滩地漫滩水流能量小，流速不快，但其水深却较大，部分滩地边缘水深超过 4m，水深大是淤积物冲淤的必要条件（赵明月等，2015），因此，高铁桥滩地发生冲淤的面积变化要大于其他滩地。由此可以看出，洪水期间的水深对淤积物冲淤至关重要，足够的水深一方面能够给颗粒提供运输通道，另一方面足够时长的淹没水深能够给淤积物落淤提供良好环境（Cabezas et al.，2010）。

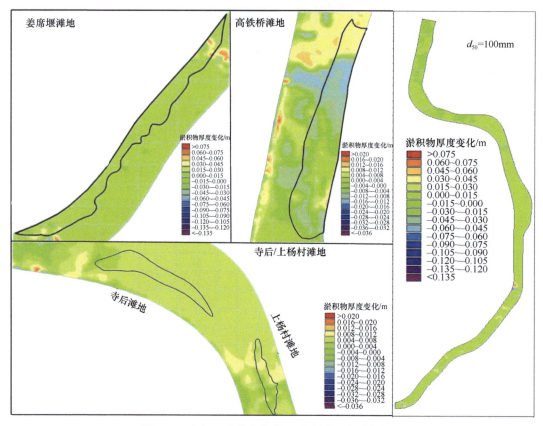

图 6.33　十年一遇洪水条件下滩地淤积物厚度变化

6.6　本 章 小 结

　　滩地土壤分形维数与水深、流速、滩地高差、滩地横纵径比和堰坝均具有显著相关性（$P<0.05$）。通过对这 5 个因素与土壤各粒级体积分数及分形维数进行 RDA 可知，影响土壤空间分布的关键影响因素为水深。砾石分形维数与水深、流速、滩地高差、滩地横纵径比和采砂具有显著相关性（$P<0.05$）。对这 5 个因素与砾石各粒级体积分数及分形维数开展 RDA 可知，影响砾石空间分布的关键影响因素为水深。综合来看，基质分形维数与水深、流速、滩地横纵径比、采砂和堰坝均具有显著相关性（$P<0.05$），影响基质空间分布的关键影响因素为流速和水深。

　　灵山港滩地土壤颗粒的空间分布是由洪水的水动力条件和颗粒条件共同决定的。由于土壤颗粒较小，其所需的启动流速较低，颗粒易被冲刷也易淤积。因此，在洪水条件下，只要水深达到足够的深度，土壤颗粒就易发生冲淤作用。并且在五年一遇洪水条件下和十年一遇洪水条件下，各滩地发生冲淤的位置都没有变化，只有冲淤面积发生变化，表明滩地土壤颗粒的冲淤程度受到洪水规模的影响明显。相较于土壤的情况，在五年一遇洪水条件下，滩地砾石需要更大的流速和水深才会被冲刷。在流速大于 1m/s、淹没水深较小时，砾石仍能发生落淤。在十年一遇的洪水条件下，水流对模型区上游滩地的作用将更为显著，这种作用使得河道的行洪能力有所减弱，从而导致洪水对下游的高铁桥滩地影响较小。综合而言，在洪水期间，一定程度的水深是滩地基质冲淤的必要条件，足够的水深和受淹时长不仅能够给基质颗粒提供运输通道，还能够给基质落淤提供条件。

第7章 滩地植被分布的水动力机制及优化

7.1 模型试验方法

7.1.1 试验装置设计

本章研究的试验装置以第5章的试验模型装置为基础，增加布置模型植物而成。滩地植被分布的水动力驱动机制试验装置如图7.1所示。

图7.1 滩地植被分布的水动力驱动机制试验装置

模型试验中滨岸的形状和尺寸设计依据灵山港下游上杨村—寺后段滨岸形态进行概化而定，采用正态模型，即模型与原型几何相似。在现场勘测的基础上，依据2015年灵山港地形图以及2010年、2013年的影像图，通过计算得出下游上杨村—寺后段滨岸的弯曲系数（滨岸实际长度与直线长度之比）为1.10，河道比降为2.01‰，可近似看作顺直型河岸，故本模型试验滨岸设计为顺直型，河床坡降设置为2‰。结合试验室的条件，依据2015年灵山港滨岸区地形图和初步设计施工图，可以得出下游上杨村—寺后段岸坡平均高度为5.40m，平均宽度为20.25m，依据正态模型的几何相似原理，选取长度比尺为27，故本模型河岸边坡系数（m）拟定为3.75，岸坡宽度为75cm，铺设高度为20cm，河床宽度为45cm，距水槽顶25cm。试验模型横断面结构如图7.2所示。

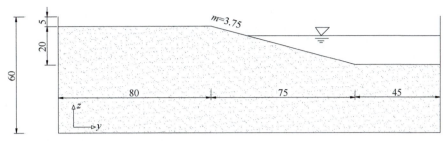

图 7.2　试验模型横断面结构示意图（单位：cm）

7.1.2　试验材料

1. 基质选择

本试验基质选择石英砂和砾石，石英砂中值粒径 $d_{50}=0.78mm$，渗透系数 $K_s=0.584cm/s$，孔隙度 $\theta=0.45$。

2. 植物选择

菖蒲和菹草属于多年生水生植物，在滨岸水域区分布较为常见，是生态修复工程中常用且成效显著的植物，也是探究水流特性的典型植物，故本试验选用这两种植物开展试验。由于天然植物在试验过程中易枯萎，且不易重复使用和固定，因此本试验选用了两种植物的模型植物开展试验，如图 7.3 所示。选用仿真菖蒲模拟挺水植物，其为刚性植物，形态几乎不受水流影响，平均高度约为 38cm，根长约为 6cm，茎秆高约为 4.3cm，枝叶长约为 27.7cm，枝叶宽度约为 3.2cm。选用仿真菹草模拟沉水植物，其为柔性植物，形态随水流可发生弯曲、倒伏等变化，平均高度约 8cm，宽度约 2cm。两种模型植物的构型尺寸如图 7.3 所示。

图 7.3　两种模型植物的构型尺寸

7.1.3 试验工况与测点布设

1. 试验工况

依据 2015 年灵山港步坑口水文站的逐日平均水位资料以及灵山港地形图，通过计算得出灵山港下游上杨村—寺后段丰水期的平均水深为 3.24m，枯水期的平均水深为 2.70m，依据正态模型的几何相似原理，选取长度比尺为 27，故丰水期和枯水期试验水深分别设定为 12cm 和 10cm，对应的试验流量设定为 70m³/h 和 49m³/h。试验中选择挺水植物和沉水植物这 2 种不同类型的水生植物，植被排列方式设置为矩形式（图 7.4）和梅花式（图 7.5）。

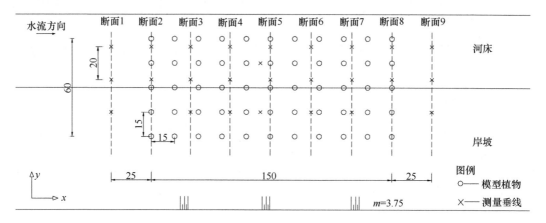

图 7.4　植被矩形式布设示意图（单位：cm）

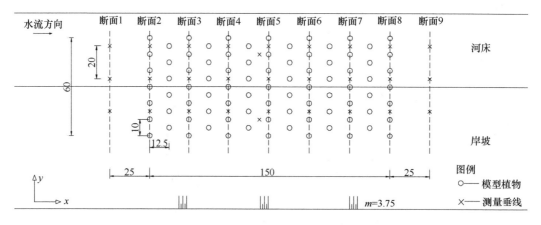

图 7.5　植被梅花式布设示意图（单位：cm）

植物密度设置为 100 株/m²、60 株/m²、20 株/m² 三组，分别代表高、中、低三个密度等级，试验工况组合如表 7.1 所示。由表 7.1 可知，工况组（R₃、R₅、R₉）、工况组（R₄、R₆、R₁₀）用于研究不同密度对水流特性的影响。工况组（R₃、R₄；R₅、

R_6）、工况组（R_7、R_8；R_9、R_{10}）用于研究不同排列方式对水流特性的影响。工况组
（R_9、R_{11}）、工况组（R_{10}、R_{12}）用于研究不同植物类型对水流特性的影响。水流的
弗劳德数 Fr 小于 1，属于缓流；雷诺数远大于 2300，属于紊流，可以保证模型与原
型流态相似。

表 7.1　试验工况组合

工况编号	植物类型	密度/（株/m²）	排列方式	流量/（m³/h）	雷诺数	Fr
R_1	无植物	—	—	49	15657	0.2346
R_2	无植物	—	—	70	21532	0.2681
R_3	挺水植物	20	矩形式	70	21778	0.2582
R_4	挺水植物	20	梅花式	70	19767	0.2350
R_5	挺水植物	60	矩形式	70	22337	0.2645
R_6	挺水植物	60	梅花式	70	18907	0.2308
R_7	挺水植物	60	矩形式	49	17050	0.2470
R_8	挺水植物	60	梅花式	49	13497	0.2001
R_9	挺水植物	100	矩形式	70	22454	0.2690
R_{10}	挺水植物	100	梅花式	70	19313	0.2318
R_{11}	沉水植物	100	矩形式	70	19863	0.2454
R_{12}	沉水植物	100	梅花式	70	18824	0.2314

2. 量测断面和测点布设

　　试验分别在植被布设段的上游、植被布设段内以及植被布设段的下游选取 9 个断面
进行水深和流速的测量，如图 7.4 和图 7.5 所示。断面 1 位于第一排植被上游 25cm 处，
断面 9 位于最后一排植被下游 25cm 处，另外 7 个断面则选在植被布设段，间距为 25cm。
每个断面选取 3 条等距的测速垂线，其中左垂线距水槽边壁的距离为 40cm，已脱离了
边壁壁面边界层的影响。每条测速垂线从底部开始向水面每间隔 0.5cm 设置一个测点。
在试验中，根据水流特点，对于紊动、壅水或跌水剧烈的位置，对监测点进行适当调整
或加密。

7.1.4　测量指标与测量方法

　　在试验中，主要的测量指标包括流量、流速和水深等。采用 LZB 玻璃转子流量计
量测流量，其量程为 30～85m³/h，主要由锥形玻璃管和浮子两部分组成。采用 ADV 流
速仪量测流速和试验水温，如图 7.6 所示。ADV 流速仪是一款高精度声学多普勒点式流
速仪，它由量测探头和圆形壳体两部分组成，探头为下视探头，沿平面有四向测爪，探
头直接与圆形壳体相连，壳体内配置有数据采集器和模数转换器。其测速原理是通过测
爪向水流中发送声波，中央接收器接收 5cm 声波汇聚点处反射的声波，即测量的是距探
头 5cm 处的流速。坐标系选择 *XYZ* 坐标系，*X*、*Y*、*Z* 为三维方向的流速，探头处带有

红色小圈的一侧为 X 方向，即水流方向。流速测量布置如图 7.6 所示。试验中采样输出频率设置为 200Hz，每个测点连续测量 10s，通过数据转换之后再用 Excel 进行处理分析。采用水位测针量测水深。

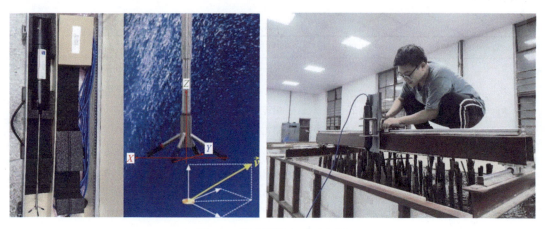

图 7.6　流速测量布置示意图

7.2　滩地植被分布的水流基本特性

7.2.1　水流基本特点

植被分布下的滨岸区水流问题是一种复杂且特殊的水流问题，其除了与滨岸形态、流量、水位有关，还与植被的类型、密度、排列方式、形状、韧性、淹没度等密切相关。滨岸区植被的存在改变了滨岸区原有水流的时均流场和紊流结构，增加了水流阻力和河床糙率。

以工况 R_2 和工况 R_9 为例，采用克里金（Kriging）插值法，应用 Sufer 11 绘制出水流时均流速分布。工况 R_2 下 x-y 平面时均流速分布如图 7.7 所示。由图 7.7 可知，在无植被分布的对照组中，沿河流纵向（x 方向），水流状态基本为均匀流。沿河流横断面方向（y 方向），由于岸坡水深逐渐减小，河床流速大于岸坡流速，水流梯度变化较为平缓，流速较大的河床水流带动流速较小的岸坡水流。

工况 R_9 下 x-y 平面时均流速分布如图 7.8 所示。由图 7.8 可知，在有植被分布的条件下，水流结构变得更加复杂。以挺水植物为例，从水流流经单株植物的情况来看，其周围水流呈现出典型的圆柱绕流特征，在植株前端，水流受植株阻碍的影响，水位壅高，流速迅速减小，同时水流向两侧分散，在植株后端形成绕流尾流区，之后又再次汇聚，水位降低，从而形成圆柱绕流运动。在 x 方向，两株植物间流速先逐渐增大，再逐渐减小，但整体小于 y 方向两株植物间隙的流速。受植株的影响，滨岸区流速分布发生明显改变，尤其是接近岸坡位置的流速比无植被时小。

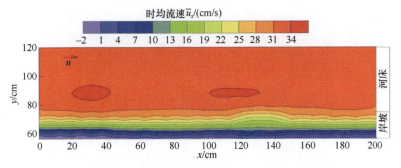

图 7.7　工况 R₂ 下 x-y 平面时均流速分布（z=5cm，流量 70m³/h）

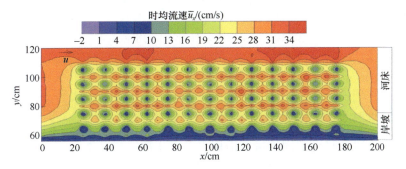

图 7.8　工况 R₉ 下 x-y 平面时均流速分布（z=5cm，流量 70m³/h，挺水植物，矩形排列）

挺水植物分布条件下的水流流态如图 7.9 所示。由图 7.9 可知，挺水植物处于非淹没状态，植物茎秆无摆动或顺水流倾斜，由于茎叶的影响，水面存在明显的波状起伏现象，且植物布置密度越大，水位起伏程度越大，产生的波动也越明显。沉水植物分布条件下的水流流态如图 7.10 所示。由图 7.10 可知，沉水植物处于淹没状态，其抗弯刚度较小，属于柔性植物，在水流的冲击下，发生了较为明显的弯曲和倒伏，与水平方向形成了倾斜角，平均倒伏高度约为 5.5cm，倾斜角约为 43°，水面相对平稳，无明显的波动。

图 7.9　挺水植物分布条件下的水流流态

图 7.10　沉水植物分布条件下的水流流态

7.2.2　植被类型对水深与流速的影响

1. 植被类型对水深的影响

无植被分布的对照组不同流量下沿程水深变化情况如图 7.11 所示。由图 7.11 可以看出，沿程水深无明显变化，水流基本呈现层流状态。当流量为 49m³/h 时，水深为 10cm 左右；当流量为 70m³/h 时，水深为 12cm 左右。这表明流量增大，水流水深也随之增大。

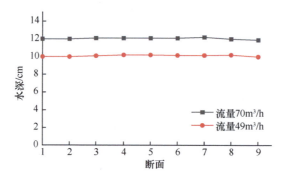

图 7.11　对照组不同流量下沿程水深变化

在有植被时，不同植被类型分布下沿程水深变化情况如图 7.12 所示。由图 7.12 可以看出，植被类型对植被段的阻水效果影响较大，在流量为 70m³/h、密度为 100 株/m² 且矩形式排列条件下，挺水植物试验组植被前端壅水高度为 10mm，水流在植被区产生的水面坡降为 0.67%。而沉水植物在植被前端壅水高度为 3mm，比挺水植物试验组低 7mm，产生的水面坡降为 0.13%；在流量为 70m³/h、密度为 100 株/m² 且梅花式排列条件下，挺水植物前端壅水高度为 12.5mm，水流在植被区产生的水面坡降为 0.83%，而沉水植物前端壅水高度为 4mm，比挺水植物试验组低 8.5mm，产生的水面坡降为 0.23%。由此可见，植被类型对水深分布及水面坡降具有较大影响。一般来说，挺水植物分布下的水深比沉水植物分布下的水深更深，相应的水面坡降也更大，这与植被高度、淹没程度和植被刚柔度有关。在试验中，挺水植物为刚性，平均高度为 32cm，为非淹没状态，而沉水植物为柔性，平均高度为 8cm，为淹没状态。植被的相对刚度反映了植被在水流作用下抵抗弯曲的能力，植被对水流的阻力决定其弯曲量。试验发现，挺水植物接近直立状态，而沉水植物呈倒伏或弯曲状态。在流量、密度、排列方式相同的情况下，柔性植物因水流的作用而发生弯曲，呈流线型，对水流的阻力明显减小，因而挺水植物分布下水面壅高和水面坡降较大，即刚性挺水植物对流速的减缓程度明显大于柔性沉水植物（张凯，2015；Kouwen and Fathi-Moghadam，2000；武迪等，2013）。

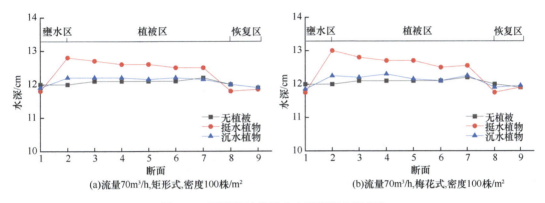

图 7.12　不同植被类型分布下沿程水深变化

因此，在植被分布条件下，水流变化可以划分为三个区域。一是壅水区，当水流流经植被段时，由于植被对水流产生一定的阻力，植被段上游的水面会出现明显的壅高现象，水流能量损失较大，上游的最大水深位于植被段前 2～4cm。二是植被区，即植被段前最大壅水断面处到植被段后水深最低断面处。在该区域内，随着植被段面积的减小，植被的有效阻力面逐渐降低，水流受到的植被阻力作用逐渐减小，水位变幅沿程增加，水深沿程逐渐下降，并伴有波动起伏，每排植被后存在明显的漩涡区，断面平均流速也会沿程增加且在水深最低处达到最大值。三是恢复区，当水流经过植被段后，不会马上恢复到无植被时的状态，而是会经过一段过渡区后逐渐恢复到对照组无植物分布时的状态，这个区段的水流既具有植被水流的特性，又呈现向无植被水流转变的趋势，水流状态较为混乱。

2. 植被类型对流速纵向分布的影响

不同植被类型对沿程断面平均流速的影响如图 7.13 所示。由图 7.13 可以看出，在流量为 70m³/h、密度为 100 株/m² 且矩形式排列条件下，挺水植物和沉水植物试验组植被区的平均流速较对照组分别减少了 2.10cm/s 和 0.75cm/s，降幅分别为 8.55% 和 3.09%。由此可见，植被类型对流速的纵向分布存在一定影响，由于挺水植物处于非淹没状态，且植株直径和叶片更大，其阻水面积明显大于沉水植物，因此在挺水植物分布的情况下，植被对水流纵向流速的削减效果更好。

对比图 7.13 与图 7.12 可以发现，沿程断面平均流速的变化与沿程水深的变化总体呈相反特点。在流量相同的条件下，由于植被对水流的阻水作用，壅水区断面平均流速降低。随着沿程水流所受植被的阻力逐渐减小，水深逐渐降低，断面平均流速逐渐增加，水流流至植株段后端（断面 8）时水深降到最低点，流速出现极值点。水流经过植被段后，不会马上恢复到无植被时的状态，而是会经过一段过渡区逐渐恢复到无植被时的状态，因此断面 8 至断面 9 区段的断面平均流速缓慢增至无植被时的流速。

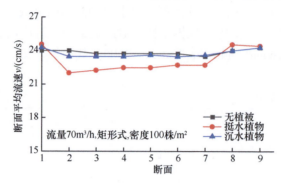

图 7.13　不同植被类型对沿程断面平均流速的影响

3. 植被类型对流速垂向分布的影响

不同植被类型对河床区时均流速垂向分布的影响如图 7.14 所示。由图 7.14 可知，在河床区域，无植被的对照组垂线平均流速为 26.64cm/s，在流量为 70m³/h、密度为 100 株/m² 且矩形式排列的条件时，挺水植物和沉水植物分布下的垂线平均流速分别为 17.48cm/s 和 21.21cm/s，相对于对照组分别减小了 34.38%和 20.38%。这表明植物的存在对流速有一定的削减作用。

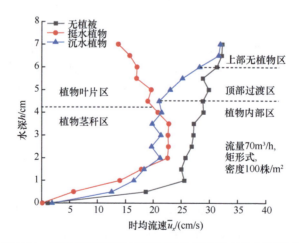

图 7.14　不同植被类型对河床区时均流速垂向分布的影响

不同植被类型对岸坡区时均流速垂向分布的影响如图 7.15 所示。由图 7.15 可知，在岸坡区域，无植被的对照组垂线平均流速为 15.27cm/s，挺水植物和沉水植物试验组的垂线平均流速分别为 7.47cm/s 和 11.26cm/s，相对于对照组分别减小了 51.08%和 26.26%。由此可见，挺水植物的阻水作用相较于沉水植物更加明显，且植被对岸坡流速的削减作用大于河床。

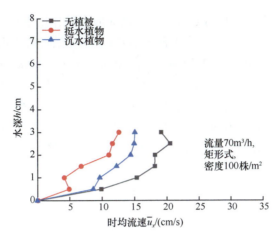

图 7.15　不同植被类型对岸坡区时均流速垂向分布的影响

试验表明，植被分布对水流时均流速垂向分布的影响是复杂且明显的。无植被分布的对照试验结果显示，时均流速 $\overline{u}_x$ 垂向分布呈 "J" 形，基本与流体对数分布的规律相一致。水流受水槽底壁的作用明显，流速接近底部趋向于 0，从底部到水深约 1cm（$z=0.08h$，z 为测点水深，h 为水深）处，流速快速上升，流速梯度很大，远离底部，流速沿水深方向分布渐趋均匀。这表明无植被分布的情况下，滨岸区水流的主要阻水作用来自滨岸底壁的粗糙黏滞作用。相对于无植被分布下的水流，植被的存在给水流增加了植物边界，水流受植物茎秆和叶片的黏滞力和阻力的影响，其时均流速垂向分布出现较大差异，不再遵循典型的对数分布规律，而是呈现出明显的分区特征。在无植被分布下的滨岸区，底部流层（$z<0.08h$）主要受底壁黏滞应力作用，上部流层（$z>0.08h$）则是受紊动切应力作用；而在植被分布下的滨岸区，底部流层仍受底壁黏滞应力影响，上部流层则主要受植物阻挡绕流紊动切应力和植物茎叶黏滞应力的共同作用（任华强，2013）。植被分布下滨岸区水流的时均流速垂向分布会因试验装置、植被类型与形态、布置密度、排列方式等条件的差异而有所不同。

在挺水植物分布的条件下，河床区域的时均流速垂向分布整体呈反 "C" 形，可分为 2 个分区：植物茎秆区和植物叶片区。由于挺水植物茎秆平均高度约为 4.3cm，形态分布均匀，为圆柱形，其对水流的作用类似于刚性圆棒产生的阻水效应。因此，在植物茎秆区，流速分布呈 "J" 形，底部流层的时均流速在底壁黏滞应力的作用下从 0 开始增加，其他流层的时均流速基本为一定常数。在植物叶片区，由于挺水植物的枝叶宽度大于茎秆直径，且从下到上，枝叶由紧密变得松散，阻水面积大大增加，水流经过叶片时，由于叶片间的相互摩擦而对水流产生扰动，从而消耗水流大量动能。因此，从茎秆区到叶片区，时均流速逐渐减小。在近滩区域，由于测点水深小于挺水植物茎秆的高度，时均流速垂向分布整体呈 "J" 形。

在沉水植物分布的条件下，河床区域时均流速垂向分布更加复杂，整体呈 "S" 形，可细分为 3 个分区：植物内部区、顶部过渡区和上部无植被区。沉水植物受水流冲击的弯曲高度约为 5.5cm，在植物内部区（$z<0.8h_v$，其中 h_v 为植物高度），流速的垂向分布

基本呈"J"形，底部流层的时均流速在底壁黏滞应力的作用下从 0 开始快速增加，而其他流层，由于植物茎、干、叶吸收了部分水流动能，致使时均流速减小，但与对照组以及挺水植物组相比，水流波动更为剧烈。在顶部过渡区（$0.8h_v<z<1.1h_v$），水流所受阻力存在拐点，流速开始明显增大，其流速梯度也大于植物内部区。在上部无植被区（$z>1.1h_v$），水流几乎不受植被阻力的影响，流速分布与对照组相似，基本遵循水流对数分布的规律，相当于无植被组的河床，即为含沉水植物明渠的等效河床。在近滩区域，由于测点水深小于沉水植物弯曲高度，时均流速垂向分布整体呈"J"形。

7.2.3　植被布置密度对水深与流速的影响

1. 植被布置密度对水深的影响

不同植被布置密度下沿程水深变化情况如图 7.16 所示。由图 7.16 可以看出，植被布置密度对植被段的阻水程度影响较大。挺水植物在流量为 70m³/h 且矩形式排列条件下，植被布置密度 20 株/m²、60 株/m² 和 100 株/m² 的壅水高度分别为 5.5mm、6.5mm 和 10mm，水流在植被区产生的水面坡降分别为 0.43%、0.60% 和 0.67%。挺水植物在流量为 70m³/h 且梅花式排列条件下，植被布置密度 20 株/m²、60 株/m² 和 100 株/m² 的壅水高度分别为 6.5mm、8.5mm 和 12.5mm，水流在植被区产生的水面坡降分别为 0.43%、0.57% 和 0.83%。由此可见，植被布置密度对水深分布和水面坡降影响较大，即植被密度越大，其对水流的阻力越大，水位越高，相应的水面坡降也越大。

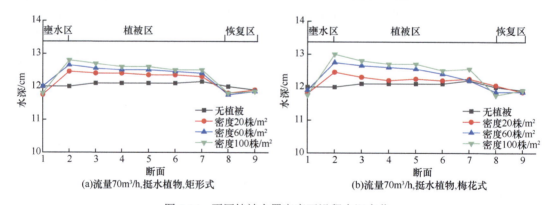

图 7.16　不同植被布置密度下沿程水深变化

2. 植被布置密度对流速纵向分布的影响

不同植被布置密度对断面平均流速的影响情况如图 7.17 所示。由图 7.17 可知，挺水植物在流量为 70m³/h 且矩形式排列条件下，植被布置密度 20 株/m²、60 株/m² 和 100 株/m² 试验组植被区的断面平均流速，较对照组分别减小了 0.96cm/s、1.29cm/s 和 1.56cm/s，降幅分别为 4.00%、5.38% 和 6.50%。由此可见，植被布置密度对流速纵向分布有一定影响，随着植被布置密度增大，植被区阻水面积增大，水流阻力增大，故植被区的流速随着植被布置密度的增大而减小。

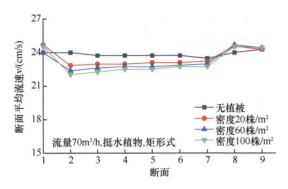

图 7.17 不同植被布置密度对断面平均流速的影响

3. 植被布置密度对流速垂向分布的影响

不同植被布置密度下河床区时均流速垂向分布特征如图 7.18 所示。由图 7.18 可以看出，在河床区域，挺水植物在流量为 70m³/h 且矩形式排列的条件下，植株密度为 20 株/m²、60 株/m² 和 100 株/m² 的试验组中，垂线平均流速分别为 21.39cm/s、18.64cm/s 和 17.48cm/s，相较于对照组减小幅度分别为 19.71%、30.03% 和 34.38%。

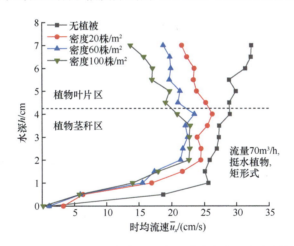

图 7.18 不同植被布置密度下河床区时均流速垂向分布特征

不同植被布置密度下岸坡区时均流速垂向分布特征如图 7.19 所示。由图 7.19 可以看出，在岸坡区域，植株密度 20 株/m²、60 株/m² 和 100 株/m² 的试验组的垂线平均流速分别为 12.47cm/s、8.65cm/s 和 7.47cm/s，相较于对照组减小幅度分别为 18.34%、43.35% 和 51.08%。由此可见，植被布置密度越大，其植被的阻水作用越明显，流速削减幅度越大，且植被对岸坡区流速的削减作用大于河床。

由图 7.18 和图 7.19 可以看出，在不同植被布置密度的条件下，河床区域的时均流速垂向分布都呈反 "C" 形。在植物茎秆区，三种布置密度下流速的大小和垂向分布规律差异不大，在植物叶片区，密度对时均流速垂向分布的影响较大，表现为不同密度下的流速差异相较于茎秆区更明显，且密度越大，流速降幅越明显。在岸坡区域，由于测点水深小于挺水植物茎秆的高度，时均流速垂向分布整体呈 "J" 形。

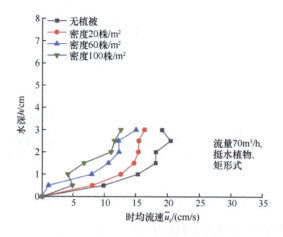

图 7.19　不同植被布置密度下岸坡区时均流速垂向分布特征

7.2.4　植被排列方式对水深与流速的影响

1. 植被排列方式对水深的影响

不同植被排列方式下沿程水深变化情况如图 7.20 所示。由图 7.20 可以看出,植被排列方式对植被的阻水程度存在一定影响。挺水植物在流量为 49m³/h 且植被密度为 100 株/m² 的条件下,矩形式和梅花式排列的试验组中,植被段前端的壅水高度分别为 3.5mm 和 7mm [图 7.20（a）],水流在植被区产生的水面坡降分别为 0.23%和 0.47%。挺水植物在流量为 70m³/h 且植被密度为 100 株/m² 的条件下,矩形式和梅花式排列的试验组中,植被段前端的壅水高度分别为 10mm 和 12.5mm [图 7.20（b）],水流在植被区产生的水面坡降分别为 0.67%和 0.83%。由此可见,植物矩形式排列对水流的阻碍作用要略小于梅花式排列。

对比图 7.20（a）与图 7.20（b）可知,在相同条件下,随着流量的增大,水深相应增大,水面壅高和水面坡降也随之增大,这一结果与王忖（2003）的研究结论一致。王忖的研究认为,在非淹没条件下,阻力系数会随水深的增加而增大。

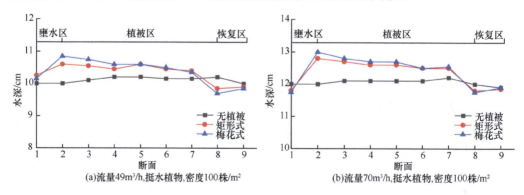

(a)流量49m³/h,挺水植物,密度100株/m²　　　　(b)流量70m³/h,挺水植物,密度100株/m²

图 7.20　不同植被排列方式下沿程水深变化

2. 植被排列方式对流速纵向分布的影响

不同植被排列方式下沿程断面平均流速的变化情况如图 7.21 所示。由图 7.21 可知,挺水植物在流量为 70m³/h 且植被密度为 100 株/m² 的条件下，矩形式和梅花式排列的试验组中，植被区断面平均流速相较于对照组分别减小 1.56cm/s 和 1.77cm/s，降幅分别为 6.50% 和 7.38%。由此可见，矩形式排列的植被对流速的削减程度略小于梅花式排列。这主要是由于矩形式排列的植被依次排开，行列之间为水流流动留出较为容易通过的通道，而在梅花式排列下，水流需要反复曲折绕行通过，从而造成相对较大的阻碍作用，流速削减幅度更明显。这一结果与尹愈强等（2014）的研究结论一致。

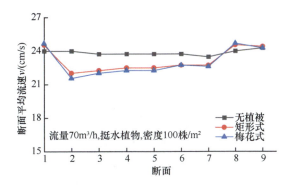

图 7.21 不同植被排列方式下沿程断面平均流速的变化

3. 植被排列方式对流速垂向分布的影响

不同植被排列方式下河床区时均流速垂向分布特征如图 7.22 所示。由图 7.22 可以看出，在河床区域，挺水植物在流量为 70m³/h 且植被密度为 100 株/m² 的条件下，矩形式和梅花式排列的试验组中，垂线平均流速分别为 17.48cm/s 和 15.21cm/s，相较于对照组减小幅度分别为 34.38% 和 42.91%。

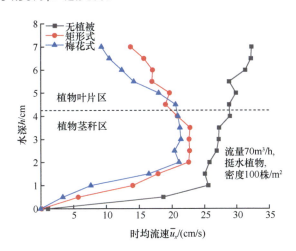

图 7.22 不同植被排列方式下河床区时均流速垂向分布特征

不同植被排列方式下岸坡区时均流速垂向分布特征如图 7.23 所示。由图 7.23 可以看出，在岸坡区域，矩形式和梅花式排列试验组的垂线平均流速分别为 7.47cm/s 和 7.27cm/s，相较于对照组减小幅度分别为 51.08% 和 52.39%。可见，在河床区域，植物梅花式与矩形式排列相比，阻水作用更加明显，流速削减幅度更大，但在岸坡区域，两组排列方式对流速的削减效果相近。

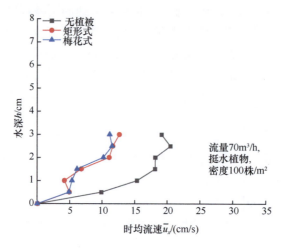

图 7.23　不同植被排列方式下岸坡区时均流速垂向分布特征

由图 7.22 和图 7.23 可以看出，在不同植被排列方式下，河床区域的时均流速垂向分布都呈反"C"形。在植物茎秆区，两种排列方式下流速大小和垂向分布规律差异不大，在植物叶片区，排列方式对时均流速垂向分布的影响较大，表现为不同排列方式下的流速差异较茎秆区更加明显，且梅花式排列下的流速降幅大于矩形式。在岸坡区域，由于测点水深小于挺水植物杆茎高度，时均流速垂向分布整体呈"J"形。

7.3　滩地植被分布的水流紊动特性

7.3.1　水流紊流特性的描述变量

紊动强度是评价鱼类栖息地是否适宜鱼类生存的一项重要水动力生境指标。鱼类能够依靠完善的测线系统感知其身体周围区域水动力生境的微小变化，进而帮助它们选择游动能耗最少的紊动强度范围。在此范围内，鱼类聚集并顶流前进以减少自身能量消耗，这是适宜鱼类栖息的紊流生境。若超出这一范围，鱼类较敏感，将会避开或绕行以选择适宜的紊流生境区域。滨岸区不同植被分布方式下的鱼类栖息紊流生境存在差异性。

滩地临水区的水流绝大多数是紊流，紊流的运动要素具有脉动（或称紊动）的特性，即其运动要素（流速、压强等）随着时间推移而呈现不规则的急剧变化（图 7.24），因此描述紊流的运动要素颇为困难。随着对紊流性质研究的深入，学者们发现可以用统计的方法描述紊流，其方法是将紊流运动要素的瞬时值看作由时均值与脉动值两部分组成，以测点沿水流方向（x 方向）的瞬时流速 u_x 为例，瞬时流速可以分解为时均流速和脉动流速，其计算式如式（7.1）所示：

$$u_x = \bar{u}_x + u'_x \tag{7.1}$$

式中，u_x 为瞬时流速；$\bar{u}_x$ 为时均流速；u'_x 为脉动流速。

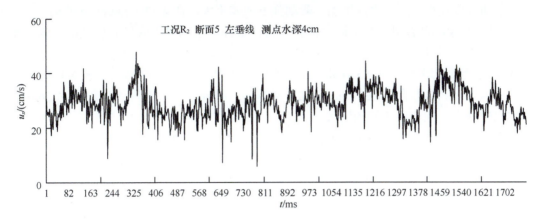

图 7.24　紊流流速的脉动特征

把紊流的运动要素进行时间平均后，可以简化为没有脉动的时均流动，以便对时均流动和脉动分别进行研究。紊动强度 σ 以脉动量的均方根表示，用于比较不同紊流紊动程度的强弱。例如，x 方向的紊动强度 σ_x 的计算式如式（7.2）所示：

$$\sigma_x=\sqrt{\overline{u'^2_x}}=\left(\frac{1}{T}\int_0^T u'^2_x\,\mathrm{d}t\right)^{\frac{1}{2}} \tag{7.2}$$

式中，σ_x 为 x 方向的紊动强度；T 为计算时均值所取的时段。

7.3.2　植被类型对水流紊流特性的影响

不同植被类型对紊动强度垂向分布的影响如图 7.25 所示。由图 7.25 可以看出，与无植被条件相比，植被分布下的紊流环境发生了较大的变化，其主要影响因素包括植被的类型、刚度、密度、排列方式及淹没程度等。无植被的对照组试验表明（图 7.25），

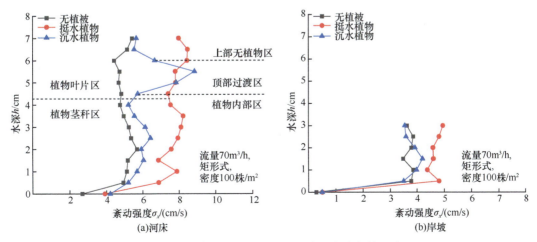

图 7.25　不同植被类型对紊动强度垂向分布的影响

底部流层由于受水槽底壁的抑制,脉动流速极小,黏滞切应力占主导作用,水流紊动收敛,紊动强度较小;随着水深增加,紊动强度相差不大,在4.42~5.69cm/s波动。

由图7.25可以看出,对于挺水植物而言,底部流层同时受底壁和植被的阻滞,水流紊动收敛,紊动强度较小。从底部流层向上,紊动强度明显增加。在河床区域,紊动强度较对照组增加了约55.16%,但随水深的增加,紊动强度沿垂线相对均匀,在6.85~8.47cm/s波动[图7.25(a)]。在岸坡区域,紊动强度较对照组增加了约25.65%[图7.25(b)],明显小于河床区域。

由图7.25可以看出,对于沉水植物而言,河床区域水流的紊动强度沿垂线变化较大,整体上看,在沉水植物分布下的紊动强度明显低于挺水植物,在沉水植物顶部过渡区,紊动强度达到最大值,较对照组增加了约76.80%;在上部无植被区,紊动强度递减,恢复到无植被时的状态。这是由于植被的影响加速了水流的扰动,植被与水流相互作用产生了紊流涡,同时涡体的混杂使得邻近的上层水流受到扰动从而产生新的漩涡;到植物顶部过渡区,其涡体运动的惯性力达到最大,紊动强度达到最大值,在此区域水流存在剧烈的能量交换和剪切作用;在上部无植被区,由于植被对水流的扰动影响减小,漩涡由于液体黏滞性的阻尼而衰减,紊动强度开始递减。当水深继续增加时,水流几乎不受植被影响,液体的黏滞阻力起了主导作用,水流脉动受到了抑制,紊动强度的变化已不明显,这与王莹莹(2007)的研究结论相一致。在岸坡区域,由于测点水深小于沉水植物弯曲高度,紊动强度无明显最大值,较对照组增幅也不明显。

7.3.3 植被密度对水流紊流特性的影响

不同植被布置密度下紊动强度的垂向分布特征如图7.26所示。由图7.26可以看出,植被布置密度对紊动强度的垂向分布形态影响不大,挺水植物在流量为70m³/h且矩形式排列的条件下,不同植被密度的试验组在底部流层以上的紊动强度沿垂线相对均匀,相差不大。植被密度越大,水流紊动强度增加越明显。在河床区域,植物密度为20株/m²、60株/m²和100株/m²的试验组中,紊动强度相较于对照组的增加幅度分别约为13.03%、35.18%和55.16%[图7.26(a)]。在岸坡区域,紊动强度相较于对照组的增加幅度分别约为13.74%、17.05%和25.65%[图7.26(b)]。

7.3.4 植被排列方式对水流紊流特性的影响

不同植被排列方式下紊动强度的垂向分布特征如图7.27所示。由图7.27可以看出,两种植被排列方式对紊动强度的影响相差不大,挺水植物在流量为70m³/h且植被密度为100株/m²的条件下,不同排列方式的试验组在底部流层以上的紊动强度沿垂线相对均匀,分布形态相似。在矩形式和梅花式的试验组中,紊动强度相较于对照组的增加幅度相差不大。在河床区域,紊动强度的增幅分别约为55.16%和46.38%[图7.27(a)]。在岸坡区域,紊动强度的增幅分别约为25.65%和24.52%[图7.27(b)]。

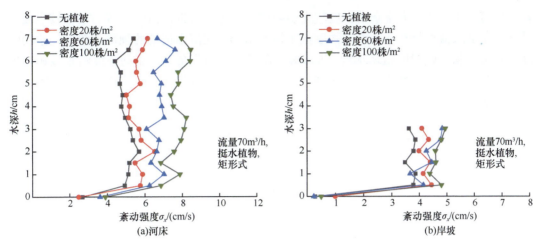

图 7.26　不同植被布置密度下紊动强度的垂向分布特征

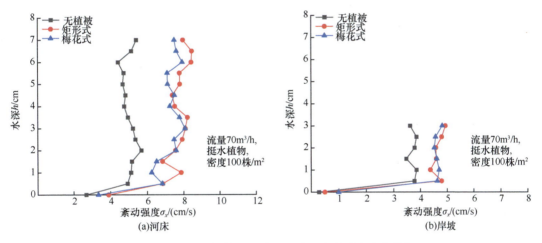

图 7.27　不同植被排列方式下紊动强度的垂向分布特征

7.4　本 章 小 结

　　植被分布下的滩地水流结构变得更加复杂，水流阻力和河床糙率增加，流速降低，水位抬高。不同的植被类型对水流的影响机理不同。挺水植物对水流的阻碍作用比沉水植物更明显，水面壅高和水面坡降更大，对流速的削减效果更明显。挺水植物分布下，时均流速的垂向分布整体呈反"C"形，可划分为植物茎秆区和植物叶片区；沉水植物分布下，时均流速垂向分布整体呈"S"形，可划分为植物内部区、顶部过渡区和上部无植被区。在不同植被布置密度下，密度越大，对水流阻力越大，水面壅水越高，水面坡降越大，对流速的削减效果越明显，且对岸坡流速的削减作用大于河床。在植物茎秆区，三种布置密度下流速的大小和垂向分布规律差异不大；在植物叶片区，密度越大，流速的降幅越大。在不同植被排列方式下，矩形式和梅花式排列对水深和流速的影响相差不大，矩形式排列对水流的阻碍作用和流速削减效果要略小于梅花式。植被分布下的紊流环境发生变化，水流紊动强度较无植被时明显增大，且在河床区域的增幅较岸坡更显著。在沉水植物分布下，紊动强度低于挺水植物，在沉水植物的顶部过渡区，紊动强度达到最大值，较对照组增加约 76.80%；在挺水植物分布下，紊动强度沿垂线相对均匀，无明显最大值。植被布置密度越大，水流的紊动强度越大。不同排列方式对紊动强度的影响相差不大。

第8章　滩地生态修复

8.1　滩地生态修复思路与技术体系

8.1.1　总　体　要　求

滩地生态修复是针对滩地存在的问题，按照河流动力学、生态学、环境学和社会经济学的基本原理，采取适宜的措施以恢复滩地自我修复、自我组织的能力。滩地生态修复总体需要满足以下要求。

（1）安全为基，生态优先。由于滩地容易受到洪水的冲刷，保证滩地安全稳定是滩地丰富功能得以发挥的基本要求和条件，因此滩地生态修复首先须保证滩地的安全稳定。其次应以调控人类活动、保护滩地生态系统的结构和功能为重点，采用生态化的手段、方法和技术措施。

（2）资源保护，合理利用。滩地生态修复应注重保护滩地中的生物资源、砂石资源。按照就地平衡的原则，合理利用资源，为鱼类和其他水生生物的生存提供基本条件，促使滩地逐步恢复原有的形态与功能。

（3）尊重自然，本土为主。滩地生态修复应根据地形、地貌、河势等特点，保持河流浅滩与深潭相间的河床，维持自然形态的多样性，营造良好的生物栖息环境。在结构和材料选择上，尽可能生态化、本土化，应尊重当地居民意见，满足人们生活需要，实现人与自然和谐共生。

（4）因地制宜，统筹协调。滩地生态修复应按照河道水流与泥沙特点，顺应河道的走势，因势利导，使河势曲直相宜。根据滩地自身的发育机理，统筹上下游、左右岸、干支流、农村与城市等，以引导、促进滩地的良性发展，与主槽协同统一。

8.1.2　生态修复思路框架

滩地生态修复首先以流域特点、资源调查和需求分析为基础，梳理并融合流域内自然、人文、产业等特色要素，找准生态修复的定位，谋划滩地生态修复的主要内容和主要技术措施。具体思路框架如图 8.1 所示。

（1）全面掌握滩地的基本现状和主要类型，针对滩地健康要求，评价滩地健康现状，深入分析存在的问题，精准诊断产生病症的主要病因。

（2）根据河流和滩地自身的特点，并结合沿线区域社会发展的要求，有计划地划定河流滩地的功能区。

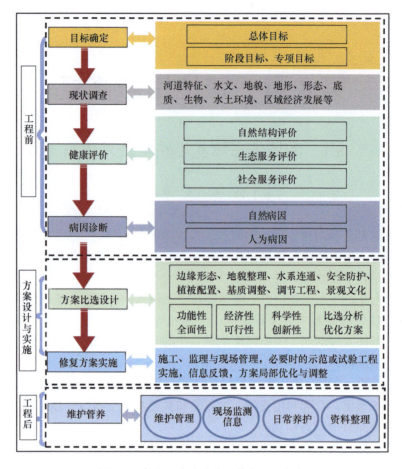

图 8.1　中小河流滩地生态修复思路框架

（3）针对不同的功能区域和滩地类型，确定滩地生态修复的具体目标（近期、远期）、整体思路以及总体措施。

（4）根据不同区段滩地的特点，确定不同区段滩地生态修复的技术措施。

（5）以典型滩地作为关键节点，兼顾全流域河流滩地分布特点，开展滩地的生态修复方案比选与设计。

（6）全河流滩地生态修复方案实施。

（7）加强工程实施后的有效管理，落实实施日常管理与养护以及特殊事件处理后的维护工作。

8.1.3　生态修复技术体系

根据生态修复的总体要求和总体思路，中小河流滩地生态修复技术体系由"清、整、通、护、种、景、管"组成。

"清"主要指清除障碍，如清除挡水淤积体，清理建筑生活垃圾等阻水障碍物，达到水流顺畅、保障行洪安全的目的。

"整"主要指修整滩形、归并零散滩地、回填挖坑、平整滩面、平顺边缘凸角、连滩成片等，从而保障滩地安全、提升滩地整体性程度。

"通"主要指连通滩体内、外部地表地下水流路，增强水体的流动性，提高水体自净能力，改善滩地水生态环境。

"护"主要指保留、保护生态良好的滩体。采用抛石、打木桩、放置松木笼等措施对水流冲刷严重的部位进行防冲保护，以稳定滩体并保障安全。

"种"主要指选择适宜在滨水区生长的芦苇、野茭白、菖蒲等种植在滩边。一方面借助其根、茎、叶固滩，保障滩体稳定，以利于恢复、优化滩地生态系统；另一方面降低水体流速、拦污、降污，净化水质，改善滩体水环境质量。

"景"主要指在人口密集区段适度开展水文化景观建设，搭建人滩友好通道及平台，拉近人与水的距离，发挥滩体文化服务、休闲娱乐等社会服务功能，并加大保护滩地的宣传教育力度。

"管"以现状健康评价为基础，遵循建管并重原则，注重滩地健康现状的定量分析和病因诊断，以病因为导向，详细设计并选择工程技术措施，并实施工程建设。工程建设完成后，须注重监测和长效管理，这是工程有效发挥其作用的重要保障。

8.2　滩地健康评价

8.2.1　滩地健康的含义与特征

1. 滩地健康的含义

"健康"不仅适用于人类，也可应用于生态系统这类包含生命的超有机体的复杂组织。滩地作为河流系统的重要组成部分，它是河流系统的一个重要子系统，该系统也包含了有生命的超有机体，属于一个复杂的非线性动态系统，它也有其自身的"健康"。当将"健康"这一概念应用于滩地时，还难以给出一个精确的定义。在此，借鉴人体健康、生态系统健康、河流系统健康的概念表述，对滩地健康做如下定义。

滩地健康是指滩地内的物质循环和能量流动未受到损害，关键生态组分以及有机组织保存完整，面对长期或突发的自然或人为扰动能保持弹性和稳定性，整体功能表现出多样性、复杂性、活力和相应的生产率。

该定义将维持滩地的各种能量循环和物质转换等过程类比于人体的血液循环和营养转换功能，尊重滩地的新陈代谢功能，认为滩地健康的实质在于滩地能够持续提供其生态功能及维持其自身有机组织的能力，并可以在自然或人为造成的不良环境扰动中进行自我恢复。

2. 滩地健康的主体特征

滩地健康是关于滩地维持其生态功能（活力和恢复力）和组织结构，同时又能满足社会及经济合理需求能力的一种描述。这是一个多因素整合之后具有综合性、多尺度的概念，既强调稳定性、抵抗力和恢复力等重要特性，也强调满足人们需求的特性。因此，滩地健康具有以下三个方面的特征。

（1）有序的结构。健康的滩地组成要素协调有序，结构稳定，不存在失调，功能发挥稳定，系统运行过程畅通，运作方式多样。

（2）完整的功能。健康的滩地具有良好的恢复能力和自我维持能力，对外部补偿的需求最小。如果一个滩地需要大量的外部补偿才能维持其产出，那么这个滩地是不健康的。健康的滩地对邻近生态系统没有危害或对邻近生态系统的破坏最小。如果一个滩地导致其邻近生态系统失调或衰退，那么这个滩地也不是健康的。健康的滩地对社会经济的发展和人类的健康有支持推动作用。当考虑了人类活动同生物环境间的关系后，一个健康的生态系统还应拥有满足人类合理目标或需求的能力。

（3）完善的配套管理。为了维持滩地的健康，河道周边对滩地产生影响的相关因子需得到有效控制，并实施完善的修复、监管等配套措施。

8.2.2　滩地健康的评价指标

1. 综合评价的复合指标

系统论指出，当人类活动对环境施加一定的压力后，环境改变了其原有的性质或自然资源的数量（状态），人类又通过环境、经济和管理策略等对这些变化做出反应，以恢复环境质量或防止环境退化，这就是经典的"压力–状态–响应"理论。同理，滩地在外界因素的作用下，其结构的变化会导致功能发生退化，健康状况也会受到威胁。为了维护滩地与河流健康，人们就会做出响应，采取适宜的措施来修复其结构，恢复其健康的功能。因此，对滩地健康实施综合评价时，需要根据系统的结构、功能、外部压力以及人们的响应等方面确定其评价指标。

滩地是一个具有复杂结构和丰富功能的动态系统。在综合分析滩地的组成、结构和功能特征的基础上，综合考虑河流动力学、生态、环境、社会经济及人类健康等因素，同时根据指标的可得性与可操作性，最终筛选出 18 个评价指标，构建出滩地健康综合评价指标体系。该指标体系由综合目标层、单项准则层和具体指标层构成。滩地健康综合目标层由组成结构有序性指标、整体功能完整性指标和社会配套完善性指标三个单项准则层构成，每个单项准则层指标又包含多个具体指标。滩地健康综合评价指标体系见表 8.1。

表 8.1　滩地健康综合评价指标体系

综合目标层	单项准则层	具体指标层
滩地健康综合指数（A）	组成结构有序性指标（B1）	基流保证率（C1）
		水文脉动强度（C2）
		水质达标率（C3）
		土壤性状（C4）
		结构安全系数（C5）
		优势植被覆盖（C6）
		群落结构完整性（C7）

综合目标层	单项准则层	具体指标层
滩地健康综合指数 （A）	组成结构有序性指标 （B1）	物种多样性（C8）
		濒危物种保护程度（C9）
	整体功能完整性指标 （B2）	水文调节能力（C10）
		水质净化能力（C11）
		生态护滩功能（C12）
		观光旅游功能（C13）
	社会配套完善性指标 （B3）	废水处理指数（C14）
		化肥施用强度（C15）
		农药施用强度（C16）
		滩地保护率（C17）
		滩地管理水平（C18）

2. 快速评价简化指标

为了能快速评价滩地健康状况，需要围绕滩地的本质特征，根据滩地的区域类型及相关特性筛选出合适的指标集，以便快捷准确地反映滩地的整体健康状况。

滩地的组成结构有序性、整体功能完整性以及社会配套完善性属于滩地健康的基本特征要求。而水文要素、土壤要素和植物要素是滩地健康基本特征的关键要素。其中，水文要素为核心要素，它是滩地土壤及生物群落形成和发展的驱动因子。因此，进行快速评价时，可围绕着以上三方面要素，建立快速评价简化指标。表 8.2 列出了滩地健康快速评价指标。另外，由于滩地对于各种胁迫具有一定的响应，这些响应指标或胁迫（尤其是逆向胁迫）本身都可以作为评判滩地健康状况的重要指标。滩地的各种胁迫主要包括景观和外部要素。因此，在水文、土壤、植被三个关键要素的基础上，需要增加景观要素和外部要素（表 8.2）。

表 8.2　滩地健康快速评价指标

要素	评价指标
水文要素	基流保障，水质，调洪能力
土壤要素	土壤类型，级配组成，沉积性
植被要素	种群数，多样性，濒危物种保护程度
景观要素	安全保护程度，破碎化指数，连通性
外部要素	扰动强度，侵占程度，违规查处力度

8.2.3　滩地健康的评价方法

1. 健康指数计算模型

1）有序度计算模型

如果自组织系统的耗散参量在临界点时表现出奇异性，根据相变临界理论，描述在临界点附近各物理临界行为趋向的一个较好方式是采用临界指数进行刻画。通常情况下，系统的自组织过程可由控制参量 R 来控制，R 通常是输入参量的函数。系统趋近于突变临界点的程度，可用临界距离（$R-R_c$）来反映，这里 R_c 是控制参量 R 的临界值。从普适性的角度进行考虑，引入一个无量纲的约化临界距离 ε，其定义为

$$\varepsilon = \frac{R - R_c}{R_c} \tag{8.1}$$

对于滩地而言，各个序参量的约化临界距离 ε 反映了各个序参量与理想有序性的贴近程度，其能够用来表示序参量的有序度。滩地的序参量对健康状态的影响方式是不一致的，部分序参量是随序参量值增大，滩地有序度增大，滩地的健康状况变好，这类序参量称为递增型序参量；有些则是随序参量值增大，滩地有序度减小，滩地的健康状况变差，这类序参量称为递减型序参量；有些是当序参量趋向于某一固定值时，滩地有序度增大，滩地的健康状况变好，这类序参量称为趋中型序参量。

对于递增型序参量，设序参量的最小临界值为 $R_{\min}$，最大临界值为 $R_{\max}$，序参量值为 R_{real}，则序参量的有序度 ε 为

$$\varepsilon = \frac{R_{\text{real}} - R_{\min}}{R_{\max} - R_{\min}} \tag{8.2}$$

对于递减型序参量，设序参量的最小临界值为 $R_{\min}$，最大临界值为 $R_{\max}$，序参量值为 R_{real}，则序参量的有序度 ε 为

$$\varepsilon = \frac{R_{\max} - R_{\text{real}}}{R_{\max} - R_{\min}} \tag{8.3}$$

对于趋中型序参量，设序参量的临界固定值为 R_{fix}，序参量值为 R_{real}，则序参量的有序度 ε 为

$$\varepsilon = 1 - \left| \frac{R_{\text{real}} - R_{\text{fix}}}{R_{\text{fix}}} \right| \tag{8.4}$$

2）健康指数计算模型

滩地的健康状况是组成结构有序性、整体功能完整性以及社会配套完善性等特征协同作用的结果，而各特征的协调性是各自序参量协同作用的成果。各特征的健康程度由各自序参量的有序度决定。在系统论中，系统的有序性程度通常通过熵来刻画，系统的熵越大，则其有序程度越低；反之，系统的有序程度就越高。因此，各特征的健康指数计算采用熵与序参量的有序度相结合的方法，具体计算式见式（8.5）。总体健康指数能够通过各特征的健康指数加权获取，具体计算式如式（8.6）所示：

$$I_j = \sum_{i=1}^{n} \omega_{ij} [\varepsilon_{ij} \lg \varepsilon_{ij}] \quad (i=1,\ 2,\ \cdots,\ n;\ j=1,\ 2,\ 3) \tag{8.5}$$

式中，I_j 为第 j 特征的健康指数；ω_{ij} 为第 j 特征中第 i 个序参量的权重系数；ε_{ij} 为第 j 特征中第 i 个序参量的有序度；n 为第 j 特征中序参量的个数。

$$I = \sum_{j=1}^{3} w_j I_j \qquad (8.6)$$

式中，I 为河流总体健康指数；I_j 为第 j 特征的健康指数；w_j 为第 j 特征的权重系数。

2. 权重系数计算模型

评价过程中，需要对不同的指标赋予不同的权重值，用以反映指标的相对重要程度，以保证评价结果的准确性和有效性。指标权重值的获得方法包括主观赋权法和客观赋权法。

1）客观权重的计算

客观权重是根据滩地发育发展的客观规律为指标赋权的方法。该方法考虑到指标真实数据的差异对评价结果的影响，从而使得待评对象特征与评价结果总体保持一致。评价指标的主客观权重值用层次分析法确定。层次分析法从本质上讲是一种决策思维方法，体现了"分解–判断–综合"的基本决策思维过程。它把复杂的问题分解为各个组成因素，按照支配关系分组构建有序的递阶层次结构，通过两两相互比较的方式，确定层次中各个因素的相对重要性，并借助判断矩阵特征向量，计算确定下层指标对上层指标的贡献程度。利用层次分析法确定指标权重的步骤如下。

A. 建立递阶层次结构

根据评价对象的具体情况确定评价指标，按照指标属性的不同进行分类组合，形成递阶层次结构。

B. 构造两两比较判断矩阵

层次结构中各层的元素可以依次相对于上一层元素进行两两比较，对重要性赋值，据此建立判断矩阵。两个指标的相对重要程度采用 1～9 的标度法赋值，具体标度及含义如表 8.3 所示。

表 8.3　判断矩阵标度及其含义

标度	含义
1	表示两个因素相比，具有同等重要性
3	表示两个因素相比，前者比后者稍为重要
5	表示两个因素相比，前者比后者明显重要
7	表示两个因素相比，前者比后者强烈重要
9	表示两个因素相比，前者比后者极端重要
2, 4, 6, 8	表示上述相邻判断的中间值
倒数	若元素 x_i 和 x_j 的重要性之比为 a_{ij}，则元素 x_j 和 x_i 的重要性之比为 $1/a_{ij}$

C. 确定权重系数

求解判断矩阵的最大特征根 $\lambda_{\max}$ 及其对应的特征向量 W，将 W 进行归一化处理，可得同一层次中相应元素对于上一层次中某个因素相对重要性的排序权值，这就是层次单排序。层次单排序的两个关键问题在于求解判断矩阵 A 的最大特征根 $\lambda_{\max}$ 及其对应

的特征向量 W。一般采用方根法来计算，其计算方法如下。

（1）计算判断矩阵每行元素的乘积 M_i：

$$M_i = \prod_{j=1}^{n} a_{ij}(i, j = 1, 2, \cdots, n) \tag{8.7}$$

式中，M_i 为第 i 行所有元素的乘积；a_{ij} 为第 i 行第 j 列元素。

（2）计算 M_i 的 n 次方根 w_i：

$$w_i = \sqrt[n]{M_i} \tag{8.8}$$

（3）以 w_i 为元素的向量 $W = (w_1, w_2, \cdots, w_n)^{\mathrm{T}}$ 即为判断矩阵 A 的特征向量。对特征向量的各元素 w_i 进行归一化处理得 w_i'，计算式如式（8.9）所示。以 w_i' 为元素的向量即为所求的权重向量 $W' = (w_1', w_2', \cdots, w_n')^{\mathrm{T}}$。

$$w_i' = w_i / \sum_{j=1}^{n} w_j \tag{8.9}$$

式中，w_i、w_j 均为特征向量的元素；n 为元素个数。

D. 一致性检验

为了保证权重的可信度，需要对判断矩阵进行一致性检验。根据矩阵理论，在层次分析法中引入判断矩阵最大特征根以外的其余特征根的负平均值，将其作为衡量判断矩阵偏离一致性的指标，具体检验过程如下。

（1）计算判断矩阵的最大特征根 $\lambda_{\max}$：

$$\lambda_{\max} = \sum_{i=1}^{n} \frac{(AW')_i}{nw_i'} \tag{8.10}$$

（2）计算一致性指标 CI：

$$CI = \frac{\lambda_{\max} - n}{n - 1} \tag{8.11}$$

（3）计算随机一致性比率 CR：

$$CR = \frac{CI}{RI} \tag{8.12}$$

式中，CR 为随机一致性比率；CI 为一致性指标；RI 为平均随机一致性指标，RI 的取值根据表 8.4 确定。

表 8.4　判断矩阵的平均随机一致性指标 RI 的取值

	n									
	1	2	3	4	5	6	7	8	9	10
RI	0.00	0.00	0.58	0.90	1.12	1.24	1.32	1.41	1.45	1.49

若 CR<0.1，则判断矩阵具有满意的一致性，即 $W' = (w_1', w_2', \cdots, w_n')^{\mathrm{T}}$ 可作为权重系数。反之，则需要重新调整判断矩阵的取值，反复上述步骤，直至具有满意的一致性为止。

2）主观权重的计算

主观赋权法是由评价分析人员根据滩地健康各项评价指标的重要性（主观重视程度）进行赋权的一类方法。此类方法的赋权基础是基于对各项指标重要性的主观认知程度，因此不可避免地会带有一定程度的主观随意性。主观权重主要采用熵权法来确定。熵权法首先通过专家填写打分表，再对专家的主观赋值进行客观化的分析和处理，将主观判断与客观计算相结合，增强权重的可信度，能较为客观地确定指标的重要程度。熵权法是一种在综合考虑各因素所提供信息量的基础上，计算一个综合指标的数学方法。它主要根据各指标传递给决策者的信息量大小来确定其权重系数。熵原本是一个热力学概念，最先由香农引入信息论当中，现已在工程技术、社会经济等领域得到广泛应用。根据信息论的基本原理，信息是系统有序程度的度量，而熵则是系统无序程度的度量。信息量越大，不确定性越小，熵也越小；反之，信息量越小，不确定性越大，熵也越大。

设有 m 个评分人，n 个评价指标，x_{ij} 是第 i 个评分人对第 j 个指标的打分，x_j^* 是第 j 个评价指标的最高分。对于递增型指标，x_j^* 越大越好；对于递减型指标，x_j^* 越小越好。根据指标的特征，x_{ij} 与 x_j^* 之比称为 x_{ij} 对于 x_j^* 的接近度，记为 d_{ij}，其计算式如式（8.13）所示：

$$d_{ij} = \begin{cases} \dfrac{x_{ij}}{x_j^*}, & \text{当} x_{ij} \text{为递增型指标时} \\ \dfrac{x_j^*}{x_{ij}}, & \text{当} x_{ij} \text{为递减型指标时} \end{cases} \tag{8.13}$$

根据熵的定义，m 个评分人，n 个评价指标的熵为

$$E = -\sum_{j=1}^{n} \sum_{i=1}^{m} d_{ij} \ln d_{ij} \tag{8.14}$$

第 j 个评价指标的相对重要程度的不确定性由下列条件熵确定：

$$E_j = -\sum_{i=1}^{m} \frac{d_{ij}}{d_j} \ln \frac{d_{ij}}{d_j} \tag{8.15}$$

式中，E_j 为条件熵；$d_j = \sum_{i=1}^{m} d_{ij} (i=1,2,\cdots,m; j=1,2,\cdots,n)$。

由熵的极值可知，当各个 d_{ij}/d_j 均趋于某一固定值 p 时，记为 $d_{ij}/d_j \to p$，即当各个 d_{ij}/d_j 均相等时，条件熵较大，从而评价指标的不确定性也就较大。当 $d_{ij}/d_j = 1$ 时，条件熵达到最大 $E_{\max}$，$E_{\max} = \ln m$。利用 $E_{\max}$ 对条件熵 E_j 进行归一化处理，则第 j 个评价指标的评价决策重要性的熵为

$$e_j = E_j / E_{\max} = -\frac{1}{\ln m} \sum_{i=1}^{m} \frac{d_{ij}}{d_j} \ln \frac{d_{ij}}{d_j} \tag{8.16}$$

则第 j 个评价指标的客观权重 Q_j 为

$$Q_j = \frac{1 - e_j}{n - E_c} \tag{8.17}$$

式中，$E_c = \sum_{j=1}^{n} e_j$，$0 \leqslant Q_j \leqslant 1$，$\sum_{j=1}^{n} Q_j = 1$。

3）综合权重的计算

综合考虑主观因素与客观因素，在主观权重系数与客观权重系数确定的基础上，计算各个指标的综合权重，其计算式为

$$W_j = \frac{w_j' Q_j}{\sum_{j=1}^{n} w_j' Q_j} \ (j = 1, 2, \cdots, n) \tag{8.18}$$

由于各河流中的滩地既具有自身的基本规律，又具有其特殊性，所以各个指标的权重应体现各个具体河流滩地的基本规律和特点。针对滩地的基本规律，评价指标权重可以采用客观权重确定方法。针对滩地的特殊性，通常通过当地管理者的打分确定权重，这种方法确定的权重属于主观权重。因此，滩地健康评价指标权重的计算需采用主观权重与客观权重相结合的综合赋权方法。

8.3　滩地生态修复技术措施

根据中小河流滩地生态修复的要求和思路，按照修复对象的特点和目标，滩地生态修复的技术措施主要包括安全防护措施、破碎化处理措施、水系连通措施、基质修复措施、植被修复措施以及亲水与景观营造措施等。

8.3.1　安全防护措施

保证滩地安全稳定是滩地生态修复的首要要求。滩地的安全防护主要是为了防止滩形的剧烈变化，并促其良性发展，重点在于保证滩头和滩边缘形态的稳定。滩地安全防护措施通常采用抛石、生态混凝土砌块（图8.2）、生态混凝土球（图8.3）、生态袋（图8.4）、格宾网（图8.5）、框架四面体（图8.6）等。尤其是流速较大、冲刷强烈的滩地区段，需要加强安全防护。对于流速较大且流向不稳定的位置，可以采用格宾网短丁坝或框架四面体的方式进行防护。对于滩地与堤脚间存在沟槽的河段，需填实沿堤脚边缘的沟槽，以便于消除堤防安全隐患。另外，实施滩地安全防护时还需结合边缘形态的塑造，采用抛石、框架四面体、格宾网等修筑短丁坝的方式塑造滩地边缘形态。例如，可在滩头或滩地迎水面前端采用抛石的方式进行防护，边缘形态以平顺弧形为主。

图 8.2　生态混凝土砌块防护

图 8.3　生态混凝土球防护

图 8.4　生态袋防护

图 8.5　格宾网防护

图 8.6　框架四面体防护

如果采用丁坝，则丁坝可布置在滩地最凸（河面最窄）位置的附近（图 8.7）。丁坝以短小型为主，长度为 20～50cm，丁坝间距可适当调大一些，利于节省建筑材料。但是，若间距过大，则可能会在两丁坝区间内发生横流，从而破坏滩脚。丁坝间距应根据水流特点确定，通常考虑两方面要求：一是丁坝间距应使下一个丁坝形成的壅水刚好到达上一个丁坝处，避免在上一个丁坝的下游发生水面跌落的现象。这样既充分发挥每一个丁坝的作用，又能保证两坝之间不发生冲刷。二是丁坝间距应使绕过上一个坝头之后形成的扩散水流的边界线，大致到达下一个丁坝的有效长度的末端，以避免造成对坝基或滩地的冲刷。从理论而言，丁坝的最大间距（L_{max}）可按式（8.19）求得：

$$L_{max} = \frac{B - b}{2} \text{ctg} \beta \qquad (8.19)$$

式中，L_{max} 为丁坝最大间距；β 为水流线过丁坝头部的扩散角，据相关实验，$\beta = 6°6'$；B 与 b 分别为河宽与丁坝的宽度；ctg 为余切函数。

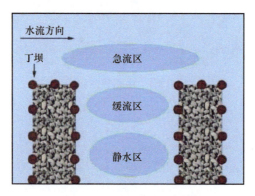

图 8.7　丁坝布置示意图

8.3.2　破碎化处理与水系连通措施

由于人为挖采或大规模活动的干扰，滩地呈现破碎化或滩面出现大量深坑。对于破碎化滩地的处理，通常可采取适当的土地平整措施，并且归并孤立零散滩地。同时，疏导较大滩地间的沟槽，以便水流通畅。尤其是疏浚了主流区域的孤立小沙丘，通过归并整理，可以形成明显的河道主槽。同时，滩地修复过程中，还需要注意处理好滩地与周边村庄间排水通道布置、堤脚防护以及堰坝的关系。特别是对于堤脚附近呈破碎化的边滩，如果在滩地与堤岸之间存在沟槽（通常因无序采砂、开挖、侵占等造成），修复过程中可整理疏浚产生的弃料用于回填沟槽，以提高堤岸与滩地的稳定性。

1. 边滩破碎化整理与水系连通

边滩沉积不仅是曲流凸岸环境的产物，而且广泛分布于顺直河段和弯曲分汊河段，在特定条件下，还可发育于曲流凹岸和分流河口等地貌部位。不同环境下形成的边滩具有不同的几何形态以及演变规律。在整理过程中，根据边滩的位置和成因可分为凸岸边滩、凹岸边滩、顺直边滩 3 类滩地。

1）凸岸边滩

凸岸边滩是最为常见的边滩类型（图 8.8），通常位于曲流河段的凸岸，因弯道横向环流作用而形成。根据河流曲率以及边滩的几何形态，凸岸边滩又可分为 3 个亚类：发育于低弯曲流段凸岸的雏形边滩；发育于中弯曲流段凸岸的半成熟边滩；发育于高弯曲流段凸岸的成熟边滩。

雏形边滩代表曲流演变的初级阶段，随着凹岸的坍塌后退以及凸岸的边滩生长延伸，边滩由雏形向半成熟和成熟方向演变，随着河道的进一步弯曲，最终发生截滩或自然截弯的现象，旧河道废弃变为牛轭湖，新河道形成并开始下一周期的演变。据相关研究，曲流段水面比降、环流强度及旋度均与曲率半径成反比。因此，不同阶段的曲流演变速度不同，低弯河道的演变速度慢，历时长，而高弯河道的演变速度快，历时短。

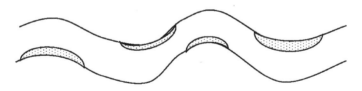

图 8.8　凸岸边滩整理示意图

在滩地生态修复过程中，滩地边缘形态宜保持平顺，不宜存在突变形态。与此同时，人工营造滩地的行为会改变水流流向。因此，营造滩地形态时，应尽量避免水流过度偏离主槽，以免造成对对岸的冲刷。

2）凹岸边滩

凹岸边滩位于弯曲河段以及弯曲分汊河段的凹岸位置，水流动力轴线迁离凹岸是其主要的形成机制。凹岸边滩主要分布于中、低弯曲河段以及中、低弯曲分汊河段，其分布的广泛性远小于凸岸边滩。控制凹岸边滩的本质因素是水流动力轴线的迁移。当水流动力轴线偏离凹岸，其离心力方向与河弯方向相反时，则在凹岸形成弱水区或回流区，泥沙在此大量堆积，进而形成凹岸边滩（图 8.9）。

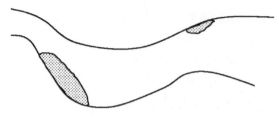

图 8.9　凹岸边滩整理示意图

3）顺直边滩

顺直边滩位于顺直河段，是由次生环流的旋转方向交替改变而形成的。顺直边滩的几何形态表现为窄长形。顺直边滩沿顺直河道两侧交错分布，其形态和规模变化不大。按河段性质可分为2类：两岸抗冲型顺直边滩和曲流过渡型顺直边滩。

A. 两岸抗冲型顺直边滩

两岸抗冲型顺直边滩的形成是由于两岸的抗冲性较强，导致河道的横向迁移受到限制，水流动力轴线相对稳定，边滩的发育和分布也较稳定，其几何形态及发育部位多年基本保持不变，年内主要表现为汛期淤积增高、枯期冲刷降低的周期性变化（图 8.10）。

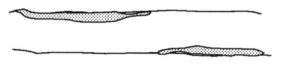

图 8.10　两岸抗冲型顺直边滩整理示意图

B. 曲流过渡型顺直边滩

曲流过渡型顺直边滩位于相邻两个河曲的过渡段，在此过渡段的两岸物质组成具有相对稳定的特点。抗冲性黏土层厚度越大、分布越均匀，河岸的相对稳定性就越高。当黏土层厚度小于丰水期与枯水期的水位差时，抗冲性弱的沙层出露，被水流冲刷淘洗，导致黏土层崩塌，形成凹冲凸淤的曲流环境。在河弯的雏形阶段，岸线的冲刷和平面变形一般发生在黏土层厚度较薄、两岸分布不均、岸线相对稳定度较差的部位。当两岸组成较均匀、较稳定，或有节点以及人工护岸控制时，水流动力轴线较稳定，易于形成顺直过渡段（图 8.11）。

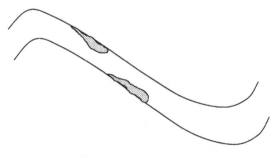

图 8.11　曲流过渡型顺直边滩整理示意图

2. 心滩的破碎化整理与水系连通

心滩（沙洲）是一种典型的流水地貌形态，是冲积河道所形成且出露水面的成型泥沙淤积体。营造心滩（沙洲）时，主要形成 4 种典型形态的滩地：椭圆形心滩（沙洲）、竹叶形心滩（沙洲）、镰刀形心滩（沙洲）、三角滩。

1）椭圆形心滩（沙洲）

椭圆形心滩（沙洲）的边线光滑，呈中间宽两头窄的形态，与椭圆相似。椭圆形心滩（沙洲）一般面积较小，多处在顺直河段，该河段河道宽阔，心滩（沙洲）的形成依赖汛期的来沙，高水位时淹没在水下，部分泥沙落淤使得洲体逐渐变大，非汛期露出水面，洲头和洲尾都会受到一定程度的水流冲刷。总体来说，由于推移质在洲头浅水区淤积，整个沙洲仍将向上游方向发展（图 8.12）。

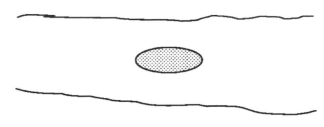

图 8.12　椭圆形心滩（沙洲）整理示意图

2）竹叶形心滩（沙洲）

竹叶形心滩（沙洲）的边线光滑，洲头呈钝状且短粗，洲尾削尖并延长，与竹叶相似。竹叶形心滩（沙洲）一般面积和周长均较大，所处河道的平面形态呈"弓"形。竹叶形心滩（沙洲）一般是沙洲的稳定形态，河道外形相对稳定，沙洲的发育依赖推移质在洲头淤积和汛期高水位时洲面植被拦截部分泥沙，洲头多淤积大量粗沙，洲尾持续冲刷削尖。由于植被的固定作用以及源源不断的上游来沙在洲头淤积，整个沙洲仍将向上游方向发展（图 8.13）。

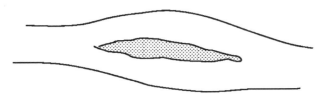

图 8.13　竹叶形心滩（沙洲）整理示意图

3）镰刀形心滩（沙洲）

镰刀形心滩（沙洲）的洲体向河道凸岸弯曲，洲头略钝和洲尾削尖，与镰刀形状相似。镰刀形心滩（沙洲）在河湾内发育，心滩（沙洲）滩体向凸岸弯曲，该沙洲的发育过程主要受河势变化的影响，在不同水文年，洲头和洲尾都有局部冲刷变化。通常情况下，大水年洲头冲刷，洲尾出现淤积，中小水年则洲头发生淤积，洲尾遭受冲刷，但总体而言还是以洲头淤积变钝，洲尾冲刷变尖为主要趋势（图8.14）。

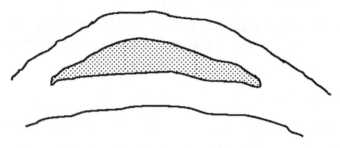

图8.14 镰刀形心滩（沙洲）整理示意图

4）三角滩

三角滩分布于分流河口靠主流下游一侧，平面上呈三角形，剖面上呈透镜状，是受双向水流作用形成的一种滩地类型（图8.15）。

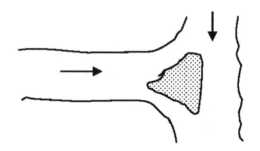

图8.15 三角滩整理示意图

8.3.3 基质修复措施

1. 主要措施

基质修复措施主要依靠其自身修复能力，并以就地填筑砂砾石为主要手段。根据河道的水势和形态，按照未受到干扰且稳定的滩地外形所呈现的平顺弧形或凹凸交错状进行塑造。被干扰的滩地的基质在水流作用下发生冲、淤自然运动，进而使得滩地基质及上游来沙重新分布。另外，对于破损、退化程度严重的滩地，可通过配置适当级配的砂卵石，填筑防护，以促进滩地基质的快速恢复。

2. 控制参数

（1）滩地基质的颗粒组成较为复杂，基质粒径的变化幅度较大。根据对灵山港滩地进行调查发现，土壤粒径范围为0.002～2mm，上游土壤质量分数为68.22%，中游土壤质量分数为 77.32%，下游土壤质量分数为 91.81%。砾石粒径范围为 2～300mm，上游砾石质量分数为31.78%，中游砾石质量分数为22.68%，下游砾石质量分数为8.19%。

（2）滩地土壤的空间分布差异性显著。根据对灵山港滩地进行调查发现，在河流纵向上，从上游至下游，滩地土壤分形维数呈递增趋势；在河道横向断面上，离水边距离越远，滩地土壤分形维数越大，而且滩地土壤分形维数空间阶跃间距为20m；在不同垂向土层上，上层（0～20cm）土壤的分形维数要小于下层（20～40cm）土壤的分形维数。

（3）滩地砾石空间分布具有显著差异性。根据对灵山港滩地进行调查发现，在河流纵向上，从上游至下游，砾石分形维数呈下降趋势，且其大小能够反映砾石粒径分布的均一程度。在河道断面横向上，砾石主要分布在临水区 4～33.5m。

8.3.4　植被修复措施

1. 主要措施

植被修复主要是选择并栽种适宜的植被，以恢复滩地生态系统。对植被保护状况较好的滩地，可在充分调查分析植被分布的基础上，以保持其原有生态为主，同时结合现状问题，补充适宜植物，营造构建完整的生态系统（表8.5）。对于植被破坏严重的滩地，需采用人工干预方式实施修复，尤其需恢复冲毁滩地的植被，采用乔灌草相结合的方式予以修复。对于草本植物以自然恢复为主，对于灌木和乔木需要人为适量栽种。在植被修复中，需考虑滩地位置的特殊性，尤其需考虑滩地防洪安全方面的要求。在物种选择上，可选择根系发达，根系团土、固土作用强，枝叶茂密，柔韧性良好，生长速度快的本土植物。同时，尽可能选择耐旱、耐涝、耐瘠薄的物种。进行栽植时，密度要合理。另外，各滩地间水系连通的沟槽内，可种植小芦苇、菖蒲等水生植物。对于冲毁严重的滩地，植物修复需结合滩地稳定性防护措施（如设置透水堰坝或砾石群等），保证滩地边缘流态平顺，提高生物生境的适宜性。

表 8.5　植被配置方式

区段	对应水位滩地位置建议栽种植被类型		
	常水位以下	常水位—洪水位	洪水位以上
上游	植被结构：喜湿耐冲草本，主要物种：棒头草、菵草、牛毛毡、积雪草等	植被结构：灌草结构，主要物种：灌木+狗牙根、小飞蓬等	植被结构：乔灌草结构，主要物种：乔木+灌木+刺蓼、野线麻、大画眉草等
中游	植被结构：喜湿耐冲草本，主要物种：沿阶草、菵草、箭叶蓼等	植被结构：灌草结构，主要物种：灌木+刺蓼、酸模叶蓼等	植被结构：乔灌草结构，主要物种：乔木+灌木+刺蓼、酸模叶蓼等
下游	植被结构：喜湿耐冲草本，主要物种：棒头草、菵草等	植被结构：固土护坡植被，主要物种：狗牙根、小飞蓬等	植被结构：灌草结构，主要物种：灌木+小飞蓬、狗牙根等
河口	植被结构：喜湿耐冲草本，主要物种：棒头草、芦苇等	植被结构：草结构，主要物种：灌木+大画眉草、小飞蓬等	植被结构：乔草结构，主要物种：乔木+大画眉草、小飞蓬等

2. 植物群落结构优化

在长江中下游河流或湖泊中，团头鲂、鲤、鲫、红鳍原鲌、蒙古鲌、鳜、鲶、乌鳢、黄颡鱼等经济鱼类，大多喜好将卵产在水生植物上，或以水生植物做巢进行繁殖。草鱼、鳊、团头鲂等草食性鱼类喜食水生植物和陆生植物中被淹没的部分。因此，对于一些植被受损严重的滩地而言，合理布设植物能够为大多数经济鱼类的生长和繁殖提供有利条件。

鱼类在水中的喜好活动区域存在一定程度的差异。例如，青鱼喜欢栖息于平静的水底处，即主要生活在水域的中下层，很少在浅水面活动。草鱼主要生活在水域的中层，偶尔也在表层或中下层活动。鲢鱼喜栖息于水体上层，善于跳跃。鳙鱼生活在水体中上层，不爱跳跃（许承双等，2017）。团头鲂和鳜冬季主要聚集在深水处越冬。另外，不同鱼类的习性不同，对流速和紊流环境的要求存在一定的差异。例如，青鱼不活泼，主要以底栖动物为食，其食物分布广泛且活动性较小，捕食不需要较强的有氧运动能力，在长距离或较高水流速度下活动时，耐受力较低，无氧运动能力较弱，故其偏好低流速的水动力环境（鲜雪梅等，2010）。草鱼习性活泼，游泳迅速，食量很大，长时间处于觅食状态，有较强的有氧和无氧运动能力，且对较大流速有较好的耐力，故其能适应高流速水动力环境。鳜、鲤、鲫、团头鲂等一般生活在静水或平缓的水体中，冬季活动幅度较小。鱼类在不同生命阶段对流速的要求也存在一定差异。幼鱼耐受力较成鱼低，其偏好流速一般低于成鱼，但不同生命阶段的鱼类对紊动强度的喜好相似（宋基权等，2018）。在产卵时期，鱼类需要一定的流速刺激，为促进产卵或孵化，通常会适当加大流速并达到一定的范围（柏海霞等，2014）。另外，产卵区水流紊动产生的能量损失明显大于非产卵区（王远坤等，2009），即鱼类产卵时期也需要相对较大的紊动强度。

综上所述，不同鱼类的喜好活动区域、适宜栖息流速和适宜栖息紊流生境存在差异，鱼类在不同生命活动时期对流速和紊流环境的要求也存在一定差异，这就要求通过优化滨岸区植物布设，来满足不同鱼种、鱼类各项生命活动以及鱼类在各个生命阶段对适宜水动力条件的需求。

前面的试验结果表明，在无植被分布的情况下，滩区流速垂向分布呈"J"形，除底部流层外，流速分布均匀，分区不明显。而植被分布下的滨岸区流速有所削减，且沿垂向出现明显的分区。在挺水植物分布下，河床区域流速沿水深整体呈反"C"形，可分为2个分区：植物茎秆区和植物叶片区，岸坡区域流速沿水深整体呈"J"形。挺水植物虽阻水效果和对流速的削减效果更加明显，但流速垂向分布规律相对简单，紊动强度沿垂向也不存在明显的分区。在沉水植物分布下，河床区域流速沿水深整体呈"S"形，可分为3个分区：植物内部区、顶部过渡区和上部无植物区，岸坡区域流速沿水深整体呈"J"形。沉水植物虽使流速和紊动强度沿垂向分布规律变得复杂，但仅对有植被区域的水动力特性产生较大影响，对植被以上区域（即上部无植物区）的水动力特性影响不大。由此可以看出，单一植被分布下的水动力条件虽较无植被时更加复杂，但仍无法满足不同鱼种、鱼类各项生命活动以及各个阶段对适宜水动力条件的需求，限制了许多鱼类的活动范围。

与单一植被布置相比较而言，将挺水植物与沉水植物进行复合种植（图8.16），一方面能增加滨水区的物种丰富度，使植物群落结构变得复杂和生物多样性水平增加；另一方面可以使流速在垂向上呈"3"形分布（王忖，2010）。由于滨岸底部区域覆盖着沉水植物，沉水植物对水流的阻滞占主导作用，从而可以有效削减流速。在沉水植物的顶部过渡区，流速发生偏转，水流即将摆脱沉水植物的影响，却又受到了挺水植物的阻碍。在挺水植物叶片区，由于植物枝干、叶片对水流动能的吸收作用，流速又再次衰减，因此在沉水植物顶部附近出现流速的极大值，之后流速梯度发生逆转。到达水面附近时，水流逐渐摆脱植物的阻滞，流速梯度再次逆转，流速急剧增加，垂向上呈现单调递增。流速转折点的位置主要取决于植物的柔韧度、高度等。另外，挺水植物与沉水植物的复合种植，使得紊动强度沿垂向的变化也更加丰富，在沉水植物内部区，植物与水体间的相互作用产生紊流涡，涡体的混掺加速了水流的扰动并使紊流涡向上层水体传递。到达沉水植物顶部过渡区时，涡体运动的惯性力达到最大值，紊动强度出现极大值。再向上的流层区域，紊动有所收敛，挺水植物茎秆区域的紊动强度稍微减弱。之后由于水面附近存在强烈的质量和动量交换，紊动强度急剧增加，到达水面时紊动强度达到最大（王莹莹，2007）。

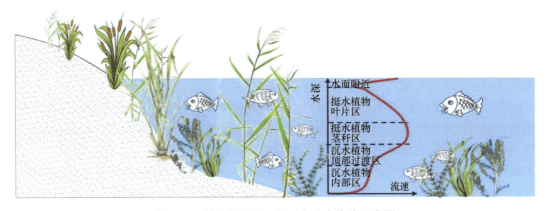

图 8.16　植物组合下的鱼类水动力生境示意图

由前文所述可知，狗牙根等是广泛分布于滨水水位变幅区和近岸水域的稳定优势中生植物，如水蓼、喜旱莲子草、双穗雀稗、狗尾草等是滨水水位变幅区和近岸水域的优势湿生植物，菰、菖蒲、香蒲和芦苇等是广泛分布于近岸水域的挺水植物，而沉水植物相对较少。因此，在滩地滨岸水域区生态修复和植被优化布置中，一方面，以自然恢复为主，对于植被分布均匀、保护较好的滨岸区，维持其原有的植物种类和群落结构，保护原有的鱼类生态栖息地，充分发挥其防洪护岸和保护生物多样性等功能。另一方面，对于植被受损严重的滨岸区，需重点考虑滨岸高程差的变化，同时还需结合河道比降、弯曲程度、滩地形态、水流条件等特点，合理选择和优化布置植被。尤其是在滨岸水域区，对于坡度较缓、水位较浅的滨岸，选择对水文环境适应能力极佳的菰、菖蒲、香蒲和芦苇等挺水植物种植在水域区，以发挥固岸和削减流速、流量等作用，为鱼类生活、摄食、繁殖等生活方式提供栖息场所。对于坡度较陡、水位较深的河段，可以考虑将上述挺水植物与菹草、金鱼藻等沉水植物共同布置，使得滨岸区水动力生境空间异质性更高，以满足不同鱼种、鱼类各项生命活动、各个时期对适宜水动力条件的需求，为鱼类提供最佳的栖息生境，增加鱼类物种多样性。推荐的滨岸区植物配置模式详见表 8.6。

表 8.6　植物配置模式推荐

滨岸特征	滨岸水域区	水位变幅区	滩区
坡度较缓、水位较浅	挺水植物（菰、菖蒲、香蒲、芦苇）	灌木（野蔷薇、水团花）+草本（高羊茅、狗牙根、双穗雀稗、水蓼）	乔木（枫杨、湿地松）+灌木（野蔷薇、水团花）+草本（狗牙根、艾、小鱼仙草）
坡度较陡、水位较深	挺水植物（菰、菖蒲、香蒲、芦苇）+沉水植物（菹草、金鱼藻）	灌木（野蔷薇、水团花）+草本（芦苇、香蒲、狗牙根、双穗雀稗、水蓼）	乔木（枫杨、乌桕）+灌木（野蔷薇、水团花）+草本（狗牙根、狼把草、小鱼仙草）

3. 植被布置密度优化

滨岸区鱼类的区系组成、鱼产量和分布均与植被密度存在关联性。通常情况下，增加植被密度会增加饵料，降低鱼类被捕食的压力，因此在一定范围内鱼类分布和鱼产量随植被密度增大而增加。例如，东太湖水生植物茂盛，饵料基础丰富，其每亩平均鱼产量多年成倍高于西太湖（曹萃禾，1990）。然而，若植被密度太高，鱼类行动（尤其是成鱼）会受到植物茎叶极大的阻碍，鱼类密度将会降低（潘文斌，2000）。也就是说，尽管通过增加植被密度，可能会增加鱼类丰富度和多样性，但植被密度达到何种程度才能提供最佳的鱼类生境，目前还知之甚少。

以上试验表明，植被布置密度越大，植被阻水作用越明显，流速削减效果越好，且植被对岸坡流速的削减作用大于河床。因此，滨岸区生态修复和植被优化布置中，需结合不同鱼类、不同生命时期对水动力生境的需求，合理选择植被布置密度。尤其是在鱼类繁殖产卵期，对喜缓流甚至静流、偏好流速较低，以及对产卵场要求不高的鳜、鲤、鲫、团头鲂、翘嘴鲌、蒙古鲌等原有定居鱼类产生影响，在其产卵场内，需适当增加水生植被的布置密度，一方面能够削减流速，保持河湖微流水的状态，以适宜的流速刺激鱼类产卵，另一方面能够增加"草排"（由水生植物残体漂集而成），提供良好的附卵基质，以便于实现鱼类增殖（图 8.17）。

鱼种：鳜、鲤、鲫、团头鲂等原有定居鱼类产卵期适当增加水生植被布置密度

图 8.17　适宜原有鱼类栖息的植被布置密度优化示意图

对于青鱼、草鱼、鲢鱼、鳙鱼等江湖洄游性鱼类，如果洄游通道被阻隔，目前主要靠人工放养来保护其种群，需在水生植物生长旺盛的时期，适当打捞植被，避免因滨岸区域植被密度过高而使鱼类缺氧或影响鱼类正常游动（图 8.18）。

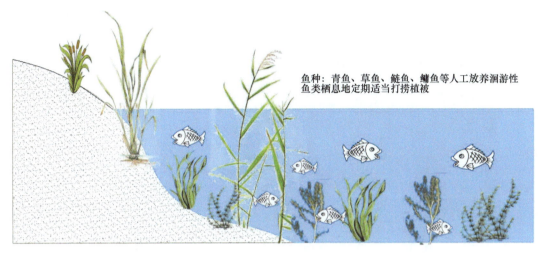

图 8.18 适宜于人工放养鱼类栖息的植被布置密度优化示意图

另外，植被的优化配置过程中，也要考虑到鱼类对水生植物的影响。研究表明，草食性鱼类，尤其是草鱼，对沉水植物有很强的摄食作用，这不利于沉水植物的生长和恢复，甚至可能造成毁灭性破坏（Catarino et al.，1997）。鳊同样是草食性鱼类，但鳊的咽齿不如草鱼发达，不能轻易咬断水生植物纤维。因此，鳊对沉水植物的摄食作用较草鱼弱（冯德庆等，2006）。杂食性鱼类鲫除摄食沉水植物外，还可以摄食藻类、昆虫等，其下咽齿外侧略扁，内侧呈臼齿状，不如草鱼和鳊的咽齿发达，更加不易咬断植物纤维，对植物的摄食作用更为微弱，其存在有利于沉水植物的生长与恢复（王晓平等，2016）。鱼类对不同种类水生植物生长的影响各不相同。例如，在常见的沉水植物竹叶眼子菜、苦草、轮叶黑藻、菹草、金鱼藻中，杂食性鱼类（如鲫、鲤等）、草鱼、鳊最厌恶的是金鱼藻，而竹叶眼子菜和伊乐藻的营养成分易被鱼类消化吸收，故草鱼、团头鲂等鱼类喜爱摄食这两种沉水植物（孙健等，2015；王晓平等，2016）。因此，结合鱼类对水生植物的影响，在滨岸区植被的保护与恢复过程中，也要合理控制部分鱼种的投放密度。例如，在植被受损严重的区域，除种植密度合理的植物群落外，也要控制草鱼和鳊的密度，适当增加鲫的投放量，以避免草鱼和鳊过量摄食水生植物。选择沉水植物种类时，也可优先考虑鱼类相对不喜欢摄食的金鱼藻。

4. 植被排列方式优化

在人工栽培的情况下，植被大多表现为均匀分布。试验表明，不同植被排列方式对鱼类栖息流速和紊流生境的影响无明显差异。因此，植被栽植重点考虑两方面要素：一方面，应以亲近自然的排列方式为主（图 8.19），使植被本身贴近自然状态，避免人工造型和修剪，避免植被种类单一和种植行距整齐划一，以实现植被群落内部以及植被与鱼类间的共生与健康稳定。另一方面，根据建设的实际情况，可采用均匀、规则的排列方式（图 8.20），如株间混交、行间混交、矩形式排列、梅花式排列等方式，既能便于施工设计，达到整齐有序的景观效果，又能为鱼类提供适宜的水动力生境，有效发挥滨岸的生态功能。

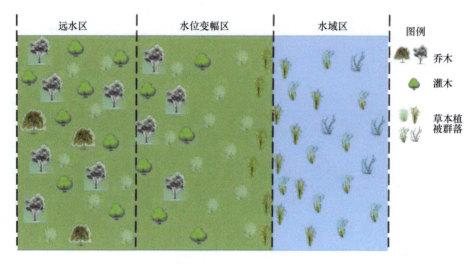

图 8.19　植被近自然化排列布置示意图

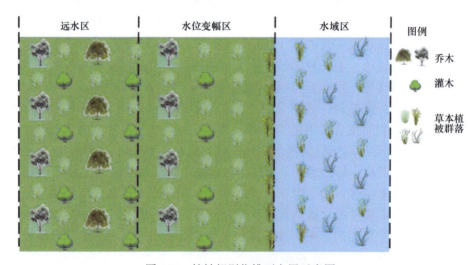

图 8.20　植被规则化排列布置示意图

8.3.5　亲水与景观营造措施

在集镇和村庄集中居住的区段，进行滩地生态修复时，考虑到居民休闲亲水的要求，可适当修建滨水步道、台阶、平台和廊桥等亲水设施。在滩地的适当位置，通过铺设透水路面、放置小卵石和条石，构建蜿蜒的亲水步径。在滩地水的边缘区，通过放置零星石块，既能有效保护滩地边缘的稳定性，又能为居民提供亲水眺望的平台。在调洪与水系连通的通道上，可修建小型拱桥，打通居民亲水的通道。

8.4　典型滩地生态修复

8.4.1　形态不规则滩地的生态修复

1. 主要修复措施

以姜席堰滩地为典型案例地，其生态修复主要采取地貌与沟槽流路整理、滩地边缘形态塑造与安全防护、植物修复与景观营造等修复措施。

1）地貌与沟槽流路整理

因姜席堰滩地表面地貌坑洼不平，因此首先开展土地平整工作，整合归并尺度较小、孤立零散的滩地。尤其是需要填实滩地与堤脚间的沟槽，以降低堤防的安全隐患。同时，疏导较大滩地间的沟槽，保证水流通畅。此外，疏浚河道主槽内孤立的小沙丘。

2）滩地边缘形态塑造与安全防护

在第 2 章中，利用形态指数划分滩地类型时，应用了两个指标 P_1 与 P_2，分别代表滩地的形状与边界的规则程度。为了方便计算，本研究分别定义 P_1'（P_1'=滩地纵径 a/滩地横径 b）和 P_2'（P_2'=滩地边长 l/弧长 s）两个指标。P_1'表示滩地的带状程度，将其命名为修正带状指数。P_1'值越大，滩地越窄长；反之，滩地越短宽。P_1'可用于对 P_1 的简化。P_2'表示滩地边界的不规则程度，将其命名为修正边缘规则指数。P_2'值越大，滩地边界越不规则；反之，滩地边界越规则。P_2'可用于对 P_2 的简化。

现场调查结果发现，滩地边缘通常以平顺弧形和凹凸交错状为主。因此，姜席堰滩地边缘形态塑造中，基本按照平顺弧形或凹凸交错状塑造。

为减少环流的发生概率，通过数值模拟对比分析不规则型形态改造方案的成效。经过比较不同改造方案下的滩地水流特性发现，随着 P_2'值的减小，环流的数量、作用范围以及产生的动能均有所减少。但当 P_2'=1 时，在滩头处仍然形成环流，使滩头处流态紊乱，淘刷滩地边缘。现场勘查发现，该滩地的滩头外缘边界线与河岸线夹角很大，达66°，过大的夹角使水流流经滩地时产生分流，在河道的转弯处流速较大，滩地受顶冲水流作用，从而产生折射水流，不同折射方向的水流发生碰撞，使得水流流态紊乱，因而产生了环流。因此，对姜席堰滩地的形态修复不仅要考虑滩地边界的规则程度，还要考虑滩头边界线与河岸线夹角，以减小环流出现的可能性。

通过对 2003 年、2010 年以及 2013 年龙游县灵山港河道上存在稳定问题的滩地进行分析发现，在高曲率河段内，滩地滩头边界线与河岸线的夹角和河宽的相关性较强，经计算发现，其相关关系可用式（8.20）表示：

$$\alpha = N\ln B + D \tag{8.20}$$

式中，α 为滩头边界线与河岸线的夹角，°；B 为河宽，m；N 为拟合系数；D 为常数。

姜席堰滩地的滩头边界线与河岸线的夹角和河宽的拟合关系如图 8.21 所示。拟合可得，N=8.542，D= −29.722。相关系数 R^2=0.93，表明拟合程度较好。姜席堰滩地所在河道宽度 B=116.89m，由式（8.20）计算得，α=10.95°。改变滩地边界的规则程度并对滩头实施"裁锐"，以减小夹角。经过对多组工况的数值模拟对比分析发现，在 P_1'=2.41，P_2'=1，α=10.95°的工况下，滩头位置的水流较为平顺，未出现环流与顶冲现象。因此，对姜席堰滩地进行生态修复时，可以选取 P_1'=2.41，P_2'=1，α=10.95°作为参照标准。

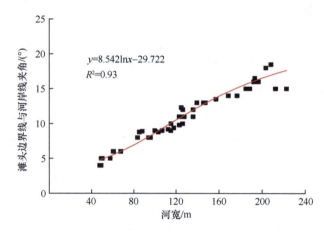

图 8.21   姜席堰滩地滩头边界线与河岸线的夹角和河宽的拟合关系

滩地安全防护措施主要采取抛石加格宾网方式或短小丁坝两种防护方式。格宾网布置中，可选择一层或两层。短小丁坝采用顺水流方向布置，同时可结合合金网兜等手段加强滩地边缘防护。

3）植物修复与景观营造

姜席堰滩地的滩中及滩尾植被保护状况较好，以草本植物为主，植被种类相对单一，可适度补植乔木和灌木，且乔木和灌木主要栽种于近堤防沿线。另外，在沟槽内，可补种水生植物，以小芦苇、菖蒲为主。

姜席堰滩地段汇集了古堰、乌引工程、渡槽、电站等诸多重大水利工程和设施，具有展示功能和教育意义，在姜席堰滩地可设一定的慢行步道，以宣传水利知识。对已搬迁的砂场进行整治，结合灵山港慢行休闲系统的建设，打造休闲亲水场所。

2. 修复成效

对于姜席堰滩地而言，其属于窄长不规则型滩地，边缘凹凸不平，呈锯齿状分布，而且锯齿的长度与流速大小以及环流的形成密切相关。由锯齿所形成的回流使流态紊乱，引起了水流对滩地的冲刷，使滩地分散。在保持 P_1'=2.41 的条件下，通过改变 P_2'的大小，应用数值模拟探究不同情况下滩地边缘区的水流特性，以期为边界不规则而引起流态紊乱的滩地提供改造依据。姜席堰滩地两个不同改造方案的布置示意图如图 8.22所示。

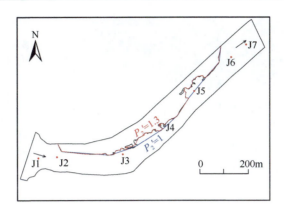

图 8.22   姜席堰滩地改造方案布置图

方案一：保持滩地弧长不变，减小滩地的迎水面边长，取 P_2' =1.3。改变后滩地横径为 81.87 m，纵径为 861.92m，周长为 2356.62m，面积为 53034.75m²。

方案二：保持滩地弧长不变，减小滩地的迎水面边长，取 P_2' =1。改变后滩地横径为 81.87 m，纵径为 861.92 m，周长为 1833.30m，面积为 60344.27m²。

通过数值模拟，分析不同方案下滩地水流的环流中心点坐标、环流区域半径、环流区域面积以及单位质量环流动能的变化，模拟结果统计如表 8.7 所示。

表 8.7   不同改造方案下姜席堰滩地边缘环流变化统计

方案	环流	环流中心点坐标	环流区域半径/m	环流区域面积/m²	单位质量环流动能/J
原形态	环流 1	（419020.70，3205515.91）	26	2123.71	0.00032
方案一	环流 1	（419024.98，3205512.33）	20	1256.64	0.00018
	环流 2	（419529.03，3205756.44）	15	706.86	0.00041
方案二	环流 1	（419020.56，3205514.34）	20	1256.64	0.00013

由表 8.7 可知，在方案一中，计算区域内共生成两个环流。其中，环流 1 为滩头处产生的环流，环流 2 为滩中处产生的环流。环流 1 的作用面积较大，为 1256.64m²；环流 2 的作用面积较小，面积为 706.86m²。环流 2 所产生的动能较大，为 0.00041J。在方案二中，计算区域内只在滩头处生成 1 个环流，作用面积为 1256.64m²，产生的动能为 0.00013J。姜席堰滩地未实施任何方案的改造前与改造后，均在滩头处形成了环流，环流产生的动能随着 P_2' 值的减小而减小。实施改造方案后，环流作用范围逐渐减小，不同 P_2' 值下姜席堰滩地滩头环流特征如图 8.23～图 8.25 所示。由图 8.23 可以看出，环流流速较大，作用范围较大；图 8.24 和图 8.25 显示环流流速较小，作用范围较小。由表 8.7 和图 8.23～图 8.25 可以看出，对姜席堰滩地实施的改造方案成效较为显著，环流个数由 5 个减少为 1 个，而且作用范围与环流动能也明显减小。当 P_2'=1 时，仅在滩头位置发生了环流。P_2'值改变后的滩地虽然边界变得光滑，但是滩头处起伏剧烈，导致水流与滩地边缘发生分离，因而产生环流。由此可见，滩地边缘形态的改造，不仅仅局限在滩地边界的规则程度，更应考虑滩地、河道与水流的走向，三者应相互协调。

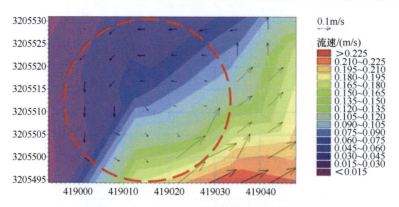

图 8.23　P_2'=1.54 时姜席堰滩地滩头环流特征

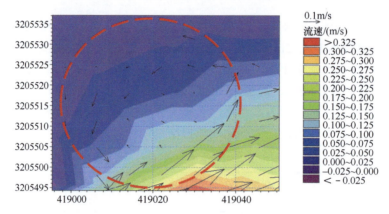

图 8.24　P_2'=1.3 时姜席堰滩地滩头环流特征

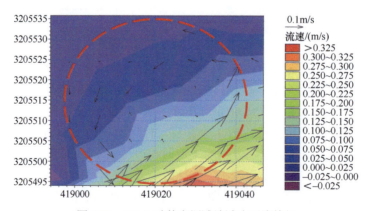

图 8.25　P_2'=1 时姜席堰滩地滩头环流特征

8.4.2　形态规则型滩地的生态修复

1. 主要修复措施

以寺后滩地为典型案例地，该滩地的生态修复以提高行洪能力、营造生态湿地和景观休闲观光带为主体目标，主要采取滩地与沟槽流路整理、滩地边缘形态塑造与安全防护、植物修复与景观营造等生态修复措施。

1）滩地与沟槽流路整理

寺后滩地地势总体较为平坦，无须进行全面整理，仅需归并尺度较小、孤立零散的滩地。尤其是需填平沿堤脚的沟槽，以消除堤防的安全隐患。同时，需疏导较大滩地间的沟槽，使水流通畅。尤其是需疏浚主流区域的孤立小沙丘，通过归并整理，从而形成明显的河道主槽。滩地整理过程中，注意处理好周边村庄区域排水通道与滩地的关系。

2）滩地边缘形态塑造与安全防护

短宽型滩地在洪水位条件下易导致壅水现象，为使洪水能够顺利通过，在不影响下游城镇及乡村生产生活的前提下，需要对影响行洪的短宽型滩地进行改造。经过对不同改造方案下滩地水流特性的分析发现，P_1'值越大，水面下降越明显，泄流能力越大。但P_1'值过大时，会产生跌水过快现象，进而引起环流及下游滩地冲刷等问题。因此，对滩地的改造不仅要求在洪水来时不产生壅水，能够正常行洪，还要综合考虑滩地自身的稳定性。

通过对 2003 年、2010 年以及 2013 年龙游县灵山港存在稳定性问题的滩地进行分析，发现滩地受河道的限制，存在一个自身极限宽度，不可能无限制地拓宽发展，也不能过小。统计滩地的横径长和河道的宽度，两者间的相关关系如式（8.21）所示：

$$b = M \ln B + C \tag{8.21}$$

式中，b 为滩地横径，m；B 为河宽，m；M 为系数；C 为常数。

滩地横径和河宽间的拟合曲线关系如图 8.26 所示。拟合可得，$M=35.514$，$C=-81.565$。相关系数 $R^2=0.75$，表明拟合程度较好，数据较为可靠。寺后滩地所在河道宽度 $B=185.61$m，由式（8.21）计算得，$b=103.95$m。此时 $P_1'=6.66$，与 P_1' 的平均值较为接近，且当 $P_1'=7$ 时，既未形成壅水，也未对下游滩地产生冲刷。因此，对寺后滩地进行改造时，可以取 $P_1'=7$，$P_2'=1.01$ 作为参照标准。

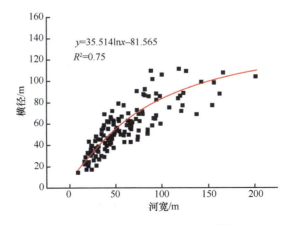

图 8.26　滩地横径与河宽间的拟合曲线关系

寺后滩地的安全防护主要采取抛石+合金网兜装块石防护方式，合金网兜装块石表面覆盖砂卵石。

3）植物修复与景观营造

寺后滩地的植被均为草本植物，种类较为单一。生态营造中，需要重点补植乔木和灌木，且乔木和灌木主要栽种于近堤防沿线。另外，在沟槽内，可补种水生植物，以小芦苇、菖蒲为主。

在河漫滩最宽阔的位置，修建多条相互交错的河床栈道，旨在构建独特景观效果。对于高滩地的利用，可以设置亲水场所、绿行通道、生物观察点等。

2. 修复成效

1）行洪能力与安全

寺后滩地处于高弯曲河段，属于短宽型滩地，其横径与纵径的比值较大，主河槽的过水断面面积较小，在洪水位条件下，通过断面的流量较大，水流发生漫滩并产生了壅水的情况，影响了正常行洪。应用控制变量法，在保持滩地边缘规则指数 P_2 =1.01 的条件下，改变带状指数（P_1）的大小。寺后滩地改造方案布置如图 8.27 所示。

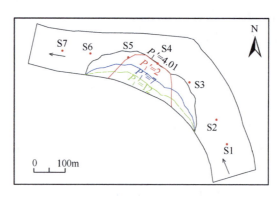

图 8.27　寺后滩地改造方案布置图

方案一：滩地横径不变，调整滩地纵径大小，取 P_1' =2。改变后滩地横径为 115.90m，纵径为 231.80m，周长为 603.91m，面积为 19178.63m²。

方案二：滩地纵径不变，调整滩地横径大小，取 P_1' =7。改变后滩地横径为 66.39m，纵径为 464.76m，周长为 914.86m，面积为 18240.41m²。

方案三：滩地纵径不变，调整滩地横径大小，取 P_1' =12。改变后滩地横径为 38.73m，纵径为 464.76m，周长为 878.71m，面积为 8738.71m²。

不同方案下的滩地水流特性主要分析水位、Fr 值、流速、最大水深和最大速度等参数的变化特征。经计算，不同方案下滩地附近的水面线与河床坡降比较如图 8.28 所示，水位、流速、Fr 值、最大水深和最大流速的统计结果见表 8.8 和表 8.9。

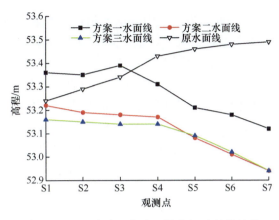

图 8.28　不同方案汛期水面线与河床坡降比较

表 8.8　各方案下寺后滩地十年一遇洪水条件下测点位置的水位、流速及 Fr 值统计表

测点	水位/m			流速/（m/s）			Fr 值		
	方案一	方案二	方案三	方案一	方案二	方案三	方案一	方案二	方案三
S1	53.36	53.22	53.16	3.02	3.17	3.23	0.57	0.60	0.60
S2	53.35	53.19	53.15	2.31	2.45	2.34	0.38	0.40	0.39
S3	53.39	53.18	53.14	1.56	1.60	1.52	0.25	0.25	0.24
S4	53.31	53.17	53.14	1.42	1.29	1.26	0.24	0.25	0.21
S5	53.21	53.08	53.09	1.64	1.64	1.45	0.26	0.26	0.23
S6	53.18	53.01	53.02	1.51	1.63	1.58	0.26	0.28	0.27
S7	53.12	52.94	52.94	1.51	1.58	1.60	0.22	0.23	0.23

表 8.9　不同工况下滩地对水深与流速的影响

工况	最大水深/m			滩头最大流速/（m/s）			滩尾最大流速/（m/s）		
	方案一	方案二	方案三	方案一	方案二	方案三	方案一	方案二	方案三
洪水位条件	5.30	5.14	4.98	2.15	2.24	2.34	1.97	2.12	1.96
常水位条件	1.83	1.24	1.01	1.37	1.23	1.52	0.50	0.43	0.63

A. 水位变化特征

由图 8.28 和表 8.8 可知，与 P_1' 值改变前的壅水曲线相比，各方案中水流在流经滩中部位后，水面线均为顺坡水面线，各方案的水面线比降分别为 0.61‰、0.71‰、0.62‰，但河床坡降为 1.95‰，其中方案二的水面线比降与河床坡降最为接近。另外，在方案一中，水位在三种方案中最高，水流在流经滩头时呈现出明显的水面壅高现象，最大水位出现在滩头断面。在方案二与方案三中，各测点的水位近乎一致，在 P_1' 值发生改变后，均未出现水面线抬高的现象。由表 8.9 可知，在三种方案中，随着 P_1' 值的增大，滩地变得狭长，河道最大水深均出现下降，常水位与洪水位条件下，最大水深变化分别为 0.32m 和 0.82m，其变化率达 6.04% 和 44.8%，可以看出方案二与方案三产生的壅水影响相对较小。

B. Fr 值特征

由表 8.8 可知，方案一中 Fr 值最小，方案二中 Fr 值最大。当 Fr>1 时，水流为急流；

当 Fr<1 时，水流为缓流。因此，方案三中的水流相较于方案一与方案二中的水流流态更稳定。

C. 流速分析

由表 8.9 可知，在洪水位条件下，三种方案下的流速均呈现出先减小后增大的过程。滩地上游由于受到其他滩地的影响，过水断面变窄，从而致使流速增大；由于滩地处于高弯曲河段，水流对凹岸的冲刷颇为严重，形成了浅滩与深潭相互交错的现象。滩中部位由于冲刷作用，河道较宽，主河道内由冲刷形成的深潭较深，因此过水断面面积较大，流速降低；滩地下游由于跌水的作用，水面线下降，断面面积减小，流速增加。对比滩头与滩尾位置的最大流速发现，流速均变小，三种方案下流速的变化分别为 0.18m/s、0.12m/s、0.38m/s。其中，方案二流速变化最小，流速较为稳定，动能损失较小。在常水位条件下，流速变化也是先减小后增大，滩头与滩尾位置最大流速变化如表 8.9 所示。由表 8.9 可以看出，在三种方案下，滩头与滩尾处的流速差分别为 0.87m/s、0.80m/s、0.89m/s，方案二中流速变化最小，方案二与方案三所产生的壅水影响较小。但在方案三中，滩地下游沿程水位下降过大，流速增大过快，可能引起滩尾失稳，破坏滩地原有的结构。方案二与方案三滩尾的流速分布分别如图 8.29 和图 8.30 所示。方案三下滩尾流速相对于方案二较大，水流冲刷滩地从而引起环流（图 8.31）。由于环流的出现，水流卷挟泥沙使滩尾形态被破坏，影响滩地的稳定性。

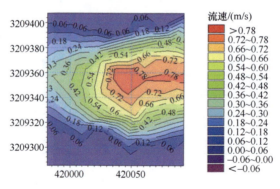

图 8.29　非汛期 P_1' =7 时滩尾流速分布图

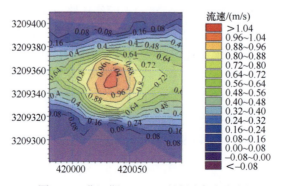

图 8.30　非汛期 P_1' =12 时滩尾流速分布图

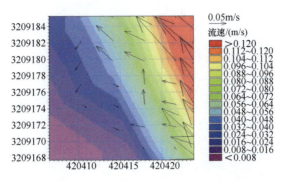

图 8.31　非汛期 $P_1' = 12$ 时滩尾环流图

2）景观格局与生物完整性

通过实施生态修复措施，寺后滩地的边缘形态变得更为平顺、规则，滩地内部的微水系与主河槽实现连通，既保障了行洪安全，也保障了滩地内部水流的通畅性，有效改善了滩地内部的水体环境（图 8.32）。通过生物配置，滩地上植物恢复状况良好，生物多样性明显提升，尤其是水边缘区水生植物的丰富度明显增加（图 8.33 和图 8.34）。滩地植物的丰富性也为水生、陆生动物提供了优良的栖息环境，滩地中动物数量也明显增加，从而有效提高了滩地的生物完整性。另外，通过修建休闲步道和休憩廊桥，也增强了人们的亲水体验感（图 8.35 和图 8.36）。

图 8.32　寺后滩地破碎化整理前后

左图为整理前，右图为整理后

图 8.33　寺后滩地近岸处的乔木

图 8.34　寺后滩地边缘处的水生植物

图 8.35　寺后滩地亲水步径

图 8.36　寺后滩地水边亲水石块和小拱桥

8.5　本 章 小 结

　　本章在分析滩地结构特征、主要特点和功能的基础上，提出了滩地生态修复的基本思路和框架体系，从结构特征、功能特征和社会因素等方面出发，初步建立了 18 个滩地健康综合评价指标。根据实际管理需要以及易操作要求，从滩地水文、基质、植被、景观和社会等核心要素着手，提出了滩地健康快速评价指标。应用系统论原理，提出了滩地健康评价方法，构建了基于有序度的滩地健康指数计算模型。

　　滩地生态修复旨在针对滩地存在的问题，按照河流动力学、生态学、环境学和社会经济学的基本原理，采取适宜的措施恢复滩地自我修复与自我组织的能力。滩地生态修复首先以流域特点、资源调查和需求分析为基础，梳理并融合流域内自然、人文、产业等特色要素，找准生态修复的定位，谋划滩地生态修复的主要内容和主要技术措施。生态修复技术体系包括工程前的健康诊断、工程方案设计与施工、工程后的监测与管理三个部分，特别需注重建后监测与管理。生态修复技术需满足"清、整、通、护、种、景、管"的基本要求。滩地生态修复技术措施主要包括安全防护措施、破碎化处理措施、水系连通措施、基质修复措施、植被修复措施以及亲水与景观营造设施等技术措施。

　　滩地的生态修复和植被优化布置中，一方面以自然恢复为主，对于植被分布均匀、保护较好的滨岸，维持其原有的植物种类和群落结构，保护原有鱼类的生态栖息地；另一方面，对于植被受损严重的滨岸滩地，需重点考虑滨岸滩地地形的变化。同时，还需结合鱼类物种组成、生活习性、滨岸形态、水流条件等特点，合理选择和优化布置植被。挺水植物与沉水植物复合种植的方式，能提高滨岸区鱼类水动力生境空间异质性。因此，对于坡度较缓、水位较浅的滨岸，选择对水文环境适应能力极佳的菰、菖蒲、香蒲和芦苇等挺水植物种植在滨岸水域区；对于坡度较陡、水位较深的河段，可以考虑将上述挺水植物与菹草、金鱼藻等沉水植物共同布置，以满足不同鱼种、鱼类各项生命活动、各个时期对适宜水动力条件的需求。对于喜缓流甚至静流的原有定居鱼类，在其产卵场内，需适当增加滨岸水生植物的布置密度，一方面能够削减流速，减缓水流，以适宜的流速刺激鱼类产卵，另一方面能够增加"草排"，以提供良好的附卵基质。对于江湖洄游性鱼类，目前主要靠人工放养来保护其种群，需在水生植物生长旺盛时期，适当打捞植被，避免因滨岸区域植被密度过高而使鱼类缺氧或影响鱼类的正常游动。滨岸植物的排列方式应以近自然为主，避免人工造型，根据滨岸区建设的实际情况，也可采用均匀、规则的排列方式。

第9章 结论与展望

9.1 主 要 结 论

（1）全面分析了中小河流滩地分布状况和存在的问题。

总体而言，中小河流滩地分布呈现出一定的规律性，其分布特征与受扰动程度、河势、河宽等因素密切相关。在河面狭窄区段，滩地基本以单一滩地（边滩或心滩）的形式分布于直线河段、凹岸河段和凸岸河段。在河面宽敞区段，滩地多呈分散交错、辫状分布，多个滩地聚集形成滩地群，且滩地与滩地之间分布有多条沟槽，沟槽相互交错。在受扰动严重的河段内，滩地破碎化程度高，滩地呈现不规则分布的特征。目前，中小河流滩地存在面积减少、破碎化程度变高、人为扰动侵占增强、功能退化等问题。

（2）提出了基于主成分分析法的滩地类型定量划分方法。

在现场勘测、图形处理的基础上，通过提取河道坡降、河道曲率、周长、面积、纵径、横径等相关参数，分别计算出河道沿线各滩地的圆形率、紧凑度、延伸率、形状率和平均曲率等，应用主成分分析法对 5 个几何形态指标数据进行主成分分析，确定了描述滩地形态的两个指数：带状指数 P_1 与边缘规则指数 P_2。分别以 P_1、P_2 为坐标轴构造直角坐标系，根据（P_1，P_2）点所在象限的分布特征，将滩地划分为短宽规则型（$P_1 \geqslant 0$，$P_2 \geqslant 0$）、窄长规则型（$P_1 < 0$，$P_2 \geqslant 0$）、窄长不规则型（$P_1 < 0$，$P_2 < 0$）及短宽不规则型（$P_1 \geqslant 0$，$P_2 < 0$）四种类型。

（3）定量分析了中小河流滩地的时空演化格局特征。

应用滩地类型定量划分方法，分析了 2003 年以来灵山港滩地各种类型的变化。通过比较 2003 年、2010 年及 2013 年灵山港不同滩地类型的变化情况发现：灵山港滩地总面积逐年减少，2013 年比 2003 年下降了 17.82%；随着河道坡降的降低，滩地的窄长化与不规则化程度有所增加，窄长不规则型滩地增加了 39.37%；随着河道曲率的增加，窄长不规则型滩地所占比例增加了 18.15%，短宽不规则型滩地所占比例降低了 18.89%。

（4）应用数值模拟方法揭示了滩地形态演化的水动力机制。

选取寺后滩地、上杨村滩地、姜席堰滩地及溪口四桥滩地作为典型代表，应用数值方法模拟分析了常水位与洪水位条件下各典型滩地的水边缘区水流特性，模拟结果表明：在洪水位条件下，短宽规则型的寺后滩地由于横径较大，主槽的过水断面较小，出现了壅水情况，影响了行洪；在常水位条件下，窄长不规则型的姜席堰滩地边缘凹凸不平，形成了多个环流，导致滩地边缘区流态紊乱，流速分布不均。

（5）明晰了滩地植被群落结构，揭示了植被分布格局演化的水动力机制。

灵山港滩地的植被种类丰富多样，共有 62 种植被，其植被群落结构包括 9 种类型。通过运用聚类分析和 RDA 等方法，分析了中小河流滩地植被的分布特征及其主要驱动因子,并建立各个驱动因子对植被分布的响应关系。研究表明:滩地相对水面高差因子、滩地形态系数和水文特性是植被分布空间差异性的主要影响因子,各因子的贡献率分别为 37.50%、27.50% 和 16.82%。在滩地相对水平面高差因子的作用下,植被从滩地外缘到滩地内部,其耐水性由强到弱,植被丰富性由低到高,生物量由小到大;当边缘线发育系数 SDI 值处于 2.0~4.0,且滩地狭长指数 Pe/Pa 值在 0.12~0.3 时,滩地植被多样性维持在 1.03~1.96 的高水平;河道的水文特性也会影响植被的空间关联性,如植被形态特征与生境条件的影响。根据植被空间关联性分析,将滩地分为 3 个区域,分别为低变幅区(<10m)、高变幅区([10,25])和平稳区(>25m)。其中,植被分布受随机因子与结构因子的共同影响,在滩地外缘至岸边,植被类型表现为喜湿耐冲型植被、中生植被、中生植被+乔木+灌木的过渡形态。在外围植被带中,蓼科、棒头草、茵草、狗牙根和沿阶草等,对水文环境的适应能力很强,可作为生态修复建设过程中优先选择的对象。

(6)掌握了滩地基质组成、空间格局,揭示了滩地基质演化的水动力机制。

运用分形理论及 RDA 等方法,探究了中小河流滩地沉积物的空间分布格局及其驱动因子,并进一步剖析了主要驱动因子对沉积物空间分布的响应机理。研究结果表明:①滩地沉积物中土壤占比在 68.22%~98.71%,砾石占比在 8.19%~31.78%。从上游至下游,土壤分形维数逐渐增大,砾石分形维数值呈现先增大后减小的趋势,沉积物整体分形维数呈现出增大趋势。土壤粒径范围为 0.002~2mm,砾石所占比例低于 40%,砾石粒径范围为 2~300mm。②边滩沉积物的空间分布差异较为显著。从灵山港上游至下游,基质分形维数总体呈递增趋势,但卵砾石分形维数呈减小趋势。在河道断面的横向上,离水边的距离越远,土壤的分形维数越大;砾石主要分布在临水区 4~33.5m。在垂向分布上,表层(0~20cm)土壤的分形维数要小于下层(20~40cm)土壤。③主要影响因子对沉积物分布影响程度的重要性排序为:滩地边长与弧长之比>滩地横纵径之比>弗劳德数>人为因素。④土壤分形维数与滩地形态密切相关,而滩地边缘形态又会受坡降、河道宽度、河道曲率、水深、流速等因子的影响。因此,深入掌握不同因子对滩地沉积物分布的影响机理是滩地保护、生态修复以及河道管理的基础性工作。⑤在研究区的顺直河道中,滩地形态应以窄长规则型为宜,颗粒组成中应增加细颗粒含量,减少粗颗粒含量;在弯曲河道中,滩地形态应以短宽规则型为宜,沉积物颗粒应以细颗粒为主。

(7)建立了滩地健康评价方法。

在分析滩地结构特征、主要特点以及功能的基础上,从结构特征、功能特征和社会因素等方面出发,建立了包括 18 个指标的滩地健康综合评价指标体系。根据实际管理需要和易操作的要求,从滩地水文、基质、植被、景观和社会等核心要素切入,提出了滩地健康快速评价指标。应用系统论原理,提出了滩地健康评价方法,建立了基于有序度的滩地健康指数计算模型。

(8)建立了中小河流滩地生态修复的技术体系。

滩地生态修复是针对滩地存在的问题,按照河流动力学、生态学、环境学和社会经济学的基本原理,采取适宜的措施恢复滩地自我修复、自我组织的能力。滩地生态修复首先以流域特点、资源调查和需求分析为基础,梳理并融合流域内自然、人文、产业等特色要素，找准生态修复的定位，谋划滩地生态修复的主要内容和主要技术措施。生态修复技术体系包括工程前的健康诊断、工程方案设计与施工、工程后的监测与管理三个部分，特别需注重建后监测与管理。生态修复技术需满足"清、整、通、护、种、景、管"的基本要求。滩地生态修复技术措施主要包括安全防护措施、破碎化处理措施、水系连通措施、基质修复措施、植被修复措施以及亲水与景观营造设施等技术措施。植物措施是生态修复的重要措施之一，实施生态修复时，需结合鱼类栖息、生态生存的具体条件，优化植物布置，合理选择植物类型、布置密度和排列方式。

9.2 展　　望

（1）开展长期监测，积累长系列基础数据。

充分的数据是滩地生态修复方案设计、方案实施、管理决策的最为根本的依据和基础。因此，未来需继续对滩地开展长期监测，积累长系列基础数据，为中小河流的科学治理和管理打下坚实的基础。

（2）加强滩–潭–堰相互作用机理研究，系统修复滩地。

本书以滩地为核心研究对象，重点关注了滩地的分布、演化、退化机理以及修复技术，但滩地并不是孤立的，它与水文、河势、地质、地貌、涉水建筑物（堰、闸、桥等）等密切相关，是河流系统的重要组成部分。因此，滩地修复需从河流系统角度出发，综合考虑系统治理。尤其是中小河流沿线通常分布有多个堰坝，滩地的分布、演化在很大程度上受堰坝的控制和影响。因此，需深入分析滩地与堰坝之间的相互作用机制和纵向流畅性的变化规律，研究堰坝优化布局以及纵向流畅性保障措施。

（3）开展数字中小河流滩地研究。

全面监测中小河流流域水文、气象、生物迁徙等情况，积累基础数据，集成现代网络技术、大数据技术、通信技术以及地理信息技术，建立中小河流滩地监测与智能化管理系统，实现滩地智能化管理、评价和控制。中小河流经过多年的治理，形成了自身独特的河道特质和治理模式，同时也积累了丰富的历史、文化、建设、管理等方面的资料，需系统性整理相关档案资料，总结治理经验和技术，研究中小河流滩地健康的标准，确定其系统治理的方法、保护措施和技术标准。

参 考 文 献

柏海霞, 彭期冬, 李翀, 等. 2014. 长江四大家鱼产卵场地形及其自然繁殖水动力条件研究综述[J]. 中国水利水电科学研究院学报, 12(3): 249-257.

曹萃禾. 1990. 太湖水生维管束植物资源变动及其对鱼产力的影响[J]. 淡水渔业, 20(6): 30-32.

曹伟杰, 夏继红, 汪颖俊, 等. 2017. 山丘区中小河流滩地土壤物理性质及空间分布特征[J]. 灌溉排水学报, 36(3): 69-74.

曹永翔, 张克斌, 王海星, 等. 2010. 宁夏盐池封育区植被数量特征波动研究[J]. 干旱区资源与环境, 24(8): 154-157.

长江航道局. 1998. 川江航道整治[M]. 北京: 人民交通出版社.

长江航道局. 2004. 航道手册[M]. 北京: 人民交通出版社.

常青, 李洪远, 何迎. 2005. 北方城市干涸河流区域资源管理与环境整治模式: 以滹沱河石家庄市区段生态恢复与重建模式为例[J]. 自然资源学报, 20(1): 7-13.

陈利顶, 李秀珍, 傅伯杰, 等. 2014. 中国景观生态学发展历程与未来研究重点[J]. 生态学报, 34(12): 3129-3141.

陈文波, 肖笃宁, 李秀珍. 2002a. 景观空间分析的特征和主要内容[J]. 生态学报, 22(7): 1135-1142.

陈文波, 肖笃宁, 李秀珍. 2002b. 景观指数分类、应用及构建研究[J]. 应用生态学报, 13(1): 121-125.

陈宇婷, 王卫标, 俞佳, 等. 2019. 基于人水和谐目标的中小河流评价指标研究[J]. 水利发展研究, 19(9): 25-26, 65.

陈正兵. 2016. OpenFOAM 在植被水流模拟中的应用[J]. 水电与新能源, 30(11): 68-72.

陈子龙, 杨钧月. 2019. 城市双修背景下城区中小河流治理与生态修复实践[C]. 郑州: 第十四届城市发展与规划大会论文集: 831-837.

邓红兵, 王青春, 王庆礼, 等. 2001. 河岸植被缓冲带与河岸带管理[J]. 应用生态学报, 12(6): 951-954.

邓铭江, 黄强, 畅建霞, 等. 2020. 广义生态水利的内涵及其过程与维度[J]. 水科学进展, 31(5): 775-792.

丁延龙, 蒙仲举, 高永, 等. 2016. 荒漠草原风蚀地表颗粒空间异质特征[J]. 水土保持通报, 36(2): 59-64.

董琳, 景文洲, 任涵璐. 2018. 近自然型河流修复理论对海河流域中小河流治理的借鉴和应用[C]. 南京: 第六届中国水生态大会论文集: 281-289.

董哲仁. 2003. 生态水工学的理论框架[J]. 水利学报, 34(1): 1-6.

杜凯. 2017. 不同地形区中小河流治理实施方案研究[D]. 广州: 华南理工大学.

段学花, 王兆印, 徐梦珍. 2010. 底栖动物与河流生态评价[M]. 北京: 清华大学出版社.

方春明. 2003. 考虑弯道环流影响的平面二维水流泥沙数学模型[J]. 中国水利水电科学研究院学报, 1(3): 190-193.

方宗岱. 1964. 河型分析及其在河道整治上的应用[J]. 水利学报, (1): 1-12.

房春艳. 2010. 植被作用下复式河槽水流阻力实验研究[D]. 重庆: 重庆交通大学.

冯德庆, 黄秀声, 唐龙飞, 等. 2006. 草鱼、鳊对南方几种牧草的适口性评价研究[J]. 中国草地学报, 28(4): 75-78.

高进. 1999. 河流沙洲发育的理论分析[J]. 水利学报, 30(6): 66-70.

高君亮, 吴波, 高永, 等. 2017. 基于数字图像的风蚀地表颗粒粒度特征及空间异质性[J]. 干旱区资源与环境, 31(1): 101-107.

高曾伟. 1998. 江苏省长江滩地资源可持续利用研究[J]. 镇江市高等专科学校学报, 11(3): 56-58.

韩玉玲, 岳春雷, 叶碎高, 等. 2009. 河道生态建设: 植物措施应用技术[M]. 北京: 中国水利水电出版社.

洪笑天, 马绍嘉, 郭庆伍. 1987. 弯曲河流形成条件的实验研究[J]. 地理科学, 7(1): 35-40, 42-43, 101.

胡朝阳, 王二朋, 王新强. 2015. 水库与河道采砂共同作用下的河道演变分析[J]. 水资源与水工程学报, 26(3): 178-183.

胡小庆. 2011. 金沙江大雪滩群河床演变与滩险碍航特性[J]. 水利水运工程学报, (2): 39-47.

黄成才, 杨芳. 2004. 湿地公园规划设计的探讨[J]. 中南林业调查规划, 23(3): 26-29.

黄亚非. 2016. 复式河槽断面形态对综合糙率的影响[J]. 水运工程, (8): 94-98, 105.

惠刚盈, Gadow K V, 胡艳波. 2004. 林分空间结构参数角尺度的标准角选择[J]. 林业科学研究, 17(6): 687-692.

惠刚盈, 胡艳波, 赵中华. 2008. 基于相邻木关系的树种分隔程度空间测度方法[J]. 北京林业大学学报, 30(4): 131-134.

姬昌辉, 张幸农, 洪大林, 等. 2011. 滩地加宽及主槽变化对复式断面过流能力的影响[J]. 人民长江, 42(24): 45-49.

吉祖稳, 胡春宏, 吉明栋. 2016. 复式河道滩槽泥沙粒径分布特性[J]. 应用基础与工程科学学报, 24(4): 649-660.

江明喜, 邓红兵, 唐涛, 等. 2002. 香溪河流域河岸带植物群落物种丰富度格局[J]. 生态学报, 22(5): 629-635.

姜坤, 秦海龙, 卢瑛, 等. 2016. 广东省不同母质发育土壤颗粒分布的分形维数特征[J]. 水土保持学报, 30(6): 319-324.

蒋北寒, 杨克君, 曹叔尤, 等. 2012. 基于等效阻力的植被化复式河道流速分布研究[J]. 水利学报, 43(S2): 20-26.

赖锡军, 姜加虎, 黄群. 2005. 漫滩河道洪水演算的水动力学模型[J]. 水利水运工程学报, (4): 29-35.

李岸. 2013. 植被对水流结构影响试验研究[D]. 哈尔滨: 哈尔滨工程大学.

李斌. 2016. 青藏高原植被时空分布规律及其影响因素研究[D]. 北京: 中国地质大学出版社.

李红霞, 王瑞敏, 黄琦, 等. 2020. 中小河流洪水预报研究进展[J]. 水文, 40(3): 16-23, 50.

李鹏, 刘思峰, 方志耕. 2012. 基于灰色关联分析和 MYCIN 不确定因子的区间直觉模糊决策方法[J]. 控制与决策, 27(7): 1009-1014.

李琦, 郑建志, 王秋英, 等. 2007. 黄河王庵河段切滩导流的探究[J]. 黄河水利职业技术学院学报, 19(1): 22-24.

李强, 李志伟, 王全, 等. 2017. 云南陆良植烟土壤粒径分布及其分形维数空间变异研究[J]. 山地学报, 35(1): 23-31.

李瑞. 2008. 北方农牧交错带草地植被动态研究: 以宁夏盐池为例[D]. 北京: 北京林业大学.

李毅, 李敏, 曹伟, 等. 2010. 农田土壤颗粒尺寸分布分维及颗粒体积分数的空间变异性[J]. 农业工程学报, 26(1): 94-102.

李玉凤, 刘红玉. 2014. 湿地分类和湿地景观分类研究进展[J]. 湿地科学, 12(1): 102-108.

李悦, 马溪平, 李法云, 等. 2011. 细河河岸带植物多样性研究[J]. 广东农业科学, 38(19): 131-134.

李志威, 王兆印, 余国安. 2013. 冲积河流的沙洲发育模式与机理[J]. 应用基础与工程科学学报, 21(3): 489-500.

李志威, 王兆印, 张康. 2012. 典型沙洲形态与河道的关系[J]. 泥沙研究, 37(1): 68-73.

廖咏梅, 陈劲松. 2005. 米亚罗地区亚高山针叶林在不同人为干扰条件下的土壤分形特征[J]. 生态学杂志, 24(8): 878-882.

林承坤. 1963. 河床类型的划分[J]. 南京大学学报(自然科学版), (15): 1-11.

林俊强, 严忠民, 夏继红. 2013. 微弯河岸沿线扰动压强分布特性试验[J]. 水科学进展, 24(6): 855-860.

刘东云, 周波. 2001. 景观规划的杰作: 从"翡翠项圈"到新英格兰地区的绿色通道规划[J]. 中国园林,

17(3): 59-61.

刘海洋, 夏继红, 陈永明, 等. 2013. 农村区域河岸带生态建设内容和建设模式[J]. 中国农村水利水电, (1): 23-26, 30.

刘宏哲, 娄厦, 刘曙光, 等. 2019. 含植物水流动力特性研究进展[J]. 水利水电科技进展, 39(4): 85-94.

刘纪远, 布和敖斯尔. 2000. 中国土地利用变化现代过程时空特征的研究: 基于卫星遥感数据[J]. 第四纪研究, 20(3): 229-239.

刘萌硕. 2022. 中小河流河段尺度生态修复效果评价方法研究与应用: 以清潩河(许昌段)为例[D]. 郑州: 郑州大学.

刘沛清, 冬俊瑞. 1995. 复式断面渠道中均匀流的水力计算[J]. 长江科学院院报, 12(3): 61-66.

刘思峰, 蔡华, 杨英杰, 等. 2013. 灰色关联分析模型研究进展[J]. 系统工程理论与实践, 33(8): 2041-2046.

刘颂, 李倩, 郭菲菲. 2009. 景观格局定量分析方法及其应用进展[J]. 东北农业大学学报, 40(12): 114-119.

刘霞, 姚孝友, 张光灿, 等. 2011. 沂蒙山林区不同植物群落下土壤颗粒分形与孔隙结构特征[J]. 林业科学, 47(8): 31-37.

刘英彩, 张力. 2005. 干旱河道的生态环境修复模式探索: 以滹沱河(石家庄段)生态环境综合治理研究为例[J]. 规划师, 21(7): 59-64.

陆孝平, 孙春生, 刘杰. 2005. 统筹兼顾 加强中小河流治理[J]. 中国水利, (2): 45-47.

陆永军, 张华庆. 1993. 平面二维河床变形的数值模拟[J]. 水动力学研究与进展(A 辑), 8(3): 273-284.

麻雪艳, 周广胜. 2013. 春玉米最大叶面积指数的确定方法及其应用[J]. 生态学报, 33(8): 2596-2603.

马凤娇, 蔺丹清, 张晓可, 等. 2019. 安庆西江长江江豚迁地保护基地河岸带植物群落结构特征[J]. 水生生物学报, 43(3): 623-633.

马媛, 丁树文, 邓羽松, 等. 2016. 五华县崩岗洪积扇土壤分形特征及空间变异性研究[J]. 水土保持学报, 30(5): 279-285.

毛野. 2000. 初论采沙对河床的影响及控制[J]. 河海大学学报(自然科学版), 28(4): 92-96.

穆锦斌, 杨芳丽, 谢作涛, 等. 2008. 采砂工程对河道影响分析研究[J]. 泥沙研究, 33(2): 69-76.

宁磊, 李付军. 1995. 汉江皇庄至泽口河段切滩撇弯现象分析[J]. 水利电力科技, 21(1): 25-32.

潘竟虎, 韩文超. 2013. 近20a中国省会及以上城市空间形态演变[J]. 自然资源学报, 28(3): 470-480.

潘文斌. 2000. 湖泊大型水生植物空间格局分形与地统计学研究: 以保安湖及邻近湖泊为例[D]. 武汉: 中国科学院水生生物研究所.

彭少麟. 1993. 森林群落波动的探讨[J]. 应用生态学报, 4(2): 120-125.

彭苏丽, 夏继红, 蔡旺炜, 等. 2019. 基于粗糙集的中小河流健康关键因子识别及分析[J]. 水电能源科学, 37(4): 48-51.

钱宁. 1985. 关于河流分类及成因问题的讨论[J]. 地理学报, 40(1): 1-10.

乔辉, 王志章, 李莉, 等. 2015. 基于卫星影像建立曲流河地质知识库及应用[J]. 现代地质, 29(6): 1444-1453.

乔丽芳, 马杰, 余春林, 等. 2006. 郑州黄河滩地生态重建研究[J]. 生态科学, 25(6): 537-541.

秦夫锋, 王莉, 秦安迪. 2021. 中小河流治理切滩工程分析[J]. 灌溉排水学报, 40(S1): 11-14.

秦小军. 2007. 河滩洼地的生态意义及其保护[J]. 贵州教育学院学报, 23(2): 73-75, 91.

热列兹拿柯夫. 1956. 河流水文测验方法在水力学基础上的论证[M]. 中华人民共和国水利部水文局译. 北京: 水利出版社.

任华强. 2013. 植物对水流结构作用机理初步研究[D]. 长沙: 长沙理工大学.

沙玉清. 1965. 泥沙运动学引论[M]. 北京: 中国工业出版社.

上官铁梁, 宋伯为, 朱军, 等. 2005. 黄河中游湿地资源及可持续利用研究[J]. 干旱区资源与环境, 19(1): 7-13.

沈爱华, 江波, 袁位高, 等. 2006. 滩地复层混交群落类型及其生长效益[J]. 生态学报, 26(10): 3479-3484.

石日松. 2020. 中小河流治理存在的问题与治理措施研究[J]. 珠江水运, (14): 68-69.

宋基权, 王继保, 黄伟, 等. 2018. 鳙幼鱼游泳行为与紊动强度响应关系[J]. 生态学杂志, 37(4): 1211-1219.

宋绪忠. 2005. 黄河下游河南段滩地植被特征与功能研究[D]. 北京: 中国林业科学研究院.

隋斌. 2017. 明渠弯道交汇水流水力特性的大涡模拟与实验研究[D]. 武汉: 武汉大学.

孙广友. 2000. 中国湿地科学的进展与展望[J]. 地球科学进展, 15(6): 666-672.

孙健, 贺锋, 张义, 等. 2015. 草鱼对不同种类沉水植物的摄食研究[J]. 水生生物学报, 39(5): 997-1002.

孙昭华, 冯秋芬, 韩剑桥, 等. 2013. 顺直河型与分汊河型交界段洲滩演变及其对航道条件影响: 以长江天兴洲河段为例[J]. 应用基础与工程科学学报, 21(4): 647-656.

谭超, 黄本胜, 邱静, 等. 2012. 植物覆盖滩地复式河槽的水流特性及近期河床演变分析: 以海南万泉河下游河道为例[J]. 广东水利水电, (6): 1-4.

童笑笑, 陈春娣, 吴胜军, 等. 2018. 三峡库区澎溪河消落带植物群落分布格局及生境影响[J]. 生态学报, 38(2): 571-580.

汪贵成, 黄伟. 2022. 中小河流生态治理模式及生态修复技术[C]. 北京: 中国水利学会 2022 学术年会论文集: 415-418.

汪颖俊, 张琦, 程越洲, 等. 2017. 论山丘区中小河流滩地生态修复体系构建[J]. 中国水土保持, (6): 57-59.

王保忠, 计家荣, 骆林川, 等. 2006. 南京新济洲湿地生态恢复研究[J]. 湿地科学, 4(3): 210-217.

王超, 王沛芳. 2004. 城市水生态系统建设与管理[M]. 北京: 科学出版社.

王忖. 2003. 有植被的河道水流试验研究[D]. 南京: 河海大学.

王忖. 2010. 含双重植物明渠水流特性研究[J]. 水电能源科学, 28(9): 70-72, 33.

王冬冬, 高磊, 陈效民, 等. 2016. 红壤丘陵区坡地土壤颗粒组成的空间分布特征研究[J]. 土壤, 48(2): 361-367.

王国梁, 周生路, 赵其国. 2005. 土壤颗粒的体积分形维数及其在土地利用中的应用[J]. 土壤学报, 42(4): 545-550.

王金平. 2019. 山丘区中小河流滩地分布格局及其水流特性研究[D]. 南京: 河海大学.

王金平, 夏继红, 汪颖俊, 等. 2018. 山丘区中小河流滩地时空演化与扰动因子分析[J]. 中国农村水利水电, (12): 66-69, 76.

王兰兰. 2017. 中小河流健康评价体系及其在马金溪河流上的应用研究[D]. 杭州: 浙江大学.

王灵艳, 郑景明, 张萍. 2009. 洞庭湖滩地植被功能及保护[J]. 中国林业, (6): 37.

王梅力, 陈秀万, 王平义, 等. 2015. 长江上游边滩形态及与河道的关系[J]. 武汉大学学报(工学版), 48(4): 466-470.

王树东. 1986. 漫滩水流的二维流速分布及水力学计算[J]. 水利学报, 17(11): 51-59.

王武. 2016. 河流生态治理恢复保护模式及分类系统研究[C]. 沈阳: 辽宁省水利学会 2016 年学术年会论文集: 65-68.

王晓平, 王玉兵, 杨桂军, 等. 2016. 不同鱼类对沉水植物生长的影响[J]. 湖泊科学, 28(6): 1354-1360.

王莹莹. 2007. 有双重植被河道水流特性试验研究[D]. 南京: 河海大学.

王远坤, 夏自强, 王栋, 等. 2009. 河流鱼类产卵场紊动能计算与分析[J]. 生态学报, 29(12): 6359-6365.

魏炳乾, 严培, 刘艳丽, 等. 2016. 插有缓变曲线弯道水流运动的三维数值模拟[J]. 长江科学院院报, 33(6): 1-7.

魏传义, 李长安, 康春国, 等. 2015. 哈尔滨黄山黄土粒度特征及其成因的指示[J]. 地球科学, 40(12): 1945-1954.

文星跃, 黄成敏, 黄凤琴, 等. 2011. 岷江上游河谷土壤粒径分形维数及其影响因素[J]. 华南师范大学学报(自然科学版), 43(1): 80-86.

吴福生. 2007. 河道漫滩及湿地上淹没柔性植物水流的紊流特性[J]. 水利学报, 38(11): 1301-1305.

吴一红, 郑爽, 白音包力皋, 等. 2015. 含植物河道水动力特性研究进展[J]. 水利水电技术, 46(4): 123-129.

武迪, 庞翠超, 赖锡军, 等. 2013. 柔性植物对水流特性影响研究进展[J]. 中国农村水利水电, (8): 1-6, 11.

夏继红, 陈永明, 王为木, 等. 2013. 河岸带潜流层动态过程与生态修复[J]. 水科学进展, 24(4): 589-597.

夏继红, 林俊强, 蔡旺炜, 等. 2020. 河岸带潜流交换理论[M]. 北京: 科学出版社.

夏继红, 王为木, 董姝楠, 等. 2024. 幸福河湖评价与建设[M]. 北京: 中国水利水电出版社.

夏继红, 严忠民. 2003. 浅论城市河道的生态护坡[J]. 中国水土保持, (3): 9-10.

夏继红, 严忠民. 2006. 生态河岸带的概念及功能[J]. 水利水电技术, 37(5): 14-17, 24.

夏继红, 严忠民. 2009. 生态河岸带综合评价理论与修复技术[M]. 北京: 中国水利水电出版社.

夏继红, 祖加翼, 沈敏毅, 等. 2021. 水利高质量发展背景下南浔区幸福河湖建设探索与创新[J]. 水利发展研究, 21(4): 69-72.

夏继红. 2022. 生态学概论[M]. 北京: 中国水利水电出版社.

夏江宝, 顾祝军, 周峰, 等. 2012. 红壤丘陵区不同植被类型土壤颗粒分形与水分物理特征[J]. 中国水土保持科学, 10(5): 9-15.

夏军强, 邓珊珊, 周美蓉, 等. 2016. 三峡工程运用对近期荆江段平滩河槽形态调整的影响[J]. 水科学进展, 27(3): 385-391.

鲜雪梅, 曹振东, 付世建. 2010. 4 种幼鱼临界游泳速度和运动耐受时间的比较[J]. 重庆师范大学学报(自然科学版), 27(4): 16-20.

向苏奎. 1994. 塔里木河上游河漫滩地的开发与利用[J]. 新疆农业科技, (5): 3-4.

肖笃宁. 1991. 景观生态学理论、方法及应用[M]. 北京: 中国林业出版社.

肖毅, 杜梦, 邵学军. 2012. 游荡型河流转化控制因素的二维数值模拟[J]. 天津大学学报, 45(9): 845-850.

谢汉祥. 1982. 漫滩水流的简化计算法[J]. 水利水运科学研究, (2): 84-92.

许承双, 艾志强, 肖鸣. 2017. 影响长江四大家鱼自然繁殖的因素研究现状[J]. 三峡大学学报(自然科学版), 39(4): 27-30, 59.

许栋, 黄雄合, 及春宁, 等. 2018. 小角度斜向入流条件下复式断面明渠流速重分布线性理论[J]. 应用数学和力学, 39(7): 785-797.

许栋, 徐彬, 白玉川, 等. 2015. 基于二维浅水模拟的河道滩地洪水淹没研究[J]. 水文, 35(6): 1-5, 23.

许炯心, 师长兴. 1993. 河漫滩地生态系统影响下的河型转化: 以红山水库上游河道为例[J]. 科学通报, 38(22): 2077-2081.

颜世委. 2014. 典型滩涂围垦区土壤和沉积物粒度特征及其与物质组成的关系[D]. 南京: 南京大学.

杨海军, 封福记, 赵亚楠, 等. 2004. 受损河岸生态修复技术[J]. 东北水利水电, 22(6): 51-53, 60.

杨克君, 曹叔尤, 刘兴年, 等. 2004. 复式河槽过流能力非线性研究[J]. 四川大学学报(工程科学版), 36(5): 11-15.

杨克君, 黄尔, 刘艺平. 2007. 全动床复式河槽水流阻力特性的试验研究[J]. 四川大学学报(工程科学版), 39(6): 21-25.

杨克君, 聂锐华, 曹叔尤, 等. 2013. 清水作用下全动床复式河槽泥沙输移特性及其模拟[J]. 四川大学学报(工程科学版), 45(2): 6-12.

杨丽. 2017. 重庆地区中小河流综合治理后评价研究[D]. 重庆: 重庆交通大学.

杨晓巍. 2015. 农村小河流综合治理研究[D]. 南昌: 南昌大学.

杨芸. 1999. 论多自然型河流治理法对河流生态环境的影响[J]. 四川环境, 18(1): 19-24.

杨正营. 2020. 山区中小河流治理存在的问题与对策: 以湘西峒河支流治比河为例[J]. 湖南水利水电,

(2): 51-53.

伊紫函. 2017. 山丘区中小河流滩地分类方法及边缘区水流特性研究[D]. 南京: 河海大学.

伊紫函, 夏继红, 汪颖俊, 等. 2016. 基于形态指数的山丘区中小河流滩地分类方法及演变分析[J]. 中国水土保持科学, 14(4): 128-133.

尹愈强, 杨轶凡, 崔世恒, 等. 2014. 植物不同排列方式对明渠水流影响的试验研究[J]. 中国水运(下半月), 14(3): 169-171.

余根听. 2018. 山丘区蜿蜒型河岸带植被分布对潜流侧向交换影响研究[D]. 南京: 河海大学.

余根听, 夏继红, 毕利东, 等. 2017. 山丘区中小河流边滩植被分布驱动因子及响应关系[J]. 中国水土保持科学, 15(2): 51-61.

袁素勤, 雷明慧, 杨克君, 等. 2015. 滩地一排植被作用下的复式河槽水流特性研究[J]. 四川大学学报(工程科学版), 47(S2): 24-28.

张柏山, 曹金刚, 温红杰. 2005. 沁河下游畸形河段切滩导流措施探讨[J]. 人民黄河, 27(2): 38-39, 62.

张春学, 陈瑞, 魏广祥. 1994. 柳河固滩护岸及滩地开发利用研究[J]. 东北水利水电, 12(8): 19-23.

张防修, 韩龙喜, 王明, 等. 2014. 主槽一维和滩地二维侧向耦合洪水演进模型[J]. 水科学进展, 25(4): 560-566.

张凤太, 王腊春, 冷辉, 等. 2012. 典型天然与人工湖泊形态特征比较分析[J]. 中国农村水利水电, (7): 38-41.

张继义, 赵哈林, 张铜会, 等. 2003. 科尔沁沙地植物群落恢复演替系列种群生态位动态特征[J]. 生态学报, 23(12): 2741-2746.

张金屯. 2011. 数量生态学[M]. 2 版. 北京: 科学出版社.

张凯. 2015. 刚性和柔性模拟植被对河道水流特性的影响[D]. 北京: 华北电力大学.

张民强, 董良, 郑巧西, 等. 2021. 关于浙江省幸福河湖建设总体思路的探讨[J]. 浙江水利科技, 49(2): 1-4.

张琦. 2019. 山丘区河岸带滩地淤积物分布影响因素及其响应机理研究[D]. 南京: 河海大学.

张琦, 夏继红, 汪颖俊, 等. 2019. 基于分形维数的中小河流滩地沉积物空间分布研究[J]. 水土保持研究, 26(2): 366-369, 376.

张素珍, 李晓粤, 李贵宝. 2005. 湿地生态系统服务功能及价值评估[J]. 水土保持研究, 12(6): 125-128.

张向, 李军华, 董其华, 等. 2022. 新时期中小河流治理对策[J]. 中国水利, (2): 30-32, 35.

张晓兰. 2005. 我国中小河流治理存在的问题及对策[J]. 水利发展研究, 5(1): 68-70.

张宜清, 杨晓茹, 黄火键, 等. 2023. 新时期中小河流系统治理思路和对策[J]. 中国水利, (16): 26-29.

张毅川, 乔丽芳, 陈亮明, 等. 2005. 景观设计中教育功能的类型及体现[J]. 浙江林学院学报, 22(1): 98-103.

张纵, 施侠, 徐晓清. 2006. 城市河流景观整治中的类自然化形态探析[J]. 浙江林学院学报, 23(2): 202-206.

章家恩, 骆世明. 2005. 现阶段中国生态农业可持续发展面临的实践和理论问题探讨[J]. 生态学杂志, 24(11): 1365-1370.

章家恩, 饶卫民. 2004. 农业生态系统的服务功能与可持续利用对策探讨[J]. 生态学杂志, 23(4): 99-102.

赵明月, 赵文武, 刘源鑫. 2015. 不同尺度下土壤粒径分布特征及其影响因子: 以黄土丘陵沟壑区为例[J]. 生态学报, 35(14): 4625-4632.

赵微, 林健, 王树芳, 等. 2013. 变异系数法评价人类活动对地下水环境的影响[J]. 环境科学, 34(4): 1277-1283.

郑少萍, 佟晓蕾, 胡浩南. 2023. 华南地区河道边滩植物阻力特性研究: 以深圳河为例[J]. 人民珠江, 44(8): 18-24.

中国科学院植物研究所. 1982. 中国高等植物图鉴(补编): 第一册[M]. 北京: 科学出版社.

中国科学院中国植物志编辑委员会. 2004. 中国植物志. 第一卷: 总论[M]. 北京: 科学出版社.

中华人民共和国水利部, 中华人民共和国国家统计局. 2013. 第一次全国水利普查公报[M]. 北京: 中国水利水电出版社.

周健. 2012. 中小河流治理规划设计基本思路与要点[J]. 水利规划与设计, (5): 6-7, 52.

朱丽东, 谷喜吉, 叶玮, 等. 2014. 洞庭湖周边地区第四纪红土粒度特征及环境意义[J]. 地理科学进展, 33(1): 13-22.

朱伟, 姜谋余, 蔡勇, 等. 2015. 倡导"亲自然河道"治理模式: 对我国农村河道治理的思考[J]. 水资源保护, 31(1): 1-7.

朱星学, 夏继红, 汪颖俊, 等. 2020. 浙江灵山港滩区植被分布数量波动特征及数学描述[J]. 生态学杂志, 39(7): 2151-2158.

祝海娇, 章明卓, 骆腾飞. 2020. 小型河流治理工程中的旅游要素植入[J]. 浙江师范大学学报(自然科学版), 43(2): 214-219.

宗虎城, 江恩慧, 赵连军, 等. 2015. 考虑滩地横比降漫滩水流二维流速解析解研究[J]. 人民黄河, 37(2): 45-49.

邹运鼎, 丁程成, 毕守东, 等. 2005. 李园节肢动物群落时间动态的聚类分析[J]. 应用生态学报, 16(4): 631-636.

左其亭. 2015a. 基于人水和谐调控的水环境综合治理体系研究[J]. 人民珠江, 36(3): 1-4.

左其亭. 2015b. 中国水利发展阶段及未来"水利4.0"战略构想[J]. 水电能源科学, 33(4): 1-5.

左其亭, 郝明辉, 马军霞, 等. 2020. 幸福河的概念、内涵及判断准则[J]. 人民黄河, 42(1): 1-5.

Ackers P. 1993. Flow formulae for straight two-stage channels[J]. Journal of Hydraulic Research, 31(4): 509-531.

Ackers P. 1994. Hydraulic design of two-stage channels discussion[J]. Proceedings of the Institution of Civil Engineers-Water, Maritime and Energy, 106(1): 99-101.

Amirian C A, Taghizadeh-Mehrjardi R, Kerry R, et al. 2017. Spatial 3D distribution of soil organic carbon under different land use types[J]. Environmental Monitoring & Assessment, 189(3): 131.

Arnott D R. 2015. Spatial and temporal variability in floodplain sedimentation during individual hydrologic events on a lowland, meandering river: Allerton Park, Monticello, Illinois[D]. Urbana: University of Illinois.

Benjankar R, Egger G, Jorde K, et al. 2011. Dynamic floodplain vegetation model development for the Kootenai River, USA[J]. Journal of Environmental Management, 92(12): 3058-3070.

Cabezas A, Angulo-Martínez M, Gonzalez-Sanchís M, et al. 2010. Spatial variability in floodplain sedimentation: the use of generalized linear mixed-effects models[J]. Hydrology and Earth System Sciences, 14(8): 1655-1668.

Capon S J. 2005. Flood variability and spatial variation in plant community composition and structure on a large arid floodplain[J]. Journal of Arid Environments, 60(2): 283-302.

Catarino L F, Ferreira M T, Moreira I S. 1997. Preferences of grass carp for macrophytes in Iberian drainage channels[J]. Journal of Aquatic Plant Management, 35(2): 79-83.

Chang T. 2001. Introduction to geostatistics: applications in hydrogeology[J]. Technometrics, 43(1): 109-110.

Chitale S V. 1973. Theories and relationships of river channel patterns[J]. Journal of Hydrology, 19(4): 285-308.

Crosato A, Mosselman E. 2009. Simple physics-based predictor for the number of river bars and the transition between meandering and braiding[J]. Water Resources Research, 45(3): 450-455.

Crosato A, Saleh M S. 2011. Numerical study on the effects of floodplain vegetation on river planform style[J]. Earth Surface Processes and Landforms, 36(6): 711-720.

Dai W H. 2009. On the simulation and prediction of bed morphological adjustments of equilibrium in alluvial meandering streams[J]. Publications of the Astronomical Society of the Pacific, 121(886): 1352-1358.

El-Sheikh M A, Al-Shehri M A, Alfarhan A H, et al. 2019. Threatened *Prunus arabica* in an ancient volcanic protected area of Saudi Arabia: floristic diversity and plant associations[J]. Saudi Journal of Biological Sciences, 26(2): 325-333.

Fathi-Maghadam M, Kouwen N. 1997. Nonrigid, nonsubmerged, vegetative roughness on floodplains[J]. Journal of Hydraulic Engineering, 123(1): 51-57.

Folkard A M. 2011. Flow regimes in gaps within stands of flexible vegetation: laboratory flume simulations[J]. Environmental Fluid Mechanics, 11(3): 289-306.

Gibling M R, Davies N S. 2012. Palaeozoic landscapes shaped by plant evolution[J]. Nature Geoscience, 5: 99-105.

Griffith D A. 2002. Modeling spatial dependence in high spatial resolution hyperspectral data sets[J]. Journal of Geographical Systems, 4(1): 43-51.

Guda S S, Rowan S L, Yang T, et al. 2018. Investigation of rope formation in gas-solid flows through a 90° pipe bend using high-speed video and CFD simulations[J]. The Journal of Computational Multiphase Flows, 10(1): 3-18.

Guo L, Zhao C, Zhang H T, et al. 2017. Comparisons of spatial and non-spatial models for predicting soil carbon content based on visible and near-infrared spectral technology[J]. Geoderma, 285: 280-292.

Gustavson K R, Lonergan S C, Ruitenbeek H J. 1999. Selection and modeling of sustainable development indicators: a case study of the Fraser River Basin, British Columbia[J]. Ecological Economics, 28(1): 117-132.

Hooke R L. 1975. Distribution of sediment transport and shear stress in a meander bend[J]. The Journal of Geology, 83(5): 543-565.

Hulshoff R M. 1995. Landscape indices describing a Dutch landscape[J]. Landscape Ecology, 10(2): 101-111.

Ikeda S, Nishimura T. 1985. Bed topography in bends of sand-silt rivers[J]. Journal of Hydraulic Engineering, 111(11): 1397-1410.

Ishida K, Unami K, Kawachi T. 2012. Application of one-dimensional shallow water model to flows in open channels with bends[J]. Journal of Rainwater Catchment Systems, 17(2): 15-23.

Kasvi E, Vaaja M, Alho P, et al. 2013. Morphological changes on meander point bars associated with flow structure at different discharges[J]. Earth Surface Processes and Landforms, 38(6): 577-590.

Kiss T, Balogh M. 2015. Characteristics of point-bar development under the influence of a dam: case study on the dráva river at sigetec, Croatia[J]. Journal of Environmental Geography, 8(1-2): 23-30.

Knight D W. 1999. Flow mechanisms and sediment transport in compound channels[J]. International Journal of Sediment Research, 14(2): 217-236.

Knighton A D. 1999. Downstream variation in stream power[J]. Geomorphology, 29: 293-306.

Kouwen N, Fathi-Moghadam M. 2000. Friction factors for coniferous trees along rivers[J]. Journal of Hydraulic Engineering, 126(10): 732-740.

Krummel J R, Gardner R H, Sugihara G, et al. 1987. Landscape patterns in a disturbed environment[J]. Oikos, 48(3): 321.

Kupilas B, Friberg N, McKie B G, et al. 2016. River restoration and the trophic structure of benthic invertebrate communities across 16 European restoration projects[J]. Hydrobiologia, 769(1): 105-120.

Lecce S A. 1997. Spatial patterns of historical overbank sedimentation and floodplain evolution, Blue river, Wisconsin[J]. Geomorphology, 18: 265-277.

Lecce S A, Pavlowsky R T. 2004. Spatial and temporal variations in the grain-size characteristics of historical flood plain deposits, Blue River, Wisconsin, USA[J]. Geomorphology, 61: 361-371.

Leopold L B, Wolman M G. 1957. River channel patterns-braided, meandering and straight[J]. Professional Geographer, 9: 39-85.

Leopold L B, Wolman M G, Miller J P. 1995. Fluvial Processes In Geomorphology[M]. Dover: Dover Pubilication.

Li S S, Millar R G. 2011. A two-dimensional morphodynamic model of gravel-bed river with floodplain vegetation[J]. Earth Surface Processes and Landforms, 36(2): 190-202.

Li Y P, Wang Y, Anim D O, et al. 2014. Flow characteristics in different densities of submerged flexible vegetation from an open-channel flume study of artificial plants[J]. Geomorphology, 204: 314-324.

Lotsari E, Vaaja M, Flener C, et al. 2014. Annual bank and point bar morphodynamics of a meandering river determined by high-accuracy multitemporal laser scanning and flow data[J]. Water Resources Research, 50(7): 5532-5559.

Ma L, Wu J L, Abuduwaili J, et al. 2016. Geochemical responses to anthropogenic and natural influences in ebinur lake sediments of arid Northwest China[J]. PLoS One, 11(5): e0155819.

Martín M Á, Montero E. 2002. Laser diffraction and multifractal analysis for the characterization of dry soil volume-size distributions[J]. Soil and Tillage Research, 64: 113-123.

Mitsch W J, Joergensen S E. 1989. Ecological Engineering: An Introduction to Ecotechnology[M]. New York: John Wiley and Sons.

Mollard J D. 1973. Air photo interpretation of fluvial features[C]//Fluvial Processes and Sedimentation: Proceedings of Hydrology Symposium Helded at University of Alberta, Edmonton, Alberta. Ottawa: National Research Council Canada: 341-380.

Myers W R C. 1978. Momentum transfer in a compound channel[J]. Journal of Hydraulic Research, 16(2): 139-150.

Neu H A. 1967. Transverse flow in a river due to earth's rotation[J]. Journal of the Hydraulics Division, 93(5): 149-166.

Nilsson C, Berggren K. 2000. Alterations of riparian ecosystems caused by river regulation[J]. BioScience, 50(9): 783-792.

Orth D. 1996. The rivers handbook: hydrological and ecological principles[J]. Transactions of the American Fisheries Society, 125(3): 486-488.

Owens P N, Walling D E, Leeks G J L. 1999. Deposition and storage of fine-grained sediment within the main channel system of the River Tweed, Scotland[J]. Earth Surface Processes and Landforms, 24(12): 1061-1076.

Pander J, Mueller M, Geist J. 2015. A comparison of four stream substratum restoration techniques concerning interstitial conditions and downstream effects[J]. River Research and Applications, 31(2): 239-255.

Parker G. 1976. On the cause and characteristic scales of meandering and braiding in rivers[J]. Journal of Fluid Mechanics, 76(3): 457-480.

Patgaonkar R S, Ilangovan D, Vethamony P, et al. 2007. Stability of a sand spit due to dredging in an adjacent creek[J]. Ocean Engineering, 34(3): 638-643.

Peltier Y, Proust S, Riviere N, et al. 2013. Turbulent flows in straight compound open-channel with a transverse embankment on the floodplain[J]. Journal of Hydraulic Research, 51(4): 446-458.

Petrovszki J, Timár G, Molnár G. 2014. Is sinuosity a function of slope and bankfull discharge: a case study of the meandering rivers in the Pannonian Basin[J]. Hydrology and Earth System Sciences Discussions, 11(11): 12271-12290.

Phillips J D. 2003. Toledo Bend reservoir and geomorphic response in the lower Sabine River[J]. River Research and Applications, 19(2): 137-159.

Pinto U, Maheshwari B L. 2011. River health assessment in peri-urban landscapes: an application of multivariate analysis to identify the key variables[J]. Water Research, 45(13): 3915-3924.

Quraishy M S. 1943. River meandering and the earth's rotation[J].Current Science, 12(10): 233-278.

Roy M L, Le Pichon C. 2017. Modelling functional fish habitat connectivity in rivers: a case study for prioritizing restoration actions targeting brown trout[J]. Aquatic Conservation: Marine and Freshwater Ecosystems, 27(5): 927-937.

Schlueter U. 1971. Ueberlegungen zum naturnahen Ausbau von·Wasseerlaeufen [J]. Landschaft and Stadt, 9(2): 72-83.

Schumm S A. 1977. The fluvial system[J]. Fluvial System, 13(1): 244-259.

Schuurman F, Kleinhans M G. 2010. Self-formed meandering and braided channel patterns in a numerical model[C]. San Francisco: AGU Fall Meeting Abstracts, 24-32.

Shen D, Wang J, Cheng X, et al. 2015. Integration of 2-D hydraulic model and high-resolution lidar-derived DEM for floodplain flow modeling[J]. Hydrology and Earth System Sciences, 19(8): 3605-3616.

Stacke V, Pánek T, Sedláček J. 2014. Late Holocene evolution of the bečva river floodplain (outer western carpathians, Czech Republic)[J]. Geomorphology, 206: 440-451.

Sugiyama H, Akiyama M, Kamezawa M, et al. 1997. The numerical study of turbulent structure in compound open-channel flow with variable-depth flood plain[J]. Proceedings of the Japan Society of Civil Engineers, (565): 73-83.

Tang X L, Xia M P, Pérez-Cruzado C, et al. 2017. Spatial distribution of soil organic carbon stock in Moso bamboo forests in subtropical China[J]. Scientific Reports, 7: 42640.

Tominaga A, Nezu I. 1991. Turbulent structure in compound open-channel flows[J]. Journal of Hydraulic Engineering, 117(1): 21-41.

Tonina D, Buffington J M. 2007. Hyporheic exchange in gravel bed rivers with pool-riffle morphology: laboratory experiments and three-dimensional modeling[J]. Water Resources Research, 43(1): 1-16.

United States Department of Agriculture. 2004. Soil taxonomy: a basic system of soil classification for making and interpreting soil survey[Z]. [2025-2-9]http://soil.usda.gov/technical/classification/taxonomy/.

Urban D L, O'Neill R V, Shugart H H. 1987. Landscape ecology[J]. BioScience, 37(2): 119-127.

Vecchio S D, Fantinato E, Janssen J A M, et al. 2018. Biogeographic variability of coastal perennial grasslands at the European scale[J]. Applied Vegetation Science, 21(2): 312-321.

Werner P W. 1951. On the origin of river meanders[J]. Eos, Transactions American Geophysical Union, 32(6): 898-902.

Wiley M J. 2006. Geomorphology and river management[J]. Wetlands, 26(3): 884-885.

Willis B J, Tang H. 2010. Three-dimensional connectivity of point-bar deposits[J]. Journal of Sedimentary Research, 80(5): 440-454.

Wilson C A M E, Stoesser T, Bates P D, et al. 2003. Open channel flow through different forms of submerged flexible vegetation[J]. Journal of Hydraulic Engineering, 129(11): 847-853.

Yu B W, Liu G H, Liu Q S, et al. 2018. Soil moisture variations at different topographic domains and land use types in the semi-arid Loess Plateau, China[J]. CATENA, 165: 125-132.

Zhang Z Y, Li J Y, Mamat Z, et al. 2016. Sources identification and pollution evaluation of heavy metals in the surface sediments of Bortala River, Northwest China[J]. Ecotoxicology and Environmental Safety, 126: 94-101.